Oldenbourg Lehrbücher für Ingenieure

Herausgegeben von
Prof. Dr. Bernhard Hoppe

VHDL-AMS

Anwendungen und industrieller Einsatz

von
Yannick Hervé

Oldenbourg Verlag München Wien

Die französische Originalausgabe erschien 2002 unter dem Titel „VHDL-AMS. Applications et enjeux industriels. Cours et exercices corrigés." bei Dunod, Paris.

Die Inhalte der beiliegenden CD-ROM wurden verfasst und zusammengestellt von Prof. Dr. Bernhard Hoppe.
Deutsche Übersetzung von: Prof. Dr. Bernhard Hoppe.

Dr. Yannick Hervé ist Maître de conferences an der Universität Louis Pasteur Strasbourg.

Prof. Dr. Bernhard Hoppe ist seit 1993 Professor für Elektrotechnik an der FH Darmstadt und dort seit 2002 Leiter des internationalen Studiengangs „Master of Science in Electrical Engineering". Seine Arbeitsgebiete sind Simulation, Design und Modellbildung für mikroelektronische Systeme für Anwendungen in der Signalverarbeitung und Messtechnik. Bernhard Hoppe hat mehrere Bücher und ca. 40 wissenschaftliche Artikel veröffentlicht, zudem ist er Inhaber zahlreicher Patente.

Bibliografische Information Der Deutschen Bibliothek

Die Deutsche Bibliothek verzeichnet diese Publikation in der Deutschen Nationalbibliografie; detaillierte bibliografische Daten sind im Internet über <http://dnb.ddb.de> abrufbar.

Rosenheimer Straße 145, D-81671 München
Telefon: (089) 45051-0
www.oldenbourg.de

Lektorat: Kathrin Mönch
Herstellung: Anna Grosser
Umschlagkonzeption: Kraxenberger Kommunikationshaus, München
Gedruckt auf säure- und chlorfreiem Papier
Druck: Grafik + Druck, München
Bindung: R. Oldenbourg Graphische Betriebe Binderei GmbH

ISBN 3-486-57787-5
ISBN 978-3-486-57787-7

Inhalt

Vorwort des Herausgebers der deutschen Ausgabe

Modellbildung ist die Basis jeder Entwurfstätigkeit und Simulation ist die Auswertung von Modellen zur quantitativen Untersuchung eines Entwurfskonzeptes. Das vorliegende Buch von Yannik Hervé führt praxisorientiert und zielgerichtet in die systematische und durchgängige Modellierung und Simulation von komplexen Systemen mit Hilfe der Hardwarebeschreibungssprache VHDL-AMS ein.

VHDL-AMS ist eine standardisierte Erweiterung der Sprache VHDL, die für rein digitale ereignisgesteuerte Systeme entwickelt wurde. AMS steht für Analog Mixed Signal, weil ursprünglich die Modellierung von gemischt analogen und digitalen elektronischen Schaltungen im Vordergrund stand. Mittlerweile sind aber neben der Elektrotechnik auch viele andere technische Disziplinen (Optik, Fluidik, Thermodynamik usw.) eingeschlossen worden. So kann die gegenseitige Beeinflussung von Systemkomponenten aus verschiedenen physikalischen Bereichen berücksichtigt werden, was bei der zunehmenden Systemintegration z.B. in der Mikro- oder Nanosystemtechnik immer wichtiger wird.

Das Buch wendet sich an Studenten der Elektrotechnik oder der technischen Informatik, die sich schon Grundlagen der Simulationstechnik erarbeitet haben, aber auch an im Beruf stehende Ingenieure, die sich diese neuen Techniken erschließen wollen. Das erste Kapitel spricht die Bedürfnisse und die Tendenzen der modernen Elektronikindustrie an. Hier werden die allgemeinen Konzepte im Design- und Produktionsprozess erläutert, die von einem modernen Werkzeug wie der Sprache VHDL-AMS unterstützt werden.

Anhand von zahlreichen Beispielen stellt das 2. Kapitel die grundlegenden Begriffe in einem vereinfachten und praxisorientierten Herangehen vor. Auch alle Konstrukte von VHDL-AMS, die aus der zugrunde liegenden Sprache VHDL stammen, werden abgedeckt. Das dritte Kapitel beschäftigt sich mit weiterführenden Aspekten der Sprache, mit dem analog-digitalen Simulationszyklus, Bibliotheken und Packages usw. und bietet ebenfalls wieder viele instruktive Beispiele. Industrielle Anwendungen der fortgeschrittenen Methoden und ein Ausblick sind der Inhalt der Kapitel 5 und 6.

In Anhängen stellt das Buch ein Liste der Schlüsselwörter der Sprache sowie eine ausführliche Zusammenstellung der Attribute und der grammatikalischen Regeln bereit. Kommerzielle VHDL-AMS-Simulatoren werden behandelt und die standardisierten Bibliotheken (STD, IEEE und DISCIPLINES) sind aufgeführt. Am Ende jedes Abschnitts kann der Leser sein

Wissen mit Multiple-Choice-Tests und kleineren Designaufgaben überprüfen. Detaillierte Musterlösungen sind zur Selbstkontrolle angefügt.

Auf einer beiliegenden CD finden sich alle Beispielmodelle des Buches in elektronischer Form, eine Power-Point-Präsentation über VHDL-AMS, die für Lehrende als Anregung dienen kann, sowie ein Skript, in dem in die Educational Version von SystemVision der Firma Mentor Graphics eingeführt wird. Weitere nützliche Dokumente, mit denen die Inhalte des Buches systematisch vertieft und anhand von praktischen Beispiele eingeübt werden können, sind ebenfalls auf der CD zu finden. Aktualisierungen und Korrekturen sind über die Web-Site des Buches www.oldenbourg.de verfügbar.

Ich freue mich, dass nun auch in Deutsch ein einführendes Buch über diese moderne und universelle Modellierungssprache zur Verfügung steht, das knapp und klar die Grundlagen und wichtige Anwendungen vermittelt und das den praxisbezogenen Stil angelsächsischer Lehrbücher übernimmt, ohne deren häufig beachtliche Stofffülle zu kopieren. Ich wünsche allen Lesern viele lehrreiche Stunden bei der Lektüre und viel Spaß bei der Umsetzung der Erkenntnisse in die Praxis, was mit der beiliegenden CD und SystemVision leicht gelingen dürfte. An dieser Stelle möchte ich mich bei der Firma Mentor Graphics, insbesondere bei Herrn Heurung von Mentor in München, herzlich bedanken. Mentor hat viele wichtige Unterlagen für die CD bereitgestellt und bietet vor allem den Simulator SystemVision in einer frei zu beziehenden Studentenversion an.

Darmstadt Prof. Dr. Bernhard Hoppe

Begleitwort

Die Fortschritte der Herstellungstechnik von integrierten Schaltkreisen erlauben heute die Realisierung immer komplexerer elektronischer Systeme. Neben elektronischen Funktionen können sogar Sensoren und Aktuatoren in einem Chip integriert werden. Zudem fordert der Markt eine ständige Verbesserung der Leistungsmerkmale der integrierten Systeme. Dabei werden die Entwurfszeiten immer knapper bemessen und die Produktzyklen folgen immer rascher aufeinander. Diese schwierige Situation kann man nur dann erfolgreich in den Griff bekommen, wenn effiziente Methoden und Werkzeuge zur Verfügung stehen, die sich an die besonderen Anforderungen der zu entwickelnden Systeme anpassen.

Die Sprache VHDL, die das erste Mal von der Ingenieursvereinigung IEEE (Institute of Electrical and Electronics Engineers) im Jahre 1987 als Norm IEEE 1076 verabschiedet wurde, war primär zur Unterstützung der Beschreibung und Simulation von digitalen elektronischen Systemen gedacht. VHDL wurde bald darauf die Basis der Logiksynthese. Darunter versteht man die automatische Umsetzung einer Schaltungsbeschreibung in einen elektronischen Schaltplan. VHDL und Logiksynthese ermöglichen eine neue Entwurfsmethodik, bei der das Design schrittweise mit absteigendem Abstraktionsniveau entworfen wird. Dieses Vorgehen ist heute weit verbreitet. Die Methode legt das Gewicht auf abstrakte Modelle, die nur den Aufbau des zu realisierenden Systems erfassen, ohne auf die technologiebezogenen Details einzugehen. Ein Synthesewerkzeug kann nicht nur die abstrakten Vorgaben in eine ausreichend detaillierte strukturelle Beschreibung umsetzen, sondern dabei auch gleichzeitig wichtige Entwurfsparameter, wie etwa die benötigte Siliziumfläche, die Laufzeiten der digitalen Signale oder die elektrische Leistungsaufnahme, optimieren. Vor und nach der Synthese wird der Entwurf per Simulation validiert, um die Funktion des Designs sicher zu stellen.

Die Sprache VHDL-AMS (AMS für Analog- and Mixed Signal-Anwendungen) soll den Entwurf analoger Systeme und gemischt analog/digitaler Systeme in gleicher Weise erleichtern wie VHDL das Design digitaler Systeme. VHDL-AMS ist wie VHDL auch das Ergebnis eines Standardisierungsprozesses, der von einer Arbeitsgruppe des IEEE zwischen 1994 und 1999 durchgeführt wurde. Der Ausgangspunkt war dabei die erste überarbeitete Version der Sprache VHDL, die 1993 vorlag. Die IEEE-Vereinigung verlangt bekanntlich, dass jede Norm alle fünf Jahre überprüft und aktualisiert oder verworfen wird. Dieses Vorgehen bietet die Möglichkeit einer Bestandsaufnahme der aktuellen Praxis. Unzulänglichkeiten lassen sich korrigieren und ggf. neue Funktionalitäten hinzufügen. Viele Anwender wünschten sich eine Unterstützung der analogen Simulation bzw. der Modellierung von gemischten Systemen, so dass beschlossen wurde, die Sprache VHDL in analoger Richtung zu erweitern. Da dies über einfache Ergänzungen weit hinausgeht, sollte eine neue Sprache geschaffen werden, die sich dann parallel zur digitalen Variante von VHDL weiterentwickeln kann. Offiziell wurde die neue Sprache 1999 aus der Taufe gehoben. VHDL-AMS oder formaler die IEEE-Norm 1076.1 (auch als IEEE-Standard 1076.1 bezeichnet) stellt eine Übermenge der Sprache VHDL dar und hat die Eigenschaften dieser Sprache in vollem Umfang übernommen. Hinzu kommen noch geeignete Funktionalitäten zur Modellierung und Simulation analoger Systeme. Besondere Anstrengungen waren nötig, um die Mechanismen der Logiksimulation, die ereignisgesteuert abläuft, und die Verfahrensweisen der analogen, zeitkontinuierlichen Simulation in eine kohärente Umgebung einzubetten.

Das Buch von Yannik Hervé ist das erste Buch, das in französischer Sprache über VHDL-AMS veröffentlicht wurde. Es bietet einen breiten Überblick über die Sprache und deren Fähigkeiten. Auf moderne Art werden die syntaktischen Eigenschaften der Sprache vorgestellt und anhand von vielen Beispielen verdeutlicht. Man findet ein breites Spektrum von simulationsfähigen Modellen, beginnend bei einfachen Systemen, wie z.B. elektrischen Bauelementen, bis zu komplexen Anwendungen, wie etwa elektronischen Systemen mit Phasenregelschleifen (PLL) oder mechanischen Systemen. VHDL-AMS ist viel reichhaltiger als VHDL und gestattet daher eine gewisse Flexibilität in der Art und Weise, wie ein Modell geschrieben wird. Das Buch bringt die wichtigsten methodischen Aspekte zur Sprache, die zum effizienten Einsatz der Sprache benötigt werden. Es stellt daher eine willkommene Ergänzung des offiziellen Referenz-Handbuchs von VHDL-AMS dar, welches ein sehr formal gehaltenes Dokument ist und dessen Stil besser zu einem juristischen Text passen würde. Da ich auch selbst Beiträge zum Standard IEEE 1076.1 geleistet habe, bin ich froh feststellen zu können, dass die Sprache wachsende Bedeutung im Bereich der aktuellen Entwurfsmethoden gewinnt. Jedoch, und das Buch von Yannick Hervé macht dies ganz deutlich, müssen einerseits die zur Verfügung stehenden CAE-Werkzeuge weiter verbessert werden, um alle im Standard festgelegten Möglichkeiten der Sprache besser zu unterstützen, und andererseits muss sich der neue Standard erst noch beweisen und sicherlich in der einen oder anderen Hinsicht verbessert und ergänzt werden. Als Beispiele möchte ich die Simulation von Hochfrequenzschaltungen (Radio Frequency Circuits, RF Circuits) nennen und insbesondere auf die Synthese analoger Schaltungen hinweisen. Diese spezielle Form der Synthese ist eine der wichtigsten und komplexesten Aufgaben, die im Rahmen der aktuellen CAE-Methodik noch bewältigt werden muss. Die Erweiterung des Sprachumfangs von VHDL-AMS wird aber fortgesetzt und ich bin überzeugt, dass die Lektüre des Buches von Yannick Hervé einer großen Leserschaft die Möglichkeit gibt, VHDL-AMS auszuprobieren, zur Verbesserung der Werkzeuge beizutragen und bei der Weiterentwicklung des Standards IEEE-1076.1 mitzuwirken.

Alain Vachoux (Antrim Design Systems)

Vorsitzender der Arbeitsgruppe IEEE 1076.1 von 1996 bis 1999

und zur Zeit Schriftführer der Gruppe.

Vorwort

Dieses Buch beschäftigt sich mit dem Entwurf komplexer analog-digitaler elektronischer Systeme und hat das Ziel, die in der Norm IEEE 1076-1999 standardisierte Beschreibungssprache „VHDL-AMS" vorzustellen und ihre besondere Bedeutung in der industriellen Anwendung hervorzuheben. „VHDL-AMS" kommt von *VHSIC Hardware Description Language – Analog and Mixed Signal*", wobei „VHSIC" für *Very High Speed Integrated Circuit* steht. Genauere Erklärungen zu den einzelnen Begriffen in diesem komplexen Namen finden sich in Kapitel 2.

Das Buch setzt sich aus vier Teilen zusammen:

- Im ersten Kapitel gehen wir, nachdem die Bedürfnisse und Tendenzen in der elektronischen Industrie erklärt wurden, auf die Entstehung der Sprache ein. Insbesondere werden die allgemeinen Konzepte erläutert, auf die bei der Entwicklung einer modernen Hardware-Beschreibungssprache zurückgegriffen wird.
- Die Präsentation der Sprache mit zahlreichen Beispielen ist auf die Kapitel 2 und 3 verteilt. Das Kapitel 2 behandelt die grundlegenden Begriffe mit einem vereinfachten aber praktischen Ansatz, während das Kapitel 3 sich mit den weiterführenden Konstruktionen beschäftigt.
- Die industriellen Anwendungen, insbesondere die methodischen, die zukünftigen Überlegungen und eine Schlussbetrachtung sind Gegenstand der Kapitel 4 und 5.
- Am Ende des Buches präsentieren die Anhänge aktuelle industrielle Beispiele und Einführungen in gebräuchliche CAE-Werkzeuge für VHDL-AMS. Aufstellungen der Schlüsselworte und der grammatikalischen Regeln der Sprache sind ebenfalls angefügt.

Alle vorgestellten Beispiele sind auf der dem Buch beigefügten CD als Quellcode verfügbar. Bestimmte genormte Sprachkonstrukte, die noch nicht von kommerziellen Werkzeugen unterstützt werden, sind im Text entsprechend gekennzeichnet.

VHDL'93, die digitale Beschreibungssprache, auf der VHDL-AMS beruht, ist weithin anerkannt und wird schon lange genutzt. Diese Sprache wird nur kurz eingeführt. Weitere Details dieses rein digitalen Teils (mit zeitlich diskreten Ereignissen) kann der Leser in den Werken aus der Bibliographie nachschlagen. Insbesondere wird empfohlen, sich bei Bedarf mit dem

Buch von Jacques Weber und Maurice Meaudre, *Le langage VHDL*, auseinanderzusetzen [WEB].[1]

Viele Anglizismen und sprachliche Neubildungen werden mit Bedacht benutzt, denn sie sind Teil des professionellen Sprachgebrauchs. Die mit einem Stern gekennzeichneten Wörter sind übersetzt und werden im Glossar im Anhang erklärt - wie auch alle Abkürzungen, Akronyme und Warenzeichen.

Für weitere Informationen über die Verwendung der im Buch beschriebenen Modellierungstechniken kann der Leser mit der universitären Arbeitsgruppe BEAMS (BEhAvioral Modelisation of Systems) Kontakt aufnehmen, die vom Autor mitgegründet wurde. Die Mitglieder der Gruppe sind bereit, professionelle Schulungen durchzuführen oder Vorführungen der Methodiken anzubieten, sowie Unternehmen bei Literaturrecherchen zu unterstützen.

Adresse:

BEAMS
Laboratoire de Microélectronique IXL,
Université Bordeaux I,
351, Cours de la Libération,
33405 Talence Cedex
(beams@ixl.u-bordeaux.fr)

[1] Eine deutsche Einführung ist beim Oldenbourg-Verlag erschienen, *VHDL-Synthese*, [RES] (Hinweis des Herausgebers)

Danksagungen

Ich möchte mich in den folgenden Zeilen bei Alain Vachoux dafür bedanken, dass er sich die Zeit genommen hat, mein Manuskript zu lesen, sowie für seine Verbesserungsvorschläge und insgesamt für die Qualität seiner wertvollen Arbeit. Gleichermaßen sei ihm für das Vorwort zu diesem Buch gedankt.

Bruno Allard von INSA gebührt meine Anerkennung für die gründliche Durchsicht des Manuskriptes und für die Freundschaft und das Vertrauen, das er mir geschenkt hat. Meine Freunde Christophe Lanuit und Thierry Touitou haben ebenfalls wertvolle Beiträge bei der Korrektur von Fehlern geleistet.

Dieses Buch wäre nicht entstanden, wenn mir der Weg nicht durch das Kollegenquartett Airiau-Bergé-Olive-Rouillard geebnet worden wäre, deren interessante und wegweisende Veröffentlichungen mich ermutigt haben, in die Welt der Modellbildung und Simulation einzutauchen.

Ich möchte nicht meine liebe Frau Sylvie vergessen, Mutter meiner Kinder, die mich stets unterstützt und mir bei allen undankbaren Aufgaben und Abläufen, die mit dem Schreiben eines Buches zusammenhängen, geholfen hat, mit einer Geduld und Ruhe, zu der ich nicht fähig bin.

1 Industrielle Anforderungen und das Entstehen eines Standards

1.1 Die Herausforderungen der modernen Elektronik

Komplexe integrierte Schaltungen (ICs, Chips) finden wir immer häufiger in unserer Umgebung, ohne dass wir ihnen eine besondere Beachtung schenken (Computer, Zentralverriegelung des Autos, Mobiltelefone, Organizer...). Sie sind eingebettet in Systeme, die physikalische Größen messen und verarbeiten, Berechnungen durchführen oder Abläufe steuern. Dabei arbeiten sie immer intelligenter und für uns immer besser überschaubar mit ihrer Umgebung zusammen.

Die Art und Weise, wie diese leistungsfähigen integrierten Schaltkreise entwickelt und hergestellt werden, ist seit Kilbys erstem Schaltkreis aus dem Jahre 1958 in ständigem Wandel begriffen [MMM].

Der Wandel findet auf mehreren Ebenen statt. Obwohl heute an zukünftigen Konzepten gearbeitet wird, die auf neuen Arbeitsprinzipien beruhen (Quanteneigenschaften, Ein-Elektronen-Schaltelemente, Molekulare Elektronik), spielt die klassische integrierte Elektronik mit MOS- und Bipolartransistoren weiterhin die Hauptrolle. Die Verbesserung der Leistungsfähigkeit in Bezug auf Integrationsdichte, elektrischen Leistungsbedarf sowie die Verarbeitungsgeschwindigkeit ist primär Folge der Verkleinerung der Längen der aktiven Bereiche der verwendeten Transistoren. Dazu kommt die Einführung neuer Werkstoffe und der damit verbundenen physikalischen und chemischen Prozesse sowie eine leistungsfähige mehrlagige Verbindungstechnik mit niederohmigen Metallen (Kupfer), neue Fabrikationstechniken etc. Die vergangene (und zukünftige) Entwicklung der geometrischen Abmessungen folgt dem Gesetz von Gordon Moore, nach dem sich die Flächendichte der Bauelemente auf einem Chip alle 18 Monate verdoppelt. Die Kanallänge des Transistors beträgt heute nur noch 100 nm in der Großserie. Das entspricht ungefähr 200 Gitterabständen im Siliziumeinkristall (Gitterkonstante 0,54 nm). Die digitalen integrierten Schaltungen sind von einer Komplexität, die schon jenseits des Vorstellungsvermögens auch von Spezialisten liegt. 42 Millionen Transistoren sind in einem Pentium 4 Prozessor integriert und 100 Millionen Transistoren in einem großen Halbleiterspeicher (DRAM).

Diese Entwicklungen [ROAD] sind nur möglich, wenn ständig technologische, konzeptionelle und methodische Schwierigkeiten überwunden werden. Der Bau und der Betrieb von Halbleiterfabriken, die diese neuartigen Schaltkreise herstellen können, sind extrem teuer. Deshalb sind nur Großserien mit hoher Ausbeute wirtschaftlich zu fertigen. Die heute gebräuchlichen Transistoren zeigen neue Effekte oder es treten bekannte Effekte verstärkt in den Vordergrund, die bei den bisherigen Transistoren nur eine sekundäre Rolle spielten. Die Dicke der Siliziumoxidschicht, die die Gate-Elektrode des Transistors gegen den Kanal im Siliziumsubstrat isolieren soll, ist heute dünner als 5 nm (ca. 10 Molekülschichten). In so dünnen Isolierschichten treten vermehrt parasitäre (Quanten-)Effekte auf, die die Transistorfunktion beeinflussen. Das Verhalten eines Transistors ist heute stärker von Parametern außerhalb des Bauelements bestimmt (Kapazität von Isolierschichten, Leitungswiderständen, Kopplungseffekten...) als von seinen eigentlichen aktiven internen Komponenten. Der Entwickler muss die Gesamtheit dieser Effekte berücksichtigen. Nur so kann ein funktionsfähiger und qualitativ hochwertigen Schaltkreis entstehen. Dies erfordert Transistormodelle, die immer komplexer werden, aber trotzdem noch eine verlässliche und effektive Simulation zulassen. Die Werkzeuge für die Erstellung und Verwendung dieser Modelle müssen für den Anwender einfach zugänglich sein und die Produktivität des Entwurfsprozesses steigern. Dies sind widersprüchliche Aufgaben: Es sind immer mehr Transistoren zu erfassen, die mit immer komplexeren Modellen zu beschreiben sind. Gleichzeitig soll ein verlässliches und aussagekräftiges Resultat in einer akzeptablen (Rechen-)Zeit vorliegen.

Aktuelle Werkzeuge müssen darüber hinaus auch in der Lage sein, ein gesamtes System in seinen verschiedenen Aspekten zu beschreiben und zu simulieren. Die integrierten Schaltkreise enthalten nicht nur immer mehr Transistoren, sondern auch analog arbeitende und digitale Funktionsblöcke, die sich gegenseitig in ihrem Verhalten beeinflussen können. Dazu kommen häufig in den Chip eingebettete Mikroprozessoren, also mit Software programmierbare Strukturen, die mit den fest verdrahteten Komponenten zuverlässig und vorhersagbar zusammen arbeiten müssen. Darüber hinaus sind mechanisch, optisch oder chemisch arbeitende Mikrosysteme als Schaltungsbestandteile möglich, die ebenfalls in komplizierter Weise mit den elektronischen Komponenten wechselwirken können. So lassen sich Sensoren für Temperatur, Druck und magnetische Feldstärke oder Mikroaktoren wie Motoren, Getriebe und bewegliche Spiegel auf dem gleichen Substrat wie die Elektronik implementieren. Diese Systeme heißen MOEMS (*Mirco Optical Electronical Mechanical Systems*) und stehen derzeit im Zentrum der technischen Entwicklung. Es ist vorauszusehen, dass ein solches System beispielsweise im medizinischen Bereich eingesetzt werden kann. Systeme mit den Abmessungen einer Medikamentenkapsel könnten einem Kranken implantiert werden und z.B. eine Mikrodosis eines Medikamentes zu festgesetzten Zeitpunkten abgeben.

Die Entwickler der (nahen) Zukunft werden also mit den grundsätzlichen Problemen eines interdisziplinären technischen Systems konfrontiert und müssen dieses unter verschärften kommerziellen Randbedingungen entwickeln.

Zu den neuen Aufgaben gehören:

- Modellierung und Erstellung einer simulierbaren Spezifikation,
- das Auffinden aller Fehler während des Entwurfsablaufs,
- eine Integration auf Silizium, die im ersten Anlauf funktionsfähig sein soll,
- die Verkürzung der Entwurfszeit, damit die elektronischen Produkte rechtzeitig auf den Markt kommen (*time to market**),
- die Wiederverwendbarkeit der Entwürfe sicherzustellen,
- das Management großer Entwicklungsteams
- und die effektive Simulation integrierter Schaltungen im System.

Bei der Bewältigung dieser Herausforderungen werden die verwendeten Methoden eine immer wichtigere Rolle spielen [CAE]. Bei der Entwicklung rein digitaler Systeme haben sich die computerunterstützen Entwurfsmethoden in den letzen 30 Jahren so weit entwickelt, dass es möglich ist, solche Schaltungen heute mehr oder weniger automatisch zu erzeugen. Ausgehend von einer Beschreibung der gewünschten Funktion auf hohem Abstraktionsniveau mit einer Hardwarebeschreibungssprache (HDL), verwendet man einen Algorithmus zur Logiksynthese und -optimierung, verifiziert die Funktion mit einem Simulator und setzt dann ein Werkzeug zum Platzieren* und Verdrahten* der Layoutstrukturen der Zellen ein [DMI]. So entstehen mit weitgehender Computerunterstützung Fertigungsvorgaben, die man an einen Halbleiterhersteller schicken kann. Diese (halb-)automatischen Entwurfstechniken verdanken ihre wachsende Effektivität den ausgereiften digitalen Beschreibungssprachen (neben VHDL [VHDL1, VHDL2, VHDL3, VHDL4] auch VERILOG-HDL [CIL]). Alle am Entwurfsprozess Beteiligten sprechen die gleiche Sprache, die zugehörigen Werkzeuge haben sich entwickelt und Planung und Entwurf der digitalen Systeme ist mehr ein Problem der Begriffe als der Technik.

Dieser (halb)automatisierte Ablauf (*workflow**) ist unglücklicherweise nicht für analoge Elektroniken oder MOEMS* verfügbar. Um aber von der Dynamik, die sich im digitalen Bereich ausgebildet hat, zu profitieren, wurde durch Vermittlung von IEEE eine genormte Beschreibungssprache mit dem offiziellen Namen IEEE 1076-1999 etabliert, die umgangssprachlich unter dem Namen VHDL-AMS bekannt ist. Die Software-Industrie beginnt zudem die Entwickler mit einem System von CAE-Werkzeugen (*framework*) zu versorgen, das die gesamten globalen Notwendigkeiten erfasst. Diese Werkzeuge basieren auf internationalen Normen. Diese Standardisierung ist heute absolut nötig, um erfolgreich zu sein. Nur so kann man mit Werkzeugen auf hohem Abstraktionsniveau arbeiten und sich mehr den Konzepten widmen als den Details. Der Schaltungsentwickler ist damit faktisch im Wesentlichen ein Anwender von Informatikwerkzeugen.

Im Verlauf des Kapitels findet sich eine genauere Darstellung aller technischer Randbedingungen und Methodiken.

Was unterscheidet eine digitale von einer analogen Elektronik?

Je nachdem wie eine elektronische Schaltung Informationen, die in Form von elektrischen Signalen vorliegen, verarbeitet, wird die Elektronik als analog bzw. als digital bezeichnet. Die Signale können der Schaltung i.A. entweder zeitlich kontinuierlich (*tc*) oder nur zu diskreten Zeiten (*td*) zugeführt werden und die Werte der Signalamplitude können sich entweder kontinuierlich (*ac*) oder in diskreten Stufen (*ad*) verändern. Üblicherweise spricht man von *analoger* Elektronik, wenn die Bedingungen *tc* und *ac* erfüllt sind und von numerischer oder *digitaler* Elektronik im Falle von *td* und *ad.* Neben diesen typischen Fällen wird auch *quantisierte* Elektronik (*tc*, *ad*) und Abtastelektronik (*td*, *ac*) verwendet.

Der in der Literatur in der Regel verwendete Begriff „digitale Elektronik“ (*digit* bezeichnet in Englisch Ziffer) ist ungenau. Präziser wäre es, digitale Elektronik als eine Elektronik zu bezeichnen, bei der Zeiten und Amplituden der Signale nur als diskrete Größen auftreten. Eine treffendere alternative Bezeichnung wäre *numerische* Elektronik, denn digitale Schaltungen verarbeiten in der Regel Zahlenwerte (meist aber nicht notwendigerweise binär codiert), wobei die physikalische Darstellung der Signalamplituden nicht im Vordergrund steht.

Der Begriff „analog“ kommt aus Zeiten, in denen sich die Elektronik kontinuierlich in Zeit und Amplitude verhielt und mit passiven und aktiven Komponenten (früher aus Röhren, heute aus Transistoren) aufgebaut wurde. Das Verhalten eines solchen elektronischen Systems lässt sich aus der Lösung eines mathematischen Differentialgleichungssystems berechnen. Ein physikalisches System, das ebenfalls durch einen Satz gewöhnlicher Differentialgleichungen beschrieben wird, wurde damals zu Simulationszwecken häufig durch ein geeignetes *analoges* elektronisches System nachgebildet (Analogsimulation). Aus dem Verhalten des elektronischen Systems wurde auf das Verhalten des interessierenden physikalischen Systems geschlossen. Der Name Analogschaltung stammt von dieser inzwischen fast gar nicht mehr verwendeten Simulationstechnik. Es wäre deshalb heute angebrachter über *kontinuierliche* Elektronik zu sprechen, aber das hat sich nicht ergeben.

1.2 Die elektronische Industrie

1.2.1 Der Planungsablauf

Der Start eines größeren Projektes ist für eine Elektronikfirma eine komplexe strategische und schwierige Entscheidung. Die Lebensdauer der Produkte wird immer kürzer und ihre Komplexität wächst. In der Industrie wird es immer wichtiger, als Erster mit einer neuen Produktgeneration auf dem Markt zu sein. Im Englischen bezeichnet der Begriff *time to market* den Druck, unter dem die Entwicklungsabteilungen der Industrieunternehmen arbeiten. Entwicklungsprojekte werden außerdem in einem immer engeren Netz aus Partnerschaften (Lieferanten, Vertriebspartner etc.) durchgeführt. Die meisten Projekte sind zwangsläufig interdisziplinär und benötigen das Zusammenspiel von Kulturen und Verfahrenspraktiken, die manchmal sehr weit auseinander liegen. Die Unternehmen entwickeln außerdem in einem normativen und reglementierenden Umfeld, das immer neue Zwänge auferlegt, wenn neue Produkte auf den Markt kommen sollen (Qualität, Umwelt, Arbeitszeiten, Sicherheit). Trotz dieser Schwierigkeiten sind aber dank neuer Methoden und Techniken immer wieder unbestreitbare technologische Erfolge möglich (GSM, Laptop-Computer etc.). Diese Ausführungen mögen scheinbar weit von dem Thema entfernt sein, das hier von vordringlichem Interesse ist, aber so wird klar, dass man solche komplexen Projekte nicht ohne modernste rechnergestützten Entwurfsmethoden durchführen kann. Insbesondere die Beschreibungssprachen ermöglichen es, aktuelle Entwicklungsprojekte in akzeptablen Zeiträumen bewältigen zu können. Neue Methoden, wie die Verwendung von VHDL-AMS, werden die zukünftige rasante technische Entwicklung prägen.

Der Produktionszyklus von der Idee bis zum Vertrieb gliedert sich in verschiedene Aktivitäten, die teilweise zeitlich parallel ablaufen. Das in Abb. 1 gezeigte Ablaufdiagramm, stellt eine nicht ganz vollständige Bestandsaufnahme der unterschiedlichen Projektabschnitte dar. Zu jeder Zeit kann das Projekt geändert oder sogar angehalten werden, wenn es sich als für die Firma ungeeignet erweist.

Die Absatzmenge eines Produktes hängt von vielen Faktoren ab, unter anderem dem Preis, der von den internen Kosten und den entsprechenden Angeboten der Konkurrenz bestimmt wird. In einer ersten einfachen Annäherung kann man den Verkaufspreis P eines Produktes vor Steuern in folgender Weise definieren:

$$P = \frac{1}{N_v} + \frac{N_f}{N_v} C_m + M ,$$

mit:

- I: gesamte Investitionen (Entwicklungskosten, Werkzeugkosten – auch NRE-Kosten genannt (*Non Recurrent Engineering Cost*));
- N_v: Marktpotential in Stückzahlen. Man kann vereinfachend annehmen, dass der Markt die gesamte Produktion abnimmt;
- N_f: gesamte produzierte Menge ($N_f - N_v$ ist der Ausschuss, N_f / N_v ist die Ausbeute der Produktion);
- C_m: Kosten pro Einheit für Rohstoffe, Transport, Produktions- und Personalkosten usw.;
- M: Gewinnmarge pro Stück, die später Investitionen und Gewinn ermöglicht.

Es wird deutlich, dass der Preis von der Höhe der getätigten Investitionen beeinflusst wird (bezogen auf das verkaufte Volumen), aber auch von der Ausbeute der Fertigung. Die verschiedenen Funktionen von computerunterstützten Methoden bei Entwurf, Management und Produktion, die in die Preisfindung eingehen (und daher auch in die Wettbewerbsfähigkeit), sind:

- Zeitmanagement und Kostenmanagement,
- aufeinander abgestimmte Beschreibungen von Partnern und Subunternehmern,
- fehlerfreie Entwürfe in einem Schritt ohne zeitaufwendige Nachbesserungen,

- Bereitstellen von Werkzeugen für die zeitlich parallele simultane Bearbeitung von Teilprojekten,
- Verwalten von immensen Mengen technischer Daten (diese Menge wächst etwa um eine Größenordnung bei Abschluss eines Projektabschnitts),
- Ermöglichen einer Wiederverwertbarkeit von vorhandenen Entwurfsteilen,
- die Benutzung von „Intellectual Property“: Einkauf von Fremdentwicklung kann günstiger sein als selbst zu entwickeln,
- die Durchführung von Belastungsanalysen im Vorfeld (Stress, Zuverlässigkeit, Wärmeverhalten),
- das automatische Erzeugen von Programmen und Prozeduren (Tests, Steuerprogramme von Industriemaschinen etc.).

Marketing
Ideen für neue Produkte
erste Auswahl einiger Ideen
Genaues Konzept und Auswertung des Marktpotentials (Marktsegmente/Zielgruppen)
Machbarkeitsstudien (Zeitrahmen/Kompetenzen/Produktionsmöglichkeiten)
Ausrichtung auf das zugehörige Marketing (Image, Verkaufsvolumen etc.)
erste Kostenplanung
Marktuntersuchungen

Vorstudien und Technische Analyse
Kostenanalyse von Produktion und Vertrieb
Vorrausschauende Berechnung der Verwertungsmöglichkeiten – Rechtliche Aspekte und Vorschriften
Test von Prototypen und Vorserienproduktion
Definition des endgültigen Produktes: Produktpalette, Preissegment, Vertrieb, Werbung
Plan zur Markteinführung: Vertrieb, Logistik (eventuell Marktstudien vorab)
Zeitplan der Produktion, Budgetplanung, Bildung eines Vertriebsteams
Kaufmännischer Aktionsplan und Werbemaßnahmen
Allgemeine Spezifikationen (für Marketing)

Produktentwicklung
Erstellung eines genauen Lastenheftes
Annahme des Lastenheftes durch internen oder externen Kunden
Architekturentwurf (Bereiche)
Definition von Unterprojekten und Planungen
Unterprojekte: Konzeptionsphase (Einkaufsabteilung einbeziehen)
Abnahme und Validierung der Unterprojekte
Integration und Test (eventuell Redesigns)

Industrialisierung
Untersuchung der Industrialisierungsmöglichkeiten
Entwicklung oder Anpassung von Fertigungswerkzeugen
Vorserie, Auswertung, Anpassung
Einkauf, Unter-Lieferanten, Produktionstest
Langsames Hochfahren der Fertigung
Start der Serienfertigung unter Auslastung

Kundendienst und Produktbetreuung
Retouren vom Kunden/Wartung der Produktionseinrichtungen

Bild 1 Vereinfachtes Ablaufdiagramm eines industriellen Planungs-, Entwicklungs- und Produktionsablaufs

1.2.2 Der Entwicklungsablauf bei integrierten Schaltkreisen

Integrierte Schaltkreise werden nach einem eigenen Entwicklungsablauf (*workflow**) entworfen. Üblicherweise gliedert sich der Prozess und die zugehörigen Werkzeuge in zwei Abschnitte: „Front-End" (Verwendung von CAD-Methoden) und „Back-End" (Verwendung von CAE Methoden). Im ersten Abschnitt stehen stärker Designaspekte und damit Werkzeuge für *Computer Aided Design* (CAD) im Vordergrund, während im Back-End die Entwurfsdaten technologiespezifisch aufbereitet und CAE-Wekzeuge für *Computer Aided Engineering* eingesetzt werden.

Das *Front-End** umfasst also alle Tätigkeiten (und alle Werkzeuge, die dazu benötigt werden), mit denen das Lastenheft (die Spezifikation) in eine Netzliste (*netlist**) aus Grundbausteinen überführt wird. Bei diesen Grundbausteinen handelt es sich um logische Gatter bei Digitalschaltungen und um Transistoren bei Analogschaltungen. In diesem Entwicklungsschritt verwendet man Schaltplaneditoren oder Hardwarebeschreibungssprachen, die Logiksynthese und Optimierungsverfahren auf hohem Niveau. Im Verlauf dieser einzelnen Unterschritte finden alle Simulationen der Funktion und des Verhaltens statt.

Das *Back-End** ist der Teil der Projektentwicklung, der sich nach Vorliegen der Netzliste bis zur Fertigstellung der Fabrikationsunterlagen abspielt. Hier kommen Platzierungs- und Verdrahtungswerkzeuge, Programme zur Überprüfung von Entwurfsregeln, „DRC" (*Design Rule Check**) und für den Vergleich zwischen Layout und Schaltplan „LVS*" (*Layout Versus Schematic Check**) zum Einsatz sowie Werkzeuge zur Vorbereitung der Fertigungsunterlagen, die sich aus Vorgaben für die Produktionsmaschinen und die Testautomaten zusammensetzen. Während des Back-Ends werden Simulationen zum Zeitverhalten durchgeführt und die Ergebnisse wieder in die Netzliste auf dem hohen Niveau des Front-Ends eingefügt (*Back-Annotation*).

Um effizient zu sein, müssen alle Werkzeuge die gleichen Entwurfsdaten verwenden und am günstigsten wirkt es sich aus, wenn die gemeinsamen Beschreibungen keinerlei Formatübersetzungen bedürfen, die oft Ursache von semantischen Verlusten und Irrtümern sind.

Im Verlauf der modernen Entwürfe sind die Grenzen zwischen den beiden grundlegenden Entwurfsabschnitten nicht immer klar und deutlich, weil die so genannten Kurzkanaleffekte, die bei Transistoren mit heutigen Geometrien auftreten, es notwendig machen, diese Effekte frühest möglich zu erfassen und vollständig mit einzubeziehen. Außerdem spielen die Leitungslaufzeiten im Vergleich zu den Signalverzögerungen im Transistorkanal eine immer größere Rolle und müssen bei der Platzierung und Verdrahtung berücksichtigt werden. Der Anteil der Leitungsbeiträge zur gesamten Laufzeit liegt beispielsweise bei 25%, wenn Technologien mit minimalen Strukturbreiten von 0,5µm zum Einsatz kommen, und bei 80% bei modernen Technologien mit 0,15µm-Strukturen.

1.2.3 Allgemeine Methoden im Überblick

Die Entwurfsmethodik ist für das Gelingen eines industriellen Entwicklungsprojektes sehr wichtig. Im Folgenden stellen wir die gebräuchlichen Techniken bei der Elektronikentwicklung vor. Einige von diesen sind noch nicht so ausgereift, dass sie Eingang in die industrielle Praxis gefunden hätten, sondern befinden sich noch im Entwicklungsstadium in Forschungslaboratorien.

Bemerkung
Jedem methodischen Konzept, das vorgestellt wird, steht eine Kombination aus zwei Buchstaben in eckigen Klammern voran. Bei der Vorstellung der Sprache VHDL-AMS werden in den folgenden Kapiteln die Konstruktionen, die mit den jeweiligen Konzepten in Beziehung stehen, mit diesen Markierungen gekennzeichnet.

[FS] Formale und simulierbare Spezifikation
Das Erstellen einer vollständigen und genauen Spezifikation eines komplexen Systems ist eine sehr schwierige Aufgabe. Die Funktionen und die zugehörigen Randbedingungen werden bisher meist in natürlicher Sprache in einem Dokument beschrieben, das sehr umfangreich sein kann. Diese Vorgehensweise ist anfällig für Ungenauigkeiten, Mehrdeutigkeiten, Auslassungen und sogar Widersprüche. Es ist vorab keine Voraussage über die Leistungsfähigkeit oder die Kosten des neuen Systems möglich, lediglich aufgrund der Erfahrung des Projektleiters und des Systemarchitekten sind Abschätzungen möglich.

Die aktuelle Entwicklung geht deshalb dahin, formale Beschreibungssprachen zur Spezifikation einzusetzen, die eine teilweise oder sogar vollständige Verhaltenssimulation ermöglichen. Man kann so die Funktion unabhängig von der physikalischen Implementierung ausdrücken. Diese simulierbare Spezifikation wird dann immer als Referenz verwendet, wenn man von einem Entwurfsschritt zum nächsten geht. So können sich alle Zwischenergebnisse beim Design bis einschließlich des Layouts als Fertigungsvorlage zu Vergleichs- und Prüfzwecken auf die Ergebnisse der funktionalen Simulation der Spezifikation beziehen.

[TD] Zergliedernder Entwurfsstil oder „Top-down“

Beim zergliedernden Entwurf wird ein Design auf hohem Abstraktionsniveau begonnen und wie in FS oben beschrieben mit einer Verhaltensbeschreibung spezifiziert. Dann wird der Entwurf schrittweise verfeinert, um zu einer physikalischen Realisierung aus verbundenen elektrischen Funktionsblöcken zu kommen. Bei diesen Blöcken kann es sich um diskrete Schaltkreise oder integrierte Schaltkreise, ASICs, Prozessoren, Softwarekomponenten etc. handeln. Dieser Zugang ergänzt die oben beschriebene Technik [FS] und erlaubt es, die Techologieauswahl erst ganz am Ende des Entwurfszyklus zu treffen. Deshalb betrifft ein eventueller späterer Technologiewechsel nicht mehr die ersten Entwurfsetappen, wie dies beim „Bottom-up“-Verfahren (aufbauender Entwurfsstil) der Fall ist. Dort werden zuerst alle Grundbausteine technologiebezogen entwickelt, bevor man mit dem Zusammensetzen beginnt (mit Fehlerrisiken beim Verbinden der Bausteine).

In der Praxis benutzt man die zergliedernde und die aufbauende Technik nebeneinander. Beim Design eines ASICs (anwendungsspezifischer integrierter Schaltkreis) arbeitet man häufig z.B. mit vorcharakterisierten Zellen*, die mit einem *Top-Down*-Entwurfskonzept zusammengesetzt werden, wobei die Zellen selbst mit einem *Bottom-up*-Verfahren aus Einzeltransistoren erstellt wurden.

[MA] Mehrfach-Abstraktion

Unter Mehrfach- oder Multi-Abstraktion versteht man, dass innerhalb einer Beschreibung Objekte verwendet werden können, die selbst auf verschiedene Art und Weise beschrieben sind. So können Systeme simuliert werden, bei denen bestimmte Teile auf der Verhaltensebene definiert sind (zum Beispiel als mathematische Gleichung), während andere Teile durch strukturelle Verknüpfungen von Transistoren in der gewählten Technologie modelliert werden, um den dort relevanten physikalischen Phänomenen auf dem Transistorniveau Rechnung zu tragen.

MA erhöht die Genauigkeit der Verifikationen des laufenden Entwurfs: Ein Entwickler beginnt z.B. die Entwicklung eines Untersystems X_k, das im System X des Designs eingebettet werden soll. Das System X sei in einer strukturellen Form als Verbindung von anderen Modellen beschrieben und soll aus Untersystemen X_1, X_2, X_3... bestehen. Ist diese Beschreibung wie in FS gefordert simulierbar, dann kann die Verifikation der verschiedenen Entwicklungsabschnitte des Untersystems X_k unter Berücksichtigung des Verhaltens der anderen Untersysteme X_1, X_2, X_3... erfolgen und auch die Verbindungsstrukturen im System X berücksichtigen.

Mit Hilfe der Multiabstraktion kann man die Rechenzeit für Simulationen von aus mehreren Teilen zusammengesetzten Systemen verkürzen. Je mehr Objekte in einem Design auf einem hohen Abstraktionsniveau beschrieben sind, umso schneller läuft die Systemsimulation ab. Durch Verwendung von möglichst hohen Abstraktionsebenen für all die Teilmodelle, die nicht auf dem niedrigsten Beschreibungsniveau verifiziert werden sollen, kann man ein System komplett Teilmodell für Teilmodell validieren, ohne dass man es in seiner Gesamtheit auf der niedrigsten Abstraktionsebene simulieren müsste.

Die Tatsache, dass Fehlfunktionen von Schaltkreisen mit 90%iger Wahrscheinlichkeit auf Fehler in den Anschlüssen oder andere Fehlverbindungen zurückgeführt werden können, zeigt wie wichtig eine effiziente Gesamtverifikation mit Hilfe der MA für ein erfolgreiches Designprojekts sein kann.

[SE] Simulation des Umfeldes

Ein System (S) oder ein integrierter Schaltkreis ist niemals so konzipiert, dass er alleine funktionieren kann. Er ist immer eingebettet in ein übergeordnetes globales System (SG) und mit anderen Bestandteilen dieses Systems verbunden. Im modernen Entwicklungsablauf wird den Interaktionen des Systems mit der Umgebung dadurch Rechnung getragen, dass ein globales Modell aufgestellt wird. Es wird dadurch z.B. möglich, die Temperaturerhöhung vorherzusehen, die mit der Funktion des Gesamtsystems einhergeht, wenn der Eigenenergieverbrauch des Systems im Globalmodell erfasst wird. So können die Auswirkungen der Erwärmung auf die Leistungsfähigkeit des Systems vorab erfasst werden.

Ein anderes Beispiel: Soll ein ASIC entwickelt werden, das die Geschwindigkeit eines Elektromotors steuert, dann kann dies nur gelingen, wenn in den Simulationen der Schaltung das ganze System berücksichtigt wird. Für die Funktion sind neben den Funktionen des Schaltkreises selbst (Erfassung und Digitalisierung von Motorgeschwindigkeit und der fließenden Ströme, Implementierung des Steuerungsalgorithmus, Bereitstellung der Steuerungsgrößen als Ausgabe) auch periphere Einflüsse entscheidend. Dazu gehören das Stromnetz, die elektrische Maschine selbst, die Umgebungstemperatur usw.

Die relevanten nicht elektrischen Phänomene (thermisch, mechanisch, magnetisch etc.) werden in der Regel direkt mit den physikalischen Gleichungen und den charakteristischen Einheiten des jeweils relevanten physikalischen Teilgebiets modelliert. Verständlicherweise ist die Umgebung meistens auf einem hohen Abstraktionsniveau beschrieben [MA].

[SH] Unterstützung der Entwurfs-Hierarchie

Die Entwurfshierarchie ist eine spezielle Organisation der Entwurfsdaten, die durch die Entwicklungsumgebung erzeugt wird. Sie erlaubt es, auf einfache Art und Weise während der Entwicklung auf einzelnen Hierarchiestufen Änderungen vorzunehmen und dabei Schritt für Schritt die Spezifizierung von Struktur und Inhalt eines jeden Untersystems durchzuführen.

Ein System wird in dieser Hierarchie auf oberster Ebene (*top level*) häufig wie eine Black-Box mit ihren Ein- und Ausgängen betrachtet. Dazu kommen Randbedingungen für die Signale gemäß der Spezifikation und gegebenenfalls ein funktionales System zur Simulation. Jede Komponente des Systems auf tieferen Hierarchiestufen ist über ihre Verbindungen mit anderen Komponenten (Struktursicht) bestimmt, und zwar auf rückbezügliche Art und Weise bis zu einer technologischen Definition der Objekte an der Basis der Hierarchie. Jedes Basisobjekt ist aus generischen Objekten (*design primitives*), die aus einer Datenbasis (Bibliothek) stammen, zusammengesetzt[1]. Sollen zum Beispiel in einem Entwurf auf tiefster Hierarchieebene 100 Signale logisch verundet werden, dann wird ein 100-faches NAND-Gatter benötigt. Das Modell dieses 100-fachen NAND-Gatters besteht aus geeignet verschalteten Zweifach-NAND-Gattern. Das Zweifach-Gatter ist ein Bibliothekselement, das entsprechend oft eingesetzt (instanziiert) wird.

Diese Arbeitsmethode wird von spezialisierten Computerwerkzeugen unterstützt, die rekursive Schaltpläne und strukturelle Verknüpfungen von HDL* Modellen verwalten können.

Auf jeder Hierarchieebene kann man ein eigenes Abstraktionsniveau definieren. So sind alle Hierarchiestufen [TD] bei diesem zergliedernden Ansatz gleichzeitig verfügbar. Um von der Stärke der Analyse und der Vorhersagekraft dieser Technik zu profitieren, muss man sie mit den anderen, bereits oben definierten Vorgehensweisen kombinieren [FS] [TD] [MA] [SE].

[SL] Logiksynthese und Beschreibung auf hohem Abstraktionsniveau

Die Logiksynthese ist eine Computeranwendung, die, von einer Beschreibung auf hohem Abstraktionsniveau ausgehend, automatisch die digitalen Schaltungen für ein Projekt erzeugt und dabei die Einhaltung von vorgegebenen Randbedingungen (Geschwindigkeit, Chipflächenbedarf, Stromaufnahme...) sicherstellt. Die zugrunde liegenden Ressourcen sind entweder Standardzellbibliotheken (ASIC), oder Zellbibliotheken für programmierbare Logikstrukturen (FPGA*) oder schon vorfabrizierte Hardware (CPLD* oder Gate Arrays*).

Mitte der achtziger Jahre war es möglich, aus vorgegebenen Boole'schen Gleichungen automatisch Schaltpläne für PALs* zu erzeugen (mit ungefähr 2000 Gatteräquivalenten). Heute kann man komplette digitale Systeme synthetisieren, die abstrakt per Verhaltensbeschreibung vorgegeben werden. Dabei lassen sich HDL*-Beschreibungen (kombinatorische Logik, synchrone Logik, FSM*) mit Tabellen (Wahrheitstafeln) und graphischen Darstellungen (Schaltpläne, Flussgraphen oder Petrinetze) kombinieren. Die Synthese erfolgt dann im Prinzip auf Knopfdruck und so entstehen Schaltungen mit einigen Millionen logischen Gattern in kürzester Zeit. In der aktuellen Forschung werden ständig Möglichkeiten gesucht, die HDL-Sprachen und ihre Semantik zu erweitern und zu verbessern, damit synthesefähige Beschreibungen auf immer höherem Abstraktionsniveau erstellt werden können.

Aufgrund der Möglichkeiten der Logiksynthese muss sich ein Entwickler heute verstärkt der Frage widmen, was implementiert werden soll, und weniger Fragestellungen, die mit der Umsetzung in eine Herstelltechnologie zusammenhängen. Ohne Synthese wäre es unmöglich, Schaltungen mit mehreren Millionen Transistoren zu entwickeln, denn eine Implementierung einer solchen komplexen Schaltung auf Gatter- oder Transistorebene von Hand mit Schaltplaneditoren ist nicht durchführbar.

[1] Anmerkung des Herausgebers: Bei einer technologieneutralen HDL-Beschreibung handelt es sich auf tiefster Ebene um logische oder arithmetische Operatoren bzw. speichernde Elemente wie Flip-Flops.

[PF] Formale Verifikation

Die formale Verifikation ist eine neue Technik, mit der getestet werden kann, ob das Syntheseergebnis auf Gatterebene mit den Vorgaben der Verhaltensbeschreibung übereinstimmt [JAN]. Allgemein kann man mit diesem Verfahren die Äquivalenz von zwei Beschreibungen derselben Schaltung auf unterschiedlichem Abstraktionsniveau überprüfen, ohne dass dazu zeitaufwendige Simulationen nötig wären. Derzeit können dabei aber nur die funktionalen Eigenschaften analysiert werden. Die dynamischen Eigenschaften (also die Signallaufzeiten) der beiden zu testenden Designs lassen sich (noch) nicht berücksichtigen.

Die bei der formale Verifikation verwendeten Techniken sind mathematischer Natur. Die beiden zu testenden Schaltungsbeschreibung werden dabei in Graphen übersetzt und es wird automatisch überprüft, ob ein Graph den anderen überdeckt. Eine andere Technik betrachtet eine der Beschreibungen als eine mathematische Behauptung und die andere als deren Beweis.

Die Grenzen der Simulation bei der Verifikation eines Systems

Der Zustand eines digitalen Systems mit M Eingangsgrößen und N speichernden Elementen (Flip Flops) zum Zeitpunkt T ist einer von $2^{(N+M)}$ Zuständen, die das System annehmen kann. Soll die Simulation eines Systems alle Möglichkeiten prüfen, bedeutet dies, dass es von den Eingängen her in alle möglichen Zustände versetzt werden muss. Eine kleine Rechnung mit vernünftigen Werten für M und N (10 und 100 zum Beispiel) zeigt leicht, dass dies nach menschlichem Ermessen unmöglich ist, sogar mit Computern der allerhöchsten Leistungsfähigkeit. Im Falle von analogen Systemen, wird das Problem sogar noch schwieriger. Die Simulation zeigt hier nur eine Idealisierung der Situation, weil es sehr schwierig ist, alle Einflussgrößen zu berücksichtigen (Übersprechen, Streuung der Eigenschaften, externe Einflüsse, Veränderung der Betriebsbedingungen etc.) und weil Modelle für die Bauelemente, die alle physikalischen Phänomene berücksichtigen, in der Regel nicht vorliegen. Die Simulation überprüft daher nicht ohne Einschränkung, ob ein System funktioniert, genau wie eine mathematische Aufzählung von Fällen keinen allgemeinen Beweis ersetzt. Die Simulation kann im besten Falle zeigen, dass die Schaltung für eine mehr oder weniger große Teilmenge aller Betriebsbedingungen und Eingangssignale funktioniert. Mit Simulationen kann eine Schaltung also nicht verifiziert, sondern bestenfalls validiert werden. Wie aussagekräftig die geprüfte Teilmenge ist, hängt von der Erfahrung des Designers ab, der die Validierung der Schaltung per Simulation vornimmt. Das Verfahren ist daher eine Notlösung, für die man im Augenblick außer der formalen Verifikation keine Alternative besitzt, wobei sich diese Alternative nur im digitalen Bereich mit den erwähnten Einschränkungen anwenden lässt.

[CM] Gemischt analog-digitaler Entwurf

Wenn vor einigen Jahren ein Schaltkreis aus analogen und digitalen Teilbereichen aufgebaut werden sollte, wurden die beiden Entwürfe unabhängig voneinander ausgeführt und die Sub-Systeme erst am Ende des Entwurfsprozesses integriert. Viele Fehler konnten bei dieser Vorgehensweise nicht hinreichend früh gefunden werden, um diese wirksam mit geringfügigen Kosten zu korrigieren. Heutzutage müssen die Simulatoren bereits während des Entwurfs auf eine einfache Art und Weise den gemischten analogen-digitalen Stil unterstützen, um das Zusammenspiel der Untersysteme im Vorfeld berücksichtigen zu können.

[CD] Codesign

Elektronische Systeme werden komplizierter, sie enthalten immer öfter Softwareanteile (Embedded Software*, Firmware*), um die Mikrocontroller, die im Kern der Anwendungen eingebettet sind, zu steuern. Die Entwurfsmethodik muss in der Lage sein, dem Entwickler die gemeinsame Planung und Entwicklung der Soft- und Hardwarekomponenten zu erleichtern. Für Anwendungen in der Signalverarbeitung gibt es schon Entwicklungsumgebungen, die die Spezifikation solcher gemischter Strukturen unterstützen. Die Hardware wird dann über Logiksynthese erzeugt, während der Softwareanteil automatisch auf Assemblerniveau für einen bestimmten Signalprozessor generiert wird. Wichtig beim Codesign ist es, dass Softwareanteile gemeinsam mit der zugrunde liegenden Hardware simulieren werden können.

[GD] Verwaltung der Spezifikationen und der technischen Dokumentation

Eine Entwurfsumgebung wird nicht nur zum Design benutzt, sondern muss auch die Entwurfsdaten und die zugehörige organisatorische Dokumentation für ein Projekt verwalten. Sie muss die Eindeutigkeit der Dokumente, die Verwaltung der Versionen und die Datensicherung sicher stellen. Die Qualitätssicherung und die zugehörigen Zertifizierungen können auf diesen Daten aufbauen.

[VT] Verifikation und Test

Alle Systeme, die die Produktion verlassen, sind elektrisch zu testen, um die Ausbeute sicherzustellen und die Fertigung steuern zu können. Nur ein möglichst vollständiger und effizienter Test kann die Qualität der Produktion sichern. Man braucht dazu Werkzeuge, die aus dem gelieferten Entwurf die Testvorschriften automatisch generieren. Bereits während das System entwickelt wird, müssen die Strukturen, die die Testbarkeit verbessern, eingefügt und die Testvektoren generiert werden. Wichtig ist die Analyse der Testabdeckung. Hierzu wird automatisch berechnet, wie hoch der Prozentsatz der gefundenen möglichen Fehler mit dem betrachteten Testvektorsatz ist. Bei der Testentwicklung ist darauf zu achten, dass gefundene Fehler in den produzierten Schaltungen lokalisiert werden können, um gegen deren Ursache effektiv vorzugehen.

[OU] Vereinheitlichte Werkzeuge

Im Rahmen des Möglichen sollten die anfallenden Entwurfsaufgaben auf der gleichen Rechnerumgebung ablaufen, um Fehlermöglichkeiten beim Datenübertrag zu minimieren. Vereinheitlichte Werkzeuge oder *Frameworks* sollten offen sein, damit neue Werkzeuge integriert werden können und Zugriff auf die Entwurfsdatenbasis bieten.

Verifikation der Systeme

Der elektrische Test als Warenausgangsprüfung für die hergestellten Systeme ist noch schwieriger als die Simulation zur Validierung des Designs, denn im Gegensatz zur Simulation sind beim Test alle internen Knoten der Schaltung nicht als Messpunkte direkt zugänglich. Beim Testen digitaler Systeme sind folgende Begriffe relevant: ein System ist *beobachtbar*, wenn sich aus den Werten der Ausgangssignale der Zustand aller internen speichernden Elemente ableiten lässt. Ein System heißt *steuerbar*, wenn mit geeigneten Eingangssignalen der Zustand jedes internen speichernden Elementes festgelegt werden kann. Ein System ist genau dann *testbar*, wenn es sowohl beobachtbar als auch steuerbar ist. Ein Satz von Testmustern (*Testprogramm*), der X % der Zustände, die das System annehmen kann, verifiziert, indem die Eingänge in bestimmte Zustände gebracht und die sich ergebenden Ausgangssignale analysiert werden, hat eine *Testabdeckung* von X %. Mit *Fehlersimulatoren* kann man die Testabdeckung eines Testprogramms im Voraus ermitteln. Bei komplexeren Schaltungen sind die Testvektorsätze sehr umfangreich, erreichen aber in der Regel nie Abdeckungen von 100%. In der Praxis sind 90% bereits ausreichend, um bis auf wenige Ausnahmen alle defekten Schaltkreise zu finden. Aufwendige und schnell arbeitende Testautomaten prüfen die Schaltungen am Ende des Fertigungsprozesses.

Neuere Techniken wie der *Boundary Scan* (Test mit Hilfe der Peripherie) erleichtern die Verifikation erheblich und erlauben einen fast vollständigen Test bei reduzierten Testkosten. Bei diesem Verfahren wird der Schaltkreis mit Hilfsstrukturen versehen, die den Zugang zu allen internen Punkten im Schaltkreis zum Lesen oder zum Schreiben sicherstellen.

[PE] Zeitlich parallele Entwicklung

Während des Konzeptionsprozesses sind die Aufgaben teilweise voneinander abhängig und nacheinander zu erledigen und teilweise voneinander unabhängig und können zur Verkürzung der Entwurfszeit zeitlich parallel bearbeitet werden. Durch eine Analyse der im Verlauf der Entwicklung benötigten Ressourcen und Vorarbeiten ist es möglich, ein Flussdiagramm als Projektstrukturplan zu erstellen, mit dessen Hilfe der parallele Einsatz maximiert und so die Entwicklungsdauer (und damit die Entwurfskosten) verringert werden kann. Damit die Parallelisierung möglich wird, sind geeignete Entwicklungsmethoden einzusetzen, die mit dem angestrebten Ziel kompatibel sind.

[RE] Wiederverwertbarkeit

Nur in seltenen Fällen ist ein Produkt völlig neuartig. Für neue Produkte verwendet man meistens Weiterentwicklungen von existierenden Systemen oder man integriert vorher bekannte Funktionen. Diese *Wiederverwertbarkeit* (auf englisch *reusability*) ist nur möglich, wenn die Konzepte ausreichend allgemein gehalten sind, gut dokumentiert sind und mit der verfügbaren Technologie fortentwickelt werden können.

1.3 Die neuen Anforderungen

Aufgrund der kontinuierlichen Fortschritte der Elektronikindustrie steigen die Anforderungen an die Entwurfswerkzeuge ständig und es müssen neue Designmethoden entwickelt werden. Die Submikrometertechnologien erfordern beispielsweise komplexere Simulationen, denn die Transistormodelle, die derzeit tatsächlich in der Praxis eingesetzt werden, entfernen sich von den physikalischen Phänomenen. Für die Verarbeitung von verbesserten neuen Transistormodellen sind einfache Simulationsverfahren, bei denen die verwendeten Modelle im Kern des Simulators kompiliert werden, nicht mehr ausreichend. Man benötigt vielmehr Werkzeuge, die über allgemeine Lösungsverfahren für Systeme aus Differentialgleichungen verfügen und die auch die Konstruktion und die Auswertung von Modellen aus externen Bibliotheken erlauben.

Die neuen elektronischen Systeme bestehen nicht mehr nur aus Transistoren und logischen Gattern, sondern beinhalten häufig auch Sensoren und Aktoren. Beispiele sind Schaltkreise, die einen Beschleunigungssensor für einen Airbag enthalten oder miniaturisierte Spiegel für neuartige Videoprojektoren etc. Diesen neuen Möglichkeiten muss durch Modellierungssprachen und die zugehörigen Simulatoren Rechnung getragen werden.

Die Synthese analoger elektronischer Schaltungen ist zusätzlich eine der größten technisch-wissenschaftlichen Herausforderung der modernen Elektronik. Das Ziel ist dabei, genau wie im digitalen Bereich, ein System über die gewünschten Eigenschaften zu definieren und es einem Computerprogramm zu überlassen, das System zu entwerfen. Von diesem Ziel ist man noch weit entfernt. Die Unterstützung durch einen Standard für die zulässige Form der Beschreibung würde die Entwicklung analoger Syntheseverfahren stark erleichtern.

1.4 Die Bedeutung eines Standards

Die Industrie ist leistungsfähiger und dynamischer, wenn anerkannte und bekannte Standards vorliegen. Wer denkt denn noch an die guten Videoformate Betamax oder V 2000, nachdem das eingeschränktere VHS als Standard eingeführt wurde?

Die Elektronikentwicklung hat in den 80er und 90er Jahren eine fast babylonische Vielfalt an Hardwarebeschreibungssprachen hervorgebracht. Für jeden Teilabschnitt des Entwurfsprozesses gab es eigene Verfahrensweisen von verschiedenen Entwurfssoftwareherstellern. Aufwendige Übersetzungen aus der einen Sprache in die andere und Anpassungen des Designs zwischen verschiedenen Entwurfsschritten waren die Regel. Der Einsatz von HDLs in der Industrie war daher risikoreich. Eine Firma, die ihre Entwicklungen auf der Sprache eines Herstellers aufbaute, der vom Markt verschwand, musste ihre Entwürfe erneut erstellen, denn teilweise konnte das vorher Erreichte nicht wieder verwendet werden. Darüber hinaus war der Datenaustausch mit Zulieferern und Auftraggebern fast unmöglich. Außerdem waren die Entwickler integrierter Schaltkreise stark von den Halbleiterlieferanten abhängig, die ihnen z.T. die kompletten Entwurfsumgebungen oder die Entwurfsparameter für bestimmte Werkzeuge lieferten.

Aus diesen Gründen war es notwendig, wenn nicht sogar unverzichtbar, die Situation durch einheitliche Standards und genormte HDLs* zu klären. Verwenden alle Beteiligten eine abgestimmte Umgebung, wird das Austauschen natürlich einfach und aus den Entwicklungsarbeiten können alle einen Nutzen ziehen. Weiterhin kann eine Dienstleistungsindustrie, die fertige Modelle an Entwurfsteams anderer Firmen liefert, sich nur dann entwickeln und bestehen, wenn es verbindliche und einheitliche Beschreibungsstandards gibt. Diese neuen Dienstleistungen werden mit der Abkürzung IP bezeichnet (für *Intellectual Property*).

1.5 Geschichtliches

Anfang der 80er Jahre hat das amerikanische Verteidigungsministerium (DoD) die Definition einer digitalen Hardwarebeschreibungssprache (HDL*) als Entwicklungsauftrag ausgeschrieben. Das war lange vor der erwähnten sprunghaften Entwicklung der Beschreibungsmethoden (mit mehr als 80 verschiedenen HDLs). Der Grund für diese Initiative des DoD war, Antwortschreiben der Lieferanten hinsichtlich der nachgefragten Ausrüstungsgegenstände besser begutachten, evaluieren und dokumentieren zu können. Um die laufenden Projekte zu begleiten, brauchte das DoD immer mehr Spezialisten. Der Vergleich der vorgeschlagenen Lösungen wurde schwierig und das Risiko, von einem Lieferanten abhängig zu werden, war strategisch gesehen nicht zu akzeptieren.

Zur gleichen Zeit hat die DARPA (*Defense Advanced Research Projects Agency*: Forschungsabteilung des Verteidigungsministeriums) verschiedene nationale Forschungsprojekte im Elektronikbereich durchgeführt (entsprechend den europäischen Verbundprojekten im Eureka- oder Esprit-Programm). Eines hieß VHSIC (*Very High Speed Integrated Circuit*) und aus einem seiner Unterprojekte ist die Sprache VHDL 7.2 (*VHSIC – Hardware Description Language*) hervorgegangen. Die Sprache hat sich an die offene Verfahrensweise der Computersprache ADA angelehnt. Ein Konsortium aus den Firmen IBM, Texas Instruments und Intermetrics hat diese Sprache dem DoD im Rahmen der Ausschreibung als geeignete HDL vorgeschlagen. Sie wurde akzeptiert und der interne Standard für Rückantworten auf die Ausschreibungen des Verteidigungsministeriums.

Im Übrigen war einige Jahre zuvor dieselbe Problematik wie bei HDLs im Zusammenhang mit der Vielfalt der gewöhnlichen Computersprachen aufgetreten. Eine gleichartige Verfahrensweise, aber auf internationalem Niveau, hatte zur Auswahl der Sprache ADA geführt, die von einer französischen Universität entwickelt wurde. Um zu vermeiden, dass sich wieder ein ausländischer Anbieter durchsetzt, wurde die erwähnte Ausschreibung des DoD für die Hardwarebeschreibungssprachen und die damit verbundenen Entwicklungsverträge als „vertraulich“ gekennzeichnet und durften die Vereinigten Staaten nicht verlassen.

Einige Jahre später, 1985, hat das DoD VHDL 7.2 veröffentlicht und der amerikanischen Ingenieursvereinigung IEEE vorgeschlagen, diese Sprache zur Norm zu machen. Dies geschah am 10.12.87 unter dem wenig klangvollen Namen IEEE 1076-1987. Die Sprache ist seitdem eher bekannt unter ihrem natürlichen Namen VHDL oder VHDL'87.

Die ersten Werkzeuge für VHDL wurden von Intermetrics produziert zu einem Preis von 100.000 € (in Frankreich erst erhältlich, nachdem eine Exporterlaubnis vorlag). Ein kleines Werkzeug, entwickelt von Model Technology, war sehr schnell für den PC unter DOS verfügbar zum Preis von einigen Tausend Euro, dann für Windows 1.1 für 1.500 €. Diese Firma, die man heute als Start-up bezeichnen würde, hat sich zum Weltmarktführer für VHDL-Simulatoren entwickelt und wurde inzwischen von Mentor Graphics gekauft.

Die IEEE-Norm

Die IEEE-Organisation (*Institute of Electrical and Electronic Engineers*, US-amerikanische Ingenieursvereinigung) bevorzugt die Normung durch die Beteiligten. Deswegen kann (und sollte) jeder Experte seinen Standpunkt darlegen. Dies ist eine völlig andere Vorgehensweise als wenn eine staatliche Behörde eine Norm verbindlich vorgibt (im besten Fall in Zusammenarbeit mit Experten).

Ein Normungsvorschlag, der bei der IEEE-Vereinigung eingereicht wird, durchläuft verschiedene Verwaltungsprozeduren (siehe www.standards.ieee.org oder www.vhdl.org), um die Unabhängigkeit und die Kohärenz dieses Vorschlages sicherstellen. Jede Norm muss die Standardisierungsprozedur alle fünf Jahre wieder durchlaufen, um den Standard zu bestätigen. Deshalb wurde der ursprüngliche VHDL-Standard 1992 erneut genormt. Die neue Fassung wurde aber auf Grund von Verzögerungen erst 1993 unter dem Namen IEEE 1076-1993 oder VHDL'93 verfügbar. Die Änderungen waren geringfügig, aber der Entschluss war gefasst worden, VHDL zu erweitern. Analoge Elektronik sollte in einem Standard 1076.1 von einer Arbeitsgruppe mit einbezogen werden.

Nach einigen Verspätungen (siehe folgenden Kasten) hat die Arbeitsgruppe die Norm 1076.1-1999 oder VHDL-AMS herausgegeben, die als eine Erweiterung der Norm IEEE 1076-1993 anzusehen ist. VHDL-AMS beschäftigt sich nur mit der Modellierung von zeitlich kontinuierlichen oder gemischten analog-digitalen Systemen, passend zu der digitalen Beschreibung mit dem ursprünglichen VHDL.

Diese beiden Normen (1076.1-1999 und 1076-1993) sind unabhängig voneinander. Die Norm 1076 wurde 2001 aktualisiert (IEEE 1076-2001), ohne dass dies Einfluss auf VHDL-AMS gehabt hätte.

Die Interessensgruppen bei der Normung

Im Laufe des Normungsprozesses für VHDL-AMS hat sich im Jahre 1998 der Zwischenstand VHDL-A herausgebildet [VHDL-A]. Das Verfahren zur Standardisierung wurde von der Gegnerschaft zweier Lager geprägt (die sich inoffiziell um die zwei großen CAE-Hersteller herum gruppierten). Jedes Lager verteidigte seinen Standpunkt, weil jedes Lager seine eigenen internen Entwicklungen schon durchgeführt hatte. Folglich wurden zwei unabhängige Vorschläge dem Koordinierungsausschuss vorgelegt. Diese beiden Vorschläge erhielten die Arbeitstitel JADE und OPAL und wurden unabhängigen Experten vorgelegt (aber gibt es wirkliche Unabhängigkeit in einer so kleinen Welt?). Nach vielen Diskussionen wurde beschlossen, OPAL als Arbeitsbasis zu wählen und die jeweils besseren Elemente von jedem Vorschlag in die Endversion einzuarbeiten. Dieser lange Prozess hat schließlich, mit einem Jahr Verspätung, zu dem Standard VHDL-AMS geführt

Parallel hat die Firma CADENCE ihre Beschreibungssprache für digitale Systeme, VERILOG, veröffentlicht und das IEEE überzeugt, auch ein Normierungsverfahren im Hinblick auf VERILOG-A als eine Erweiterung für Analog-Schaltungen einzuleiten. Der Name des erweiterten VHDL wurde im Laufe der Entwicklung von VHDL-A in VHDL-AMS (für Analoge und Gemischte Systeme) geändert.

1.6 Was ist eine Hardwarebeschreibungssprache (HDL)?

Im Gegensatz zu einer klassischen Computersprache zielt HDL nicht zwangsläufig auf die Ausführung eines Algorithmus auf einem Rechner. Sie dient, wie ihr Name schon sagt, der Beschreibung von Hardware (verdrahtete Schaltungen), mit den Zielen zu spezifizieren, zu modellieren, zu simulieren, zu dokumentieren, zu synthetisieren (Logik-Synthese*), zu verifizieren (LVS*) etc. Ihr effektiver Gebrauch hängt von dem mit der Sprache verbundenen Werkzeug ab.

In einer Computersprache wird die Information über die Änderung von Variablen während des Programmablaufs transportiert, während man in einer HDL* Signale definiert, die im statischen Falle konstante elektrische Spannungen nachbilden. Die Information, die mit diesen Signalen verknüpft ist, ist zeitlich bestimmt, sodass zeitliche Abläufe nachvollziehbar werden und ein Zeitdiagramm erzeugt werden kann.

Die Variablen in einer Computersprache werden mit Prozeduren (Funktionen oder Unterprogrammen) behandelt, die aufgerufen, ausgeführt und dann wieder vergessen werden. Der notwendige Speicher (für diese Variablen) wird dynamisch zugeordnet. In einer HDL wird die Information mit Komponenten verarbeitet, die fest instanziiert und über Signale miteinander verbunden sind. Dies erlaubt die Nachbildung von Hardwarekomponenten.

In einer HDL*-Sprache ist die Behandlung der Zeit ein integraler Bestandteil der Semantik der Modelle. Die Zeit wird bei der Simulation streng berücksichtigt. Im Rahmen einer Computersprache erfordert dies immer eine spezifische innere Beschreibung, die es erlaubt, zeitliche Entwicklungen zu simulieren.

VHDL besitzt Signale und Komponenten sowie eine eindeutige Zeitbeschreibung, aber auch Variablen und Prozeduren. So bildet diese HDL zusätzlich auch eine klassische Computersprache nach.

1.7 Die Grenzen der bestehenden Werkzeuge

Seit 1969 wird das Simulationsprogramm SPICE (*Simulation Program with Integrated Circuit Emphasis*) und seine Varianten in Unternehmen eingesetzt [SPICE]. Es handelt sich dabei um einen analogen Simulator mit elementaren Strukturen, d.h. es gibt für die einzelnen Bauelemente simulierbare Modelle, die vor der Simulation kompiliert werden. Die zu modellierenden Systeme werden in Form von Netzlisten (netlist*) aus diesen elementaren Strukturen aufgebaut. Es ist klar, dass die Basismodelle nicht sehr anpassungsfähig sind. Die Syntax bei SPICE-Simulationen ist sehr kompliziert und trotz vieler Verbesserungen auf niedrigem Niveau geblieben. Da SPICE öffentlich zugänglich ist, wurden viele universitäre oder industrielle Werkzeuge davon beeinflusst und dies hatte wieder Rückwirkungen, weil sich dadurch zahlreiche SPICE-Varianten herausbildeten.

Die Firma Analogy bietet seit einigen Jahren die Sprache MAST und den gemischten Simulator Saber (mit dem eigenen Cavaleras-Algorithmus) an. Diese Simulationsumgebung wird in der Mechatronik* häufig gebraucht und bei der Modellierung von Systemen aus mehreren technischen Gebieten eingesetzt. Cadence bietet die Sprache Spectre-S, verbunden mit Verilog seit 1998 als Sprache Verilog-A an. In Zusammenarbeit mit der Firma Anacad hat die Firma Mentor Graphics 1998 den Simulator HDL-A vorgestellt, der sich auf die bis zu diesem Zeitpunkt abgeschlossenen Arbeiten der Normierungsgruppe 1076.1 stützt. Alle diese Werkzeuge sind mehr oder weniger Eigentum von bestimmten Firmen und daher weder genormt noch öffentlich zugänglich.

1.8 Einige Werkzeuge

Seit dem Winter 1999 bietet Mentor Graphics mit der Tochtergesellschaft Anacad die Umgebung ADV-MS an und konnte dabei einen großen Teil der Norm 1076.1-1999 berücksichtigen. Kernbestandteile von ADV-MS [ADV] sind der Programmübersetzer (Parser) LEDA und der Simulator ELDO. Die Firma Dolphin Integration bietet den Simulator SMASH 4.3 an, der ebenfalls einen großen Teil des VHDL-AMS-Standards berücksichtigt. Die Firma Analogy (mittlerweile aufgekauft von der Firma Avanti) hat eine Entwicklungsumgebung „theHDL“ angekündigt, die VHDL-AMS erfasst. Die Gesellschaft SIMEC entwickelt und vertreibt das Werkzeug hAMSter für den PC. Weitere Details über die Werkzeuge finden sich im Anhang.

1.9 VHDL-AMS: Möglichkeiten und Einschränkungen

Mit VHDL-AMS kann man Modelle für komplexe Systeme erstellen, die nicht nur elektrische Komponenten mit analogem, kontinuierlichem Zeitverhalten und/oder diskreten Ereignissen enthalten, sondern auch Funktionen und Einflüsse aus anderen technischen Teilgebieten erfassen. Beispiele sind thermische Einflüsse, optische oder mechanische Systeme, chemische Reaktionen etc. In allen Anwendungsfällen sind Modelle mit verschiedenen Abstraktionsebenen zugelassen, die hierarchisch vernetzt werden können. Externe Bibliotheken können zusätzlich eingebunden werden. Die Sprache erlaubt außerdem bei elektrischen Systemen im digitalen und auch im analogen Bereich inhaltliche Abstraktionen (Funktionen) vorzunehmen sowie strukturelle Beschreibungen (die Netlist* von Modellen) und Signalflussbeschreibungen *(Signal-flow)* einzusetzen.

Analoges Verhalten wird in den VHDL-AMS-Modellen über gewöhnliche Differentialgleichungen in Bezug auf die Zeit ausgedrückt. Man kann mit den aktuellen Werkzeugen für die VHDL-AMS-Simulation Laplace- und Z-Transformationen durchführen. Spektrale Analysen und Rauschanalysen können ebenfalls einfach veranlasst werden. Die Vorschriften zur Verbindung von analogen Modellen (auch nicht-elektrischer Art) beruhen auf den verallgemeinerten Kirchhoff'schen Gesetzen, die sich von physikalischen Erhaltungsgesetzen ableiten und die Paare von zugeordneten Größen verknüpfen. Im elektrischen Bereich sind dies Spannung und Strom, bei thermodynamischen Betrachtungen Temperatur und Wärmemenge, bei Mechanik Abstand und Kraft bzw. Drehbewegung und Torsion etc.

Eine geeignete Simulationsumgebung für VHDL-AMS muss einen allgemeinen Lösungsalgorithmus für Systeme von Differentialgleichungen beinhalten, die extern vorgegeben werden können (im Gegensatz zu einem Simulator vom Typ SPICE, der primitive eingebaute Modelle verwendet). Für eine leichte Bedienbarkeit ist es wünschenswert, bei der Bedienung auf die bekannten SPICE-Analysearten zurückgreifen zu können (DC, transient, AC, noise, Monte-Carlo...).

Es ist zu beachten, dass die Modelle, die in VHDL-AMS geschrieben werden, keine Ableitungen nach dem Ort enthalten dürfen, sondern nur zeitliche Ableitungen. Räumlich-dynamisch sich entwickelnde Vorgänge, wie die Diffusion, die Wärmeleitung oder Wellenausbreitung sind deswegen nur schwer mit VHDL-AMS zu handhaben.

Die Regeln zur Verbindung von Modellen sind durch die Norm festgelegt und dem Benutzer nicht zugänglich. Neuere Konzepte, die aber noch nicht genormt sind, lassen solche Möglichkeiten zu (z.B. die Sprache MHDL).

Diese Einschränkungen sind Gegenstand von Überlegungen für die erneute Normierung, die für 2004 vorgesehen war aber bisher noch nicht erfolgt ist.[1]

[1] Anmerkung des Herausgebers

1.10 VHDL-AMS: Vorteile und Nachteile

1.10.1 Wirtschaftliche Vorteile

Die Tatsache, eine allen Beteiligten gemeinsame Sprache zur Verfügung zu haben, ermöglichte das Entstehen von IP (*Intellectual Property*). Diese Zukaufsmöglichkeit von fertigen Teilentwürfen verkürzt die Entwicklungszeiten und reduziert das Designrisiko. Der IEEE-Standard sichert die Investitionen der Elektronikindustrie, denn zur Unabhängigkeit vom Halbleiterproduzenten kommt die Unabhängigkeit vom Entwurfswerkzeuglieferanten. Außerdem verlassen mehr Ingenieure mit entsprechenden Kenntnissen und höherer Mobilität die Hochschulen.

1.10.2 Technische Vorteile

VHDL-AMS ist modern, leistungsfähig und verbreitet. Die Sprache ist sehr gut lesbar, ermöglicht eine hohe Modularität mit strengen Typisierungen (jedes Objekt muss durch einen Typ definiert werden) und unterstützt *generische* Beschreibungen. Der Begriff generisch bezeichnet die Möglichkeit, Modelle mit Parametern zu beschreiben, die bis zum Moment der tatsächlichen Anwendung unbekannt sind. Die Rolle der Zeit und ihr Gebrauch sind in VHDL-AMS solide definiert. Die Modellierung von Konflikten bleibt dem Benutzer überlassen (Auflösungsfunktionen: Modelle für Kurzschlüsse und Buskonflikte). Dies alles schafft zahlreiche Möglichkeiten in einer großen und aktiven Anwendergemeinschaft. Die regen Interaktionen stärken den fortlaufenden Standardisierungsprozess und passen so die genormten Spracheigenschaften den aktuellen technischen Bedürfnissen an.

1.10.3 Nachteile

Die Sprache ist zwar leistungsfähig und generell, daher auch komplex, aber nicht kompliziert. Die Konstruktionsmöglichkeiten sind entsprechend zahlreich und die ersten Schritte recht schwierig.

VHDL-AMS besitzt immanente Grenzen, die ziemlich einschränkend sind. Es fehlt der Sprache in einigen Punkten die Genauigkeit, z.B. bei den Methoden Eingänge und Ausgänge zu definieren. Außerdem ist die Norm in einigen Punkten, die der Klarstellung bedürften, nicht explizit genug.

Im Augenblick ist bei den verfügbaren Simulationswerkzeugen noch ein spezielles und aufwendiges Software-Tool zur Analyse des VHDL-AMS-Codes notwendig. Die Werkzeuge unterstützen die Norm auch noch nicht ganz vollständig. Es existiert noch kein spezifischer VHDL-AMS-Simulator (nativer Simulator) und dies reduziert die Leistungsfähigkeit der derzeit verfügbaren Simulatoren. Diese Werkzeuge sind zudem sehr teuer und finden deswegen keine rasche Verbreitung.

Die Vorteile überwiegen aber, denn die Nachteile werden wegen der anstehenden Renormierungen und der technischen Weiterentwicklung der Simulationstools nur vorläufiger Natur sein. Die Verwendung einer analog/digitalen Beschreibungssprache ist in Industrie und Forschung technisch und wirtschaftlich unumgänglich.

Vergleich eines analogen Simulationswerkzeugs mit einem digitalen Simulator

Die folgenden Ausführungen haben das Ziel, die konzeptionellen Unterschiede und die Herausforderungen in den beiden Simulationsdomänen gegenüberzustellen, um so das Verständnis von bestimmten konzeptionellen Schwierigkeiten, die in den weiteren Kapiteln dargestellt werden, zu erleichtern.

Ein digitaler Simulator beruht auf der bedingten und iterativen Ausführung unabhängiger Boole'scher Gleichungen auf einer diskretisierten Zeitachse. Die Zustände des Systems werden immer dann aktualisiert, wenn ein Eingangssignal aufgrund von externen Vorgaben seinen Zustand ändert. Dieser Wechsel in der Datenbasis wird als *Ereignis* (engl. *Event*) bezeichnet. Ein Modell besteht typischerweise aus miteinander verknüpften Untermodellen (netlist*), die wiederum mit Boole'schen Gleichungen definiert sind.

Iteratives Vorgehen

(Erstelle eine Liste der Ereignisse (EL) und der zugehörigen Signale):

1. Aktualisieren der EL zum aktuellen Simulationszeitpunkt.
2. Extrahieren der Signale, die als Nächstes wechseln.
3. Erhöhen der Simulationszeit.
4. Starten und simulieren der abhängigen Prozesse.
5. Eintragen der neuen Ereignisse in die EL.
6. Erzeugen eines LSP (Logischer Simulationspunkt).

Ein analoger Simulator [ANA] löst die Kirchhoff'schen Gleichung zu jedem Zeitwert *t*. Im Prinzip beruht die Simulation von analogen Systemen immer auf Näherungstechniken, die im Folgenden zusammengefasst beschrieben werden. Das analoge Model besteht aus physikalischen Gleichungen, die die einzelnen Zweige des Netzwerks beschreiben und genau wie die Zweige im Netz verkoppelt sind. Je nachdem, welche Bauelemente in den Zweigen auftreten, sind die Gleichungen linear oder nicht-linear und zeitabhängig oder stationär. So ergibt sich in der Regel ein nichtlineares (NL) Differentialgleichungssystem, das mit numerischen Methoden gelöst werden muss.

Iteratives Vorgehen (Matrizenrechnung höherer Ordnung!):

1. Schreibe das nichtlineare (NL) Differentialgleichungssystem in Matrizenform.
2. Wähle einen neuen Zeitwert *t* nach den Vorgaben der Jacobi-Determinante.
3. Führe die zeitliche Diskretisierung durch, um integrieren zu können:

   $$x(t+d) = f_{NL}(x(t), x'(t), p(t)).$$

   $x(t)$ ist der Vektor der Unbekannten, d der diskrete Zeitschritt und $p(t)$ der Vektor der äußeren Anregungen.
4. Die Linearisierung (z.B. nach Newton) ergibt ein lineares Differenzengleichungssystem.
5. Auflösen dieses Gleichungssystems z.B. nach dem Gauss-Seidel-Verfahren.
6. Konvergiert das Verfahren?
   a) Wenn ja: Stelle einen Analogen Simulationspunkt (ASP) auf.
   b) Wenn nein: Ändere die Zeit (t) und beginne bei 1.

Die klassischen Analysen mit SPICE

Im Folgenden werden die verschiedenen SPICE-Simulationsarten vorgestellt, die auch bei VHDL-AMS eine wichtige Rolle spielen. Alle Instruktionen, denen zur Kennzeichnung ein Punkt vorausgeht (OP beispielsweise), werden in der SPICE-Netzliste aufgeführt, um die Simulation zu steuern.

Gleichstromanalyse DC

.OP: Arbeitspunkt: Die gesamte Menge $\{v, i\}$ aller Ströme i, die durch die Knoten der Schaltung fließen, und aller Spannungen v, die längs der einzelnen Zweige anliegen, werden für den stationären Fall berechnet, wobei Kondensatoren (C) als offene Verbindung und Induktivitäten (L) als Kurzschluss interpretiert werden.

.SENS: Empfindlichkeitsanalyse am Arbeitspunkt: Dazu werden die Ströme und Spannungen um die Werte, die sich nach der OP-Analyse einstellen, variiert, um die Ströme und Spannungen herauszufinden, die den stärksten Einfluss auf das Verhalten der Schaltung haben.

.DC: Mehrere OP-Berechnungen für verschiedene Parameterwerte (z.B. Versorgungsspannungen) in derselben Simulation (*sweep*)

.TF: Transferfunktion: Berechnung der Ausgangssignale als Funktion der Eingangsgrößen mittels Kleinsignalanalyse. Bestimmt werden die Ableitungen dv_{out}/di_{in}, dv_{out}/dvi_{in}, di_{out}/dv_{in} , di_{out}/di_{in}.

Wechselstromanalysen AC

.AC: Lineare Wechselstrom-Kleinsignalanalyse. Dabei werden die Ausgangsgrößen der Schaltung für vorgegebene Frequenzbereiche berechnet. Nichtlineare Bauelementmodelle werden durch linearisierte Kleinsignalmodelle ersetzt, deren Parameter bei der DC-Analyse generiert wurden.

.NOISE: Bei diesem Spezialfall der Wechselstromanalyse wird eine AC-Analyse mit Rauschquellen durchgeführt.

Großsignalanalysen TR

.TRAN: Großsignalanalyse des zeitlichen Einschwing-(*Transient*)-Verhaltens einer Schaltung. Dabei ist die Wahl des richtigen Zeitschritts bei der Lösung der Differentialgleichungen ein besonderes Problem. Je kleiner der Zeitschritt gewählt wird, desto kleiner werden zwar die Fehler bei der numerischen Lösung, aber desto länger dauert die Simulation auf dem Rechner. Wird der Zeitschritt zu groß gewählt, können hingegen Konvergenzprobleme auftreten. SPICE verwendet deshalb eine automatische Zeitschrittkontrolle, d.h. in Situationen, in denen Signalwechsel stattfinden, wird zeitlich feiner aufgelöst als in Zeiten, in denen sich Ströme und Spannungen im Schaltkreis kaum ändern.

.FOUR: Die Fourieranalyse oder Spektralanalyse berechnet den Gleichanteil und die ersten Harmonischen (bei PSPICE bspw. die erste bis neunte Harmonische) aus dem Ergebnis der TRAN-Analyse.

.DISTO: Verzerrungsanalyse ist über die Fourieranalyse möglich, wenn für die Signalquelle der sinusförmigen Anregung des Systems und bei der Fourieranalyse dieselbe Frequenz eingestellt werden.

Einleitung für die Kapitel 2 und 3

Die Sprache VHDL-AMS nach IEEE 1076-1999 wird in den Kapiteln 2 und 3 vorgestellt. Diese Aufteilung auf zwei Kapitel erleichtert den Zugang: Das Kapitel 2 enthält eine grundlegende und allgemeine Einführung, die bereits eine einfache aber effiziente Modellbildung ermöglicht, während das Kapitel 3 komplexere Sprachkonstrukte und Methoden vorstellt.

VHDL-AMS ist nur dann zuverlässig zu verwenden, wenn alle Möglichkeiten der Sprache genutzt werden. Kapitel 4 stellt die praktische Anwendung der Sprache vor. Dabei gibt es zwei Typen von Beispielen:

- Beispiele, die zwar der Norm genügen, die aber nicht kompiliert werden können, weil die aktuellen Werkzeuge die Norm nicht vollständig abdecken.
- Beispiele, die nicht alle Möglichkeiten der Norm vollständig nutzen, aber mit den vorhandenen Werkzeugen ausgewertet werden können.

Alle Beispiele sind auf der dem Buch beigefügten CD verfügbar.

Die verwendeten Werkzeuge stellen den Stand des Jahres 2001 dar[1]. Da sich die Werkzeuge rasch weiter entwickeln, können alle Tools, die dem Leser später verfügbar sein werden, nur leistungsfähiger sein und insbesondere werden sie die Grammatik noch besser abdecken.

Jede Sprache und damit auch VHDL-AMS ist ein komplexes Gebilde, das mit vielen Schlüsselwörtern und einer Grammatik definiert ist. Die Verwendung der Sprache und alle zu beachtenden Einschränkungen sind in einem Referenzhandbuch festgelegt (LRM der Norm = *language reference manual*)[LRM]. Nach einer ersten Einführung in VHDL-AMS mit Hilfe dieses Buches wird das LRM ein hilfreiches Dokument sein. Das Handbuch ist die einzige offizielle Quelle und legt alle syntaktischen Einzelheiten fest. Der Leser wird sich also auf dieses nützliche Dokument beziehen müssen, um weitere Informationen zu erhalten, obwohl das LRM umfangreich und schwer verständlich geschrieben ist.

Die komplette Grammatik von VHDL-AMS ist im Anhang zu finden. Eine interaktive Version und eine Liste der genormten Funktionen sind im HTML-Format auf der CD in elektronischer Form verfügbar, was die Handhabung erleichtert.

---

[1] Anmerkung des Herausgebers: Auf der beigefügten CD wird der aktuelle Zustand referiert und der Zugang zu den Tools beschrieben. Insbesondere gibt es leistungsfähige Werkzeuge, die mit Studentenlizenzen kostenfrei genutzt werden können.

2 Die Grundlagen von VHDL-AMS

Schreibweisen für grammatische Regeln

Damit man grammatische Regeln eindeutig benennen kann, haben diese Regeln einen Namen (auf der linken Seite von ::=) und werden als Funktion anderer Regeln oder mit Marken (Endzeichen) ausgedrückt. Folgende Konventionen werden zur kompakten Darstellung der Grammatik verwendet:

::=	Zuweisung einer Regel zu ihrem Namen
[xx]	Der Teil xx ist optional
{yy}	Der Teil yy wird N-mal wiederholt, wobei N auch Null sein kann
x | y	wähle x oder y

2.1 Aufbau eines Modells

Ein VHDL-AMS-Modell besteht aus zwei grundlegenden Teilen: der Spezifikation der Entität (kurz *die Entity*; Schlüsselwort ENTITY), die der äußeren Sicht des Models entspricht und der Spezifikation der Architektur der Entity (Schlüsselwort ARCHITECTURE), die das Verhalten als innere Sicht des Models enthält.

In der Entity können, nachdem die verwendeten Bibliotheken (Schlüsselwort: LIBRARY) aufgerufen wurden und die aus den jeweiligen Bibliotheken benötigten Inhalte definiert sind (Schlüsselwort: USE), generische Parameter (GENERICs) festgelegt und Ports (PORTs) definiert werden. Über die Ports kann die Entity Informationen mit ihrer Umgebung austauschen. Es gibt zwei verschiedene Informationsklassen, die über die Ports transportiert werden, die Klasse SIGNAL für Information zu diskreten Ereignissen und die Klasse TERMINAL für analoge Informationen. Außerdem erlaubt die Spezifikation der Entity gewisse passive Anweisungen, die weder analoge noch digitale Informationen verändern, die sog. „Service Anweisungen".

Die Architektur beginnt mit einem Bereich für Deklarationen und legt dann die Funktion des Modells auf folgende Arten fest:

- Über verbundene instanziierten Komponenten (d.h. durch Definition einer Netzliste von Objekten),
- durch zeitlich nebenläufige Anweisungen, die digitale Information verarbeiten, und
- durch simultane Anweisungen, die analoge Werte ins Modell einsetzen.

Die Architektur kann insbesondere auch die Informationen verarbeiten, die über die Ports der Entität zur Verfügung gestellt werden. In VHDL-AMS können alle diese Möglichkeiten zur Beschreibung der Funktion des Modells gleichzeitig verwendet werden. Dies unterstützt das Konzept der Multi-Abstraktion [MA] und ermöglicht den gemischt analog-digitalen Entwurf [CM]. Eine Entität kann, wie auch bei VHDL, mehrere Architekturen gleichzeitig besitzen [TM] [MA] [SE].

Eine Entität ohne Ports für Anschlüsse wird im Folgenden eine *Testbench* genannt. Ohne Ports kann das Modell nicht von außen angeregt werden, sondern verhält sich autonom. Die meisten Simulationsumgebungen können nur Modelle verarbeiten, die in eine Testbench eingesetzt sind (EUT: *Entity under Test*). Eine Entität ist nur dann simulierbar, wenn sie mit einer zugehörigen Architektur verknüpft ist. Man bezeichnet ein Modell, das sich kompilieren lässt, als Entwurfseinheit (DU = *Design Unit*). Die Architektur einer Entität ist nur dann kompilierbar, wenn die Entität, auf die sie sich bezieht, schon kompiliert ist. Deshalb werden Entities als primäre und Architectures als sekundäre Design Units bezeichnet.

Insgesamt existieren 5 verschiedene Klassen von Entwurfseinheiten, 3 primäre und 2 sekundäre DUs:

- Primär: die Entity, die *Package Declaration* (Deklaration eines *Package*[1]) und die Konfiguration (*Configuration*), die zur Definition von Komponenten für die strukturelle Modellbildung benötigt werden;
- Sekundär: die Architekturen der Entitäten und der *Package Body,* in dem der Inhalt der Packages definiert wird.

Alle erwähnten Begriffe werden in diesem und den folgenden Kapiteln präzisiert.

---

[1] Ein Package enthält vorübersetzte Modellteile, die von verschiedenen DUs verwendet werden können.

Schematischer Aufbau eines VHDL-AMS-Modells

- Angabe der benötigten Bibliotheken (LIBRARY).
- Deklarationen, welche Inhalte aus den geöffneten Bibliotheken verwendet werden sollen (USE).
- Spezifikation der Entität (ENTITY), bestehend aus
  - der Definition der generischen Parameter (GENERIC),
  - der Definition der Ports für mögliche Verbindungsstellen (PORT),
    - der Deklaration der Signale (SIGNAL in/out), die zeitlich diskrete Ereignisse transportieren,
    - der Deklaration von Quantities (QUANTITY in/out), als Größen, die sich kontinuierlich ändern können,
    - der Deklaration von Terminals (TERMINAL), mit denen Verbindungen geschaffen werden können, die physikalische Größen unter Berücksichtigung von Erhaltungssätzen (z.B. Kirchhoff'sche Gesetze) beschreiben, und
  - dem Körper der Entität mit passiven Anweisungen.
- Architektur der Entität, die den
  - Bereich für Deklarationen enthält, und den
- Körper (*Body*) der Architektur, in dem
  - Komponenten eingesetzt werden können, um hierarchische Modelle zu definieren,
  - zeitlich nebenläufige Anweisungen, wie z.B. die PROCESS-Anweisung, definiert werden können, die bei zeitlich diskreten Ereignissen (*Events*) verarbeitet werden und
  - simultane Anweisungen auftreten können, die zeitlich kontinuierlich bearbeitet werden.

Ein erstes Beispiel

Der folgende VHDL-AMS-Code veranschaulicht beispielhaft die generelle Struktur eines gemischt analog/digitalen Modells. Es ist hier noch nicht wichtig, diese Struktur vollständig zu verstehen.

```
LIBRARY Disciplines, IEEE;
USE Disciplines.electric_systems.ALL, IEEE.MATH_REAL.ALL;
ENTITY example IS
        GENERIC (tplh : time := 4 ns);
        PORT (SIGNAL sig_ext : OUT real; TERMINAL vp, vm : electrical);
BEGIN
        REPORT "OK";
END ENTITY example;
```

```
ARCHITECTURE archil OF example IS
            TYPE list_ex IS (el1, el2, el3);
            CONSTANT cst1, k : REAL := 3.0;
            SIGNAL sig1, sig2, sig3 : INTEGER;
            QUANTITY vbias ACROSS ibias THROUGH vp TO vm;
            QUANTITY free_quant : REAL;
BEGIN
            -- Instanziierung einer Komponente
        u1 : ENTITY model_externe(archi_du_modele)
            GENERIC MAP (100.0e3, 5.0);
            PORT MAP (vp, vm, sig1);
            free_quant == 3.0 * sinus(k * NOW);   -- Simultane Anweisungen
            ibias == free_quant'DOT;
            sig_ext <= '0' after tplh;            -- Nebenläufige Anweisung
            p1 : PROCESS                          -- Prozess (nebenläufig)
               VARIABLE x : real := 5.5;
            BEGIN
               WAIT ON sig3 UNTIL sig2 > 3 FOR 25 ms;
               x := 2 * x;
               sig_ext <= sig3 AFTER 1 ms;
            END PROCESS p1;
END ARCHITECTURE archil;
```

Aufgrund der formalen Trennung von Entity-Deklaration und der zugehörigen Architektur kann die Modellbildung flexibel gestaltet werden. Die damit verbundenen Vorteile zeigt das folgende Beispiel. Nehmen wir an, dass ein Untersystem eines größeren Systems rein auf Verhaltensebene in einem Lastenheft in natürlicher Sprache beschrieben sei. Dann ist das erwartete Verhalten des Untersystems ohne Bezug zur physikalischen Realisierung definiert, die im Rahmen des Designs erstellt werden soll. Bevor dies geschieht, lassen sich aus den im Lastenheft festgelegten Anforderungen, Anzahl und Signalflussrichtungen der Ports (Außenschnittstellen) des Untersystems ermitteln. Die Entity-Deklaration des entsprechenden VHDL-AMS-Modells kann dann bereits erstellt werden, ohne dass alle Einzelheiten der Funktionen des Untersystems modelliert sind, also bevor die Programmierung der Architektur vollständig abgeschlossen ist. Wird die fertige Entität kompiliert, dann kann sie beim Design des Gesamtsystems schon benutzt werden. Mit Hilfe der in der Port-Liste definierten Anschlussbelegung lässt sich die Entity des Untersystems in ein strukturelles Modell des Gesamtsystems einsetzen. Wird beispielsweise ein Leiterplattenentwurf für das Gesamtsystem durchgeführt, dann kann der Gehäusetyp des Chips, der das betrachtete Untersystem später beinhaltet, ausgewählt werden. Auf diese Weise kann die Verdrahtung der gesamten Leiterplatte bereits durchgeführt und mit dem Strukturmodell als Referenz verifiziert werden, ohne dass das Verhaltensmodell des Untersystems vorliegen müsste!

Auch der Aspekt, dass mehrere Architekturen für dasselbe Model zur Verfügung gestellt werden können, ist extrem wichtig. Wie bereits erwähnt, stellt das Verhaltensmodell eines zu entwerfenden Systems, bestehend aus Entity und Architecture, eine simulierbare Version der

Systemspezifikation dar und dient als Referenz für den gesamten weiteren Entwurfsablauf. Im Laufe der Designarbeiten wird das Verhaltensmodell in eine strukturelle Beschreibung mit Gattermodellen in der Zieltechnologie per Synthese umgesetzt. Zur Verifikation des Syntheseergebnisses kann man mit Methoden der Kosimulationen vergleichen, ob die Architekturen des Verhaltensmodells und der technologienahen Beschreibung äquivalent sind [VT]. Der Entity-Deklaration des Systems wird zu diesem Vergleich vor der Simulation die eine oder die andere Architecture (Verhalten oder Syntheseergebnis) zugeordnet.

Aber nicht nur bei der schrittweisen Verfeinerung eines einzelnen Modells sind verschiedene Architekturen hilfreich. Wenn ein System aus *N* verbundenen Untersystemen zusammengesetzt wird, muss das Entwicklungsteam das k-te Untersystem so konzipieren und in die Zieltechnologie umsetzen, dass alle Verbindungen und Spezifikationen der Ein- und Ausgänge erhalten bleiben. Nur dann bleibt das Gesamtsystem, in dem die anderen Untersysteme (noch) auf Verhaltensebene definiert sind, korrekt und simulierbar [PE] [VT] [SE] [TD]. Wenn sich die Verbindungsstruktur nicht ändert, können alle anderen Mitglieder des Design-Teams, die die Entität des k-ten Untersystems in ihren Modellen für die anderen Untersysteme instanziiert hatten, eine genauere Architektur für das k-te Subsystem wählen, wenn dies im Zuge der schrittweisen Verfeinerung der Modelle nötig wird. Dabei kann es sich z.B. sogar um die *Architecture* auf niedrigstem Abstraktionsniveau handeln, die aus elementaren logischen Gattern aufgebaut ist, ohne dass an der *netlist*, die das gesamte System beschreibt, etwas geändert werden müsste [TD] [MA] [SA].

2.2 Verwendung von Simulatoren

Auf der höchsten hierarchischen Ebene eines Entwurf wird die Testbench aus nebenläufigen oder simultanen Anweisungen und aus instanziierten Komponenten zusammengesetzt. Diese Definition ist rekursiv, da die Komponenten selbst mittels der gleichen Konstrukte definiert sind. Am Ende der Hierarchie können aber nur „ausführbare“ Instruktionen stehen, also simultane und/oder nebenläufige Anweisungen und keine weiteren Netzlisten.

Während der *Elaborationsphase* wird das (hierarchische) Modell für die Simulation vorbereitet. Hier werden die Konstanten und die generischen Parameter festgelegt und die benötigten Modelle der in die Beschreibungs-Hierarchie eingesetzten Komponenten aus den Resourcen-Bibliotheken geladen. Gleichzeitig werden alle nebenläufigen Instruktionen (Boole'sche Gleichungen) auf das gleiche Niveau gebracht. So entsteht ein System aus vernetzten Prozessen. Diese Prozesse werden vom digitalen Kern des Simulators bei den relevanten zeitdiskreten Ereignissen ausgewertet. Alle simultanen Instruktionen, die die Differentialgleichungen für die analogen Eigenschaften des Modells vorgeben, werden so umgruppiert, wie dies für den eingesetzten analogen Simulationskern notwendig ist. Beide Simulationskerne verwenden verschiedene Zeitskalen, die aufeinander synchronisiert werden müssen. Dies geschieht mit Hilfe der Instruktion BREAK. Der analoge Simulator liefert nach einem BREAK einen *Analog Simulation Point* (ASP), während der digitale Simulator einen *Logic Simulation Point* (LSP) bestimmt (siehe Kasten „Vergleich eines analogen Simulationswerkzeugs mit einem digitalen Simulator“ in Abschnitt 1.10.3).

2.3 Strukturierung von Bibliotheken

Die Entwurfswerkzeuge für Modellbildung und Simulation mit VHDL-AMS verwenden Bibliotheken für die Datenhaltung. Die Norm legt fest, dass die Arbeitsbibliothek den Namen WORK tragen muss. Dieser Name ist ein logischer Bezeichner und die zugehörige physikalische Adresse hängt von der Dateienstruktur des Simulationswerkzeugs auf dem verwendeten Rechner und dessen Betriebssystem ab. Neben WORK sind noch weitere Bibliotheken verfügbar, die als *Ressourcen-Bibliotheken* bezeichnet werden.

Der Anwender muss den Inhalt der Bibliotheken nicht selbst verwalten. Jede Kompilation, die ohne Fehler abgeschlossen wird, bringt die gewählte Bibliothek auf den aktuellen Stand. Die Bibliotheken enthalten die Entwurfseinheiten (DU) und sind entsprechend der Einteilung der DUs auf zwei Ebenen organisiert, eine für primäre und eine für sekundäre Design Units. Dieser Automatismus bei der Bibliotheksverwaltung und die klare Gliederung erleichtern die Modellentwicklung erheblich. Werden fertige Modelle aus Bibliotheken verwendet, genügt es, nur die obere Hierarchieebene mit der Kurzbeschreibung der Inhalte zu betrachten, denn es ist sicher, dass alle Modelle syntaktisch korrekt und auf dem neuesten Stand sind.

Alle Modelle einer Ressourcen-Bibliothek, die zu einem Projekt gehört, oder die von einem bestimmten IP-Hersteller geliefert wurde, sind auf einfache Weise zugänglich. Bibliotheken werden mit Hilfe der folgenden Anweisungen geöffnet:

```
LIBRARY ressource_lib;
USE ressource_lib.pack_lib.ALL;
```

Die Bibliothek „ressource_lib“ muss dabei genau diesen logischen Namen tragen, im Arbeitsverzeichnis zu finden sein und die kompilierte Design Unit (DU) „pack_lib“ als *Package* enthalten.

Die Bibliothek WORK ist stets verfügbar, denn die folgende Zeile wird bei der Elaboration automatisch in alle Modelle eingefügt:

```
LIBRARY work;
```

Es sind noch weitere Bibliotheken von der Norm vorgesehen (siehe Abschnitt 3.14).

2.4 Bezeichner und Zahlen

Jedem Objekt ist ein Bezeichner (*Identifier*) zugeordnet, damit das Objekt gezielt angesprochen und bei der Simulation ausgewertet und berücksichtigt werden kann. VHDL-AMS-Bezeichner benutzen Buchstaben und bestimmte Sonderzeichen. Jeder Bezeichner muss mit einem Buchstaben anfangen. Die Sprache unterscheidet nicht zwischen Groß- und Kleinschreibung (*no case sensitivity*). Es ist auch möglich, spezielle Schriftzeichen zu verwenden und durch Einschluss in Backslashs (\) den Gebrauch der Großschreibung bei Bezeichnern herauszustellen (*erweiterte* oder *literale* Identifier). So sind z.B. „BUS“ und „bus“ zwei gleiche Bezeichner, während „\COUNT\“ und „count“ als verschiedene Namen aufgefasst werden. Es ist auch möglich mit Hilfe des Unterstrichs (z.B. Rdf_232) Bezeichner einfacher lesbar zu machen. Doppelte Unterstreichungen oder Unterstriche am Anfang oder Ende eines Identifiers sind verboten.

Kommentare umfassen immer eine ganze Zeile, sie beginnen mit „--“ und schließen mit dem Zeilenende ab. In VHDL-AMS gibt es keinen Kommentarblock.

Objekte erhalten ihren Wert entweder über Zeichen oder durch Zuweisung von anderen Objekten. Die möglichen Werte des Typs CHARACTER sind beispielsweise die 95 druckbaren Zeichen des ASCII-Codes. Diese werden mit Apostroph geschrieben ('a', 'b', 'Q' ...). Zeichenfolgen (*chain of character*) werden durch Zeichenketten in hochgestellten Anführungsstrichen dargestellt. Der Operator, mit dem zwei Zeichenfolgen zusammengefasst werden können, ist das &-Symbol („Kauffmanns-Und“ oder *Ampersand*):

```
"Der Text geht" &
"ueber zwei Zeilen"
```

Dezimalzahlen werden durch Ziffern ausgedrückt, die reellen Zahlen müssen jeweils einen Dezimalpunkt beinhalten. Man kann die Zahlen auch im wissenschaftlichen Format angeben. Unterstriche dürfen zur Verbesserung der Lesbarkeit eingefügt werden und ändern den Zahlenwert nicht.

```
Vier ganze Zahlen: 1347, 1_347, 1e7, 1E7
Drei Dezimalzahlen: 1342.3, 1_342.1, 1.0e2
```

Man kann den Wert einer Zahl mit verschiedenen Zahlenbasen ausdrücken. Dazu genügt es, die Basis als Dezimalzahl anzugeben und dann die entsprechende Ziffernfolge für den Wert der Zahl mit #-Zeichen einzuklammern. Bei der Modellierung digitaler Funktionen ist es nahe liegend, das Binärformat zu verwenden (Bits, *Binary Digits*: Zahlenwerte zur Basis 2). Ein Beispiel ist die Belegung der Leitungen des Datenbuses eines Prozessors.

```
2#01101#          ganze binäre Zahl mit Wert 13,
7#03630#          ganze Zahl zur Basis 7,
16#FF3A#          die gleiche Zahl zur Basis 16,
2#01101.0#        reelle Zahl mit Wert 13.0,
16#FF.4A#e12      eine andere reelle Zahl in wissenschaftlicher Notation.
```

Bitvektoren können durch Auflisten der Komponenten vorgegeben werden:

```
B "000110"      ist ein Bitvektor mit dem Wert ('0', '0', '0', '1', '1', '0'),
O "06"          ist der gleiche Vektor,
X "255"         ist der Bitvektor ('1', '1', '1', '1', '1', '1', '1', '1').
```

2.5 Starke Typisierung

In VHDL-AMS werden alle Objekte eines Modells explizit einem Datentyp zugeordnet (*strong typing*, „streng getypt“). Dies erleichtert die verlässliche Initialisierung des Modells und verbessert die Verifikationsmöglichkeiten schon beim Kompilieren. Bei der Typdeklaration werden der Wertebereich der Objekte und die zugehörigen Operatoren festgelegt, die auf die Objekte des definierten Typs angewendet werden dürfen. Man unterscheidet *skalare* Typen mit nur einem einzigen Element und *zusammengesetzte* Typen, die aus mehreren Elementen bestehen.

Zu den skalaren Typen gehören die ganzen Zahlen (INTEGER), die reellen Zahlen (REAL), die physikalischen Größen (PHYSICAL) sowie die Aufzählungstypen. Diese Typen sind geordnet. Bei zusammengesetzten Typen handelt es sich um Vektoren und Felder (ARRAY) sowie um Verbunde (RECORD). Außerdem gibt es den Typ „Zeiger“ (ACCESS) und den Typ „Datei“ (FILE). Der Anwender kann eigene Typen und Untertypen nach Belieben erstellen.

2.5.1 Deklaration von skalaren Typen

Die Deklaration eines Typs beginnt immer mit dem Schlüsselwort TYPE. Dann folgt der Name des Typs und das Schlüsselwort IS. Einschränkende Definitionen legen den Typ im Anschluss genauer fest.

Aufzählungstypen
Der folgende Typ besteht aus drei Werten:

```
TYPE enum_type IS (blau, weiß, grün);
```

Ein Objekt des Typs enum_typ kann die drei abstrakten Werte „blau“, „weiß“ und „grün“ annehmen. Die Aufzählung der Werte in der Typdeklaration führt eine Ordnungsrelation ein. „blau“ ist höherwertig als „weiß“, und „weiß“ steht höher als „grün“. Taucht die gleiche Bezeichnung (z.B. „blau“) in zwei Typ-Definitionen auf, dann ist der Aufzählungstyp *überladen*.

Die Definition eines ganzzahligen Typs folgt dem gleichen Schema, wobei aber der Bereich der zulässigen Zahlenwerte eingeschränkt werden muss. Die Festlegung eines Fließkommatyps (oder reellen Typs) erfolgt nach dem gleichen Schema. In Bereichsfestlegung ist lediglich wieder der Dezimalpunkt einzufügen.

Ganzzahlige Typen

```
TYPE index IS RANGE - 3 TO 27;
TYPE rev_index IS RANGE 27 DOWNTO - 3;
```

Fließkommatypen

```
TYPE ex_real IS RANGE - 3.0 TO 27.0;
```

Physikalische Typen

Diese Typen sind eine Besonderheit von VHDL. Wie bei den physikalischen Größen ist hier einem Zahlenwert eine bestimmte Einheit zugeordnet. Physikalische Größen werden über eine Typdeklaration festgelegt, in der der Name des Typs, der mögliche Bereich des Zahlenwertes, die Basiseinheit und alle abgeleiteten Einheiten angegeben werden. Abgeleitete Einheiten sind ganze Vielfache der Basiseinheit, wobei die entsprechenden Umrechnungsfaktoren ebenfalls zu deklarieren sind. Die Umrechnungsfaktoren verhindern, dass kleinere Einheiten als die Basiseinheit gewählt werden können. Das Leerzeichen zwischen dem Faktor und der Einheit ist für physikalische Größen vorgeschrieben.

```
TYPE distance IS RANGE 0 TO 1e16
UNITS A;
            nm = 10 A;
            mil = 254_000 A;
            inch = 1_000 mil;
            ft = 12 inch;
            yd = 3 ft;
            cm = 10e7 nm;
END UNITS;
```

Da ein Objekt vom Typ „distance“ Werte annimmt, die aus einer ganzen Zahl und der Einheit bestehen, sind folgende Ausdrücke erlaubt:

```
39 yd + 540 cm + 17 nm      wird in Angström berechnet,
(39 yd + 540 cm)/mil        wird in mil berechnet,
(103 nm)/nm                 ergibt eine ganze Zahl,
I * mm                      gibt die Größe I (vom physikalischen Typ distance)
                            in mm an.
```

Zwei Typen, die die gleiche Definition haben, aber unterschiedliche Namen tragen, sind inkompatibel, das heißt, Objekten des einen Typs können trotz gleicher Einheiten keine Objekte des anderen Typs zugewiesen werden.

2.5.2 Deklaration der zusammengesetzten Datentypen

Vektoren

Vektorielle Typen fassen verschiedene Komponenten eines Typs zu einem Objekt zusammen. Bei der Deklaration ist der Typ der Komponenten und der Wertebereich des Index (ganzzahlig oder Aufzählungstyp) anzugeben.

Im folgenden Beispiel wird ein Typ für Vektoren aus ganzen Zahlen deklariert, dessen Index Werte zwischen 3 und 45 annehmen kann:

```
TYPE in_vec IS ARRAY (3 to 45) of integer;
```

Die nächste Deklaration definiert einen Vektoren aus reellen Zahlen, bei denen der Indexbereich nicht vorgegeben wird und der so theoretisch alle ganzen Zahlen umfassen kann. Da Vektoren mit variabler Dimension nicht verarbeitet werden können, wird der Indexbereich festgelegt, wenn ein Objekt des Typs deklariert wird. Das Symbol <> heißt im Übrigen BOX.

```
TYPE real_vec IS ARRAY (natural Range <>) of real;
```

Statt ganzer Zahlen können auch Aufzählungstypen als Index verwendet werden. Das folgende Beispiel zeigt dies für Vektoren aus ganzen Zahlen:

```
TYPE enum_vec IS ARRAY (enum_type) of integer;
```

Wenn *A* vom oben eingeführten Typ „num_vec" ist, dann sind *A(blau), A(weiß)* und *A(grün)* die drei ganzzahligen Komponenten des Vektors.

Mit mehreren Indexvariablen lassen sich höherdimensionale Felder definieren. Das folgende Beispiel stellt eine Matrix dar, bei der der eine Adressindex ein Abzählungstyp und der andere ein unbeschränkter ganzzahliger Typ ist. Jedes Matrixelement ist selbst ein Vektor aus reellen Zahlen.

```
TYPE enum_vec IS ARRAY (natural RANGE <>, enum_type) of real_vec;
```

Verbunde

Mit diesen Typen kann man Objekte definieren, denen mehrere Werte mit verschiedenen Typen unterschiedlichen Objektbereichen zugewiesen werden können. Man kann auf die einzelnen Werte über eine Punktnotation zugreifen. Verbundtypen dürfen keine Dateien enthalten.

```
TYPE record_ex IS RECORD
            champ_1 : bit;
            champ_2 : real;
            Autre_champ : enum_type;
END RECORD;
```

Ist das Objekt A vom Typ „record_ex", dann kann man auf die Bereiche über

```
            A.champ_1;
            A.champ_2 ;
            A.Autre_champ ;
```

zugreifen.

Es ist möglich Verbunde aus Vektoren, aus Vektoren von Vektoren oder sogar als Vektor von Verbunden zu definieren. Einfach zusammengesetzte Typen verwenden Indexzeiger.

Verbunde von zusammengesetzten Typen werden über verkettete Listen, doppelt verkettete Listen, Bäumen, usw. adressiert.

2.5.3 Dateien und Zeiger

Diese Typen werden weniger zur Modellierung von Hardware, sondern meist auf hohem Abstraktionsniveau (z.B. in einer Testbench) eingesetzt. Allerdings können nur Variablen und keine anderen Objektklassen als Datei oder Zeiger definiert werden. Die Deklaration eines Dateientyps hat die folgende Form:

```
TYPE file_type IS FILE OF STRING;
```

Die nötigen Funktionen zur Manipulation der Dateiinhalte sind im Package STANDARD festgelegt: read/write/file_open/endfile/file/close/.... .

Die Definition eines Zeigertyps hat die folgende Gestalt:

```
TYPE index IS natural RANGE 0 TO 15;
TYPE index_ptr IS ACCESS index;
```

Die Deklaration eines neuen Zeigers liest sich

```
NEW index_ptr;
```

Wenn IPtr vom Typ index_ptr ist, dann zeigt IPtr.all auf das gewählte Objekt.

Für weiterführende Erläuterungen sei auf die ausführlicheren Fachbücher über VHDL'99 verwiesen [GTV, RES].

2.5.4 Von der Norm vordefinierte Typen

In den Normen IEEE-1076 und 1076.1 sind bereits einige wichtige Typen vordefiniert, deren Deklarationen im Folgenden aufgelistet sind. In den Typ-Deklarationen werden das INTEGER'HIGH- bzw. das INTEGER'LOW-*Attribut* (siehe Abschnitt 2.10) verwendet, das die größte bzw. kleinste Zahl zurückgibt, die auf dem verwendeten Rechner dargestellt werden können.

integer:

```
TYPE integer IS RANGE integer'LOW TO integer'HIGH;
```

real:

```
TYPE real IS RANGE real'low TO real'high;
```

bit:

```
TYPE bit IS ('0', '1');
```

std_ulogic:

```
TYPE std_ulogic IS ('U', '0', '1', 'Z', 'X', 'H', 'L', 'W', '-');
```

bit_vector:

```
TYPE bit_vector IS ARRAY (natural RANGE <>) OF bit;
```

boolean:

```
TYPE boolean IS (false, true);
```

severity_level:

```
TYPE severity_level IS (NOTE, WARNING, ERROR, FAILURE);
```

character:

```
TYPE character IS (NUL, SOH, …, 'a', 'b', …, '~', DEL);
```

string:

```
TYPE string IS ARRAY (positive RANGE <>) OF character;
```

time:

```
TYPE time IS RANGE integer'low TO integer'high UNITS fs;
ps = 1 000 fs; ns = 1 000 ps; us = 1 000 ns; ms = 1 000 us;
sec = 1 000 ms; mn = 60 sec; hr = 60 mn;
END UNITS;
```

Der Typ IEEE 1164

Sollen möglichst realistische digitale Simulation durchgeführt werden, dann ist der Typ Bit (0,1) zu einfach. Mit logischen Nullen und Einsen allein lässt sich zum Beispiel kein Kurzschluss oder ein Ausgang mit hoher Impedanz darstellen. Um solche relevanten Phänomene beschreiben zu können, wurde zunächst eine vierwertige Logik (0, 1, X, Z) vorgeschlagen (Multi Value Logic 4 levels, MVL4).

Aber auch der Typ MVL4 hat seine Grenzen, denn es ist i.A. nicht möglich, eine korrekte Initialisierung aller einzelnen Zustände im Modell sicherzustellen. Also wurde der Zustand U (*unitialized,* nicht initialisiert) hinzugefügt. Wird ein elektrisches Signal über eine lange Leiterbahn geführt, die widerstandsbehaftet ist, so wird die Signalstärke durch den Widerstand reduziert. So können „schwache“ logische 1en (H = *high*) und „schwache“ logische 0en (L= *low*) zustande kommen. Die beiden Zustände L und H stellen daher ebenfalls eine sinnvolle Erweiterung von MVL4 dar. Werden Signale mit unterschiedlichen schwachen logischen Zuständen auf dieselbe Leitung gelegt, dann wird sich ein schwacher unbekannter Zustand (W = *weak*) einstellen. Per Definition überschreibt ein starker Zustand stets einen schwachen. Um alle irrelevanten Zustände einer logischen Schaltungen bei der späteren Synthese auszublenden, wurde weiterhin ein zu vernachlässigender Zustand hinzugefügt („-“ = *don’t care*).

So entstand die neunwertige Logik MVL9 oder „std_ulogic“, die unter der Referenz IEEE 1164 genormt ist. Sie entspricht dem Aufzählungstyp ('U','0','1','Z','H','L', 'W','-'). Die logischen Funktionen für diesen Typ sind in 9x9 Tabellen festgelegt und überladen die ursprünglich für die Typen Bit und Boolean definierten logischen Operatoren.

Es werden noch andere mehrwertige Logiken verwendet. So existieren bspw. Systeme, bei denen ein Signal bis zu 128 verschiedene Kombinationen aus Treiberstärke und logischem Zustand annehmen kann, oder Systeme aus diskreten Zuständen, die statt logischer Größen physikalische Spannungswerte darstellen.

2.5.5 Untertypen

Untertypen (*Subtypes*) fassen bestimmte Untermengen der Werte eines Basistyps zusammen. Objekten vom Basistyp können Objekte des abgeleiteten Untertyps zugewiesen werden und umgekehrt, denn die Kompatibilität der beiden Typen ist gewährleistet. Die Deklaration eines Untertyps hat die folgende Form:

```
SUBTYPE identifier IS [resolution_function_name]TYPE –
TYPE_MARK[constraints][TOLERANCE string];
```

Ein Beispiel:

```
SUBTYPE signal_value IS real RANGE – 15.0 TO 15.0;
```

Jedem Objekt vom Typ REAL kann ein Objekt mit dem Typ signal_value zugewiesen werden. Umgekehrt geht dies nur, wenn der Wertebereich des Subtyps berücksichtigt wird, also wenn REAL-Objekte einen Wert zwischen –15.0 und +15.0 aufweisen. Andernfalls werden Fehler bei der Ausführung des entsprechenden Modells gemeldet.

Untertypen, für die eine Auflösungsfunktion (*resolution function*) deklariert wurde, heißen *aufgelöste* Untertypen (*resolved subtypes*). Bei diesen Typen lösen Zugriffskonflikte keine Fehlermeldung mehr aus. Treffen zwei Signale vom gleichen Subtyp mit unterschiedlichen Werten aufeinander resultiert ein in der Auflösungsfunktion definierter Wert an der Verbindungsstelle (siehe Abschnitt 3.10.1).

Bei analogen Typen kann die Toleranz (TOLERANCE) eines Subtypes über Zeichenketten (*strings*) definiert werden, die eine Toleranzgruppe auswählen. Die Toleranzgruppe legt dann für die Simulation fest, mit welcher Genauigkeit die Größen dieses Subtypes bei der Simulation berechnet werden müssen. Allerdings ist zur Zeit noch kein Werkzeug verfügbar, das diese Mechanismen in vollem Umfang umsetzen kann. Subtypen eines gemeinsamen Basistyps können bspw., obwohl nach der Norm möglich, keine verschiedenen Toleranzen zugewiesen werden.

Folgende Untertypen sind für den Typ INTEGER vordefiniert:

natural	SUBTYPE natural IS integer RANGE 0 TO integer'HIGH;
positive	SUBTYPE positive IS integer RANGE 1 TO integer'HIGH

Bei Untertypen steht nur ein Teil des Wertebereich des Basistyps zu Verfügung. Die Grenzen sind dabei nicht notwendigerweise starr, sondern können auch variabel vorgegeben werden. Ein Bitvektor, der zum Subtyp „mot“ gehört, hat keine feste Anzahl von Komponenten. Die obere Grenze des Indexbereichs „max“ ist keine Konstante, sondern z.B. ein veränderbarer generischer Parameter:

```
SUBTYPE mot IS bit_vector(1 TO max);
```

2.5.6 Initialisierung von Objekten

Beim Start einer VHDL-AMS-Simulation werden alle Objekte entweder implizit oder explizit initialisiert. Die Objekte kann man dabei aber im Gegensatz zu anderen Sprachen nicht mit Zufallsgrößen, sondern nur mit festen Anfangszuständen belegen.

Nach den Regeln der Norm nimmt jedes Objekt bei der Initialisierung (Simulationszeitpunkt „0“) den am weitesten links stehenden Wert in seiner Typdeklaration (oder den kleinsten Wert bei Zahlen) an. Ausnahmen sind die Quantitäten (QUANTITY), die stets mit dem Anfangswert 0.0 versehen werden.

```
SIGNAL A   : bit;              -- A wird '0'
SIGNAL A   : bit := '1'        -- A wird '1'
SIGNAL S   : real ;            -- S wird real'low
VARIABLE B : Boolean;          -- B wird falsch
QUANTITY Q : real ;            -- Q wird 0.0
```

Ist ein Typ nicht vollständig definiert, wie im folgenden Beispiel, meldet dies der Compiler erst im letzten Moment als Fehler.

```
TYPE cell;                     -- Unvollständig definierter Typ
TYPE link IS ACCESS cell;
TYPE cell IS RECORD            -- Rekursive Definition des Typs
             value : index;
             succ : link;
END RECORD;
```

Die Kosten von Fehlern

Je später im Entwurfsprozess ein Fehler entdeckt wird, desto höher sind die Kosten, die zu dessen Beseitigung aufgewendet werden müssen. Der Anstieg der Kosten folgt dabei erfahrungsgemäß einem Exponentialgesetz!

Ein kleines Beispiel: Vor einigen Jahren erhielt der Autor einen Brief, in dem er mitgeteilt bekam, dass sein Auto (eine große französische Marke) unbedingt in die Werkstatt müsse, wie alle Fahrzeuge des gleichen Typs, um kostenlos den Kabelbaum des Autos zu modifizieren. Die Leitung, die den Ventilator der Heizung versorgt, war nicht abgesichert, und nach einigen Bränden, die durch einen blockierten Ventilatormotor verursacht worden waren, hat der Hersteller sich entschlossen, bei allen Fahrzeuge, die diesen Defekt zeigen könnten, eine Sicherung in die fragliche Leitung einsetzen zu lassen.

Die Kosten für diese Maßnahme sind enorm: die Sicherung für jedes betroffene Auto muss beschafft und bereitgehalten werden, alle betroffenen Fahrzeughalter müssen ermittelt und angeschrieben werden, die Arbeitsstunden für die Reparatur sind zu bezahlen, usw. Vor allem der Imageverlust wiegt schwer und falls sich ein Unfall als Folge eines Kabelbrandes ereignet hat, kann dies strafrechtliche Folgen haben.

Diese materiellen und immateriellen Kosten sind verglichen mit dem Aufwand, den eine formale Verifikation des Designs des Kabelbaums verursacht hätte, immens hoch. Bei der Verifikation hätte nämlich das CAE-Werkzeug die Nachricht präsentiert: „Warnung: Das Kabel N0034 ist nicht abgesichert“, und der Konstrukteur hätte ohne größere Probleme den Schaltplan entsprechend ändern können. Die Kosten für diese Arbeiten wären vernachlässigbar (einige Ingenieurstunden) und die Zusatzkosten bei der Herstellung des Fahrzeugs hätten sich kaum bemerkbar gemacht.

Ähnliche Fehler treten auch bei anderen Produkten auf. Man erinnert sich an Benzol im Sprudelwasser, an Rückrufaktionen anderer Automarken, die Defekte von Haushaltsmaschinen, gefährliche Spielzeuge, den Fehler im Pentium 120, usw. Es gilt erfahrungsgemäß die eine einfache Regel, dass die Kosten für die Reparatur eines unentdeckten Fehlers immer um den Faktor 10 steigen, wenn ein Entwurfsabschnitt abgeschlossen wird. Es ist daher wichtig, alle notwendigen Verifikationen nach jedem einzelnen Entwurfsabschnitten durchzuführen, um keine unentdeckten Fehler in den nächsten Abschnitt mitzunehmen.

2.5.7 Aggregate, qualifizierte Ausdrücke, Typkonversionen

Ein *Aggregat* bringt eine oder mehrere Werte oder Objekte in eine vektorielle Darstellung: V1 und V2 sind zwei ganzzahlige Variablen, dann wird durch die Anweisung

```
(V1, V2) := (1, 2);
```

V1 der Wert 1 und V2 der Wert 2 zugewiesen. Ist S1 ein Vektor mit 3 Bits, dann werden dessen 3 Komponenten in der folgenden Anweisung mit '1', '0', '1' belegt:

```
S1 <= ('1', '0', '1');
```

Bei einem *qualifizierten Ausdruck* wird explizit der Typ des Ausdrucks angegeben. Dies vereinfacht die Kompilation, weil Uneindeutigkeiten beseitigt werden. Man darf diese Ausdrücke aber nicht mit Typkonversionen verwechseln:

```
Qualified _expression ::= type_mark'(expression) |type_mark'aggregate;
```

Ein Beispiel:

```
S1 <= bit_vector' "00110";
```

Typkonversionen sind auch in VHDL-AMS möglich, und zwar zwischen verwandten Typen. Beispielsweise lassen sich reelle Zahlen in ganze Zahlen wandeln und umgekehrt. Die Norm legt dabei aber keine Regel für das ggf. notwendige Runden fest. Konversionen sind auch für Felder zulässig, wenn diese die gleiche Größe haben, die gleichen Indizes verwenden und Elemente eines verwandten Typs enthalten (unabhängig davon, ob die Indizes auf- oder absteigend verwendet werden – to/downto). Formal hat eine Typkonversion die folgende Gestalt:

```
Type_conversion ::= type_mark(expression);
```

Mit *R* als Variable vom Typ REAL ergibt sich als Beispiel

```
R := real(3);
```

oder mit *I* als INTEGER-Variable

```
I := integer(3.0);
R := real(I);
```

Man kann auch ein Objekt, das für einen Untertyp deklariert wurde, in ein Objekt des zugrunde liegenden Basis-Typs wandeln und umgekehrt. Wenn dabei vom Basis-Typ in einen Untertyp gewandelt wird, wird automatisch überprüft, ob das zu wandelnde Objekt zum Wertebereich des Untertyps passt.

Man beachte, dass sich die Syntax eines qualifizierten Ausdrucks von der einer Typkonversion nur geringfügig unterscheidet (Apostroph)!

Einige Simulationsumgebungen setzen sogar automatisch und gegen die Norm die vordefinierten Typen „Bit" und „Boolean" gleich. In der Regel muss der Anwender aber immer selbst die benötigten Konversionsfunktionen erstellen.

2.6 Die sechs Objektklassen

Objekte transportieren Informationen innerhalb der Modelle und speichern Werte. Es existieren bei VHDL-AMS insgesamt sechs verschiedene Objektklassen:

1. CONSTANT: Hier sind nur zeitlich unveränderliche Werte zugelassen, die bei der Elaboration des Modells zugewiesen werden.
2. VARIABLE: Diese Objekte können nur im sequentiellen Bereich verwendet werden. Sie ändern ihren Wert dynamisch bei Zuweisungen mit dem Operator „:="

3. SIGNAL: Diese Objekte werden in den nebenläufigen Bereichen verwendet. Die Zuweisung von neuen Werten erfolgt ereignisgesteuert (Event) mit dem Signalzuweisungsoperator „<=“;
4. TERMINAL: Mit Objekten aus dieser Klasse definiert man Verbindungen von kontinuierlichen Größen.
5. QUANTITY: Diese Objektklasse enthält drei Unterklassen:
   a. Branch-Quantity, definiert eine Quantity für einen Zweig des Netzwerks,
   b. Source-Quantity, hierbei handelt es sich um Quellen im Netzwerk
   c. Free Quantity: dies sind „freie“ Größen, die nicht der Netzwerktopologie zugeordnet sind.

   Quantities modellieren den Informationsfluss zu kontinuierlichen Zeiten. Zuweisungen erfolgen simultan mit dem Operator (= =);
6. FILE: Mit diesen Objekten können Daten aus externen Dateien auf der Festplatte ein- oder ausgelesen werden.

2.6.1 Konstanten

Mit Konstanten können konstante Werte unter einem Namen abgelegt werden. Die folgenden Deklarationsanweisungen definieren und initialisieren eine reelle und eine physikalische Konstante:

```
CONSTANT pi : real := 3.141592;
CONSTANT clock_period : time := 20 ns;
```

Die Initialisierung der Komponenten von Feldern kann in der gleichen Reihenfolge durchgeführt werden, wie in der Deklaration oder per Benennung der Indizes. Mit dem Schlüsselwort OTHERS lassen sich leicht sehr große Felder belegen oder initialisieren, insbesondere wenn deren Größe zum Zeitpunkt der Zuweisung noch unbekannt ist. Folgende Beispiele verdeutlichen dies:

```
CONSTANT BVO : bit_vector(15 DOWNTO 0) := ('1', '0', OTHERS => '0');
```

Diese Anweisung belegt die erste Komponente mit ‘1’ und alle anderen 15 mit ‘0’. Die Typdeklaration

```
TYPE truth_table IS ARRAY (std_ulogic, std_ulogic) OF std_ulogic;
```

definiert ein zweidimensionales Feld mit 9x9 Elementen. Die Konstante „tt“ wird mit folgender Deklaration komplett mit dem Zustand ‘0’ belegt:

```
CONSTANT tt : truth_table := (OTHER => (OTHERS => '0'));
```

Ein dreidimensionaler Array-Typ kann über die beiden folgenden Anweisungen

```
TYPE inst_list IS (read, data, addr, write);
TYPE memory_bus IS ARRAY (inst_list) OF bit_vector;
```

definiert und mit der folgenden Zuweisung initialisiert werden:

```
CONSTANT mem_bus : memory_bus := (addr => X "00AA", data => X "FF", read => '0',
write => '1', enable => '1');
```

Konstanten können aber auch erst dann Werte zugeordnet werden, wenn diese Objekte tatsächlich im Modell angesprochen werden. Ist in der folgenden Deklaration N nicht sofort nach der Elaboration des Modells bekannt, dann könnte die Deklaration der Konstanten auch innerhalb einer Funktion erfolgen, für die N ein Übergabe-Parameter ist. Dann kann die im folgenden definierte Konstante „cst_val" bei jedem Funktionsaufruf einen anderen Wert zugewiesen bekommen, der dann aber während der Ausführung der Funktion konstant bleibt:

```
CONSTANT cst_val: integer := 40 * N ;
```

Eine Konstante kann auch dann verschiedene Werte annehmen, wenn sie in der Deklaration eines Packages aufgeführt wird (siehe Abschnitt 3.11). Die Wertzuweisung erfolgt erst im Körper des Packages, der bei Bedarf geändert werden kann. So können beispielsweise auch Details eines Modells vor dem Anwender verborgen gehalten und als geistiges Eigentum (IP) geschützt werden. Nur die Package-Deklaration ist bei VHDL-AMS lesbar, während der Package Body in der Regel nur als Kompilat vorliegt. Die folgende Deklaration ist folglich in einer Package Deklaration gültig:

```
CONSTANT cst_val : integer;
```

Der konkrete Wert für die Konstante „cst_val" ist aber im Package Body festzulegen.

2.6.2 Variable

Die Variablen erlauben die Speicherung und die Manipulation von Werten in einem sequentiellen Umfeld. Es ist möglich, aber nicht zwingend vorgeschrieben, die Variablen im Moment ihrer Deklaration mit Anfangswerten zu versehen:

```
VARIABLE phase : real := 124.0;
VARIABLE clock_period : time := 20.0 ns;
VARIABLE var1 : integer := function_d_init(...);
```

Angesprochen und modifiziert werden Variablen über den Variablenzuweisungsoperator „:=" :

```
A := B * C + 3.0;
```

Variable sind dynamische Größen und können nur in sequentiellen Bereichen, also innerhalb von Prozessen, verwendet werden. Seit VHDL`93 ist es möglich, geteilte Variablen (*Shared Variables*) zu verwenden, die nach ihrer Deklaration in einem *Process* auch von anderen Prozessen verwendet, also beschrieben und ausgelesen werden können. Eine Variable, deren Deklaration das Schlüsselwort SHARED enthält, ist in diesem Sinne „geteilt" (siehe folgenden Kasten).

```
SHARED VARIABLE phase : real := 124.0;
```

Shared Variables und deterministisches Verhalten

Die Verwendung von solchen Variablen, die sich mehrere Prozesse eines Modells *teilen*, ist riskant, weil VHDL-AMS keinerlei Mechanismen vorsieht, die garantieren, dass das Modellverhalten eindeutig und damit vorhersagbar (determiniert) bleibt. Das folgende Beispiel soll die möglichen Probleme verdeutlichen. Angenommen *A* wäre eine Shared Variable, die in zwei asynchronen Prozessen P1 und P2 auftritt, deren Ausführung unabhängig voneinander ist. *A* habe den Wert 3. In P1 wird *A* quadriert A := A² und in P2 wird *A* um den Wert 2 erhöht A := A + 2; .

Beim Zugriff auf *A* gibt es die folgenden Möglichkeiten:

P1 liest *A* und schreibt *A*, P2 liest *A* und schreibt *A*: A = 11

P2 liest *A* und schreibt *A*, P1 liest *A* und schreibt *A*: A = 25

P1 liest *A* bevor P2 liest dann beschreibt P1 *A* und erst dann schreibt P2 auf *A*:A = 5

P1 liest *A*, P2 liest *A*, dann schreibt P2 auf *A* und erst dann schreibt P1 auf *A*: A = 9

Das Ergebnis ist also ziemlich zufällig. Wie soll man dann vorhersehen, welche Möglichkeit zutrifft, wenn hunderte von Prozessen und dutzende von Shared Variables verwendet werden? Das Verhalten des Modells verliert den determinierten Charakter. Das kann nicht das Ziel bei der Modellierung von Hardwarekomponenten sein, denn diese sollen später produziert werden und beim Nutzer eindeutig und zuverlässig funktionieren!

In der Norm wird deshalb präzisiert: „Eine Beschreibung ist fehlerhaft, wenn sie davon abhängt, ob oder wie eine Implementierung die Reihenfolge des Zugriffs auf Shared Variables steuert." Daher sollte man geteilte Variablen eigentlich gar nicht verwenden, obwohl dies nach der Norm zulässig wäre. In der Praxis sollte man sich darauf beschränken, Shared Variables nur dann einzusetzen, wenn dies unumgänglich ist. Der Zugriff auf diese überall verfügbaren Variablen sollte dann auch so eingeschränkt werden, dass diese Größen zwar von der ganzen Simulationsumgebung gelesen werden können, aber nur von einer einzigen Quelle modifiziert werden dürfen. Eine sinnvoll Shared Variable wäre beispielsweise die Betriebstemperatur, die im Modell berechnet wird und die man allen Untersystemen zur Verfügung stellen möchte. Nach den obigen Regeln darf diese Größe aber nur von einer Komponente, die z.B. den Temperaturgeber nachbildet, aktualisiert werden, um nicht determiniertes Verhalten zu vermeiden

Die aktuelle Norm VHDL 2001 für digitales VHDL enthält im Übrigen schon Mechanismen, die den Zugriff auf geteilte Variablen eindeutig regeln.

2.6.3 Signale

Die Objekte der Klasse „Signal" transportieren die Werte, die der Simulator bei zeitlich diskreten Ereignissen berechnet (ereignisgesteuert: *event driven*). Ihre Deklaration ist kompliziert und wird in Abschnitt 3.10 präzisiert. Die unten stehenden grammatikalischen Regeln zeigen alle Möglichkeiten (die einzelnen Regeln sind im Anhang aufgelistet).

```
Signal_declaration ::= SIGNAL signal_name : [func_resolution] type [constraints]
[REGISTER | BUS] [:= init_value];
SIGNAL inport, outport : bit_vector (1 TO 7);
SIGNAL S : integer;
```

Die Zuweisung erfolgt bei Signalen über den Signalzuweisungsoperator „<=". Verzögerungszeiten zwischen Ein- und Ausgang können auf der rechten Seite der Zuweisung vereinbart werden. Diese Zuweisungsoperation wird genauer in den Abschnitten 2.9.1 und 2.9.2 erläutert:

```
inport <= outport;
S <= 3 AFTER 15 ns;
```

Ein Signal ist ein statisches oder remanentes Objekt, das in den nebenläufigen Bereichen der Sprache deklariert werden kann. Ein Signal modelliert (symbolisch) die Verbindungsleitungen zwischen logischen Anschlüssen. Signale besitzen einen vergangenen, einen aktuellen und einen wahrscheinlichen zukünftigen Zustand. Die Datenstruktur, die diese Informationen enthält, heißt der Treiber (*driver*) des Signals.

2.6.4 Terminals

Ein Objekt der Klasse TERMINAL trägt keine Werte, sondern definiert Anschlussknoten (konservative Klemmen). Diese Objekte werden nach folgenden grammatischen Regeln deklariert:

```
Terminal_declaration ::= terminal identifier_list: subnature_indication;
```

Ein Terminal besitzt eine NATURE (Energiedomäne), die über die Zuweisung zweier reeller Typen definiert ist. Diese Typen definieren die Flussgröße (THROUGH) durch die Klemme und die Differenzgröße zwischen der Klemme und einem Bezugsknoten (ACROSS). Die Verbindungsregeln für Terminals werden in Abschnitt 2.7 vorgestellt. Die Deklaration einer NATURE sieht folgendermaßen aus:

```
SUBTYPE v IS real;
SUBTYPE i IS real;
NATURE electrical IS v ACROSS i THROUGH gnd REFERENCE;
```

Wobei ACROSS die Differenzgröße und THROUGH die Flussgröße definiert. Man kann dann Terminals mit dieser NATURE definieren:

```
TERMINAL vp, vm :electrical;
```

Es ist auch möglich eine NATURE als Vektor oder als RECORD zu anzugeben:

```
NATURE elec_vec IS ARRAY (natural RANGE <>) OF electrical;
NATURE elec_bus IS RECORD
       Strobe : electrical;
```

```
    Data : elec_vec(7 downto 0);
END RECORD;
```

Die in VHDL-AMS verfügbaren NATURES sind nicht direkt im Sprachumfang festgelegt, sondern werden über externe Packages vorgegeben.

NATURE	ACROSS – THROUGH
Electrical (elektrisch)	Spannung – Strom
Thermal (thermisch)	Temperatur – Wärmefluss
Translational (Translationsbewegung)	Geschwindigkeit – Kraft
Rotational (Rotationsbewegung)	Winkelgeschwindigkeit – Drehmoment
Hydraulic (hydraulisch)	Druck – Volumenflussrate

Der Benutzer kann natürlich auch neue NATURES selbst definieren.

2.6.5 Quantities

Quantities repräsentieren analoge Größen, die sich in Zeit bzw. Frequenz und Amplitude kontinuierlich ändern können. Elektrisch gesehen stellen diese Größen nichtkonservative Klemmen dar, also Anschlüsse oder interne Variable des Systems, bei denen keine Erhaltungssätze zu beachten sind. Man unterscheidet bei Quantities drei verschiedene Klassen.

Erstens, die freien *(free)* Quantities, zweitens die Quellen (*Source-*) und drittens die Zweig (*Branch-*) Quantities. Quantities werden durch reelle Größen dargestellt, gehören also zu einem Datentyp, der von einem reellen Typ abgeleitet ist.

Eine freie Quantity (free QUANTITY) ist, wie in der Bezeichnung schon zum Ausdruck kommt, nicht mit einer konservativen Klemme, einem TERMINAL, verbunden. Diese Quantities dienen bei der Beschreibung des analogen Verhaltens in der *Architecture* als Zwischengrößen. Eine reellwertige freie Quantity Q mit dem Anfangswert „expression_init" kann bspw. wie folgt definiert werden:

```
QUANTITY Q : real := expression_init;
```

Die Quantities der Kategorie „Source" sind Quantities, die als Signalquellen eingesetzt werden und je nachdem ob es sich um eine Sinus-Wechselquelle oder eine Rauschquelle handelt, die Schlüsselworte SPECTRUM oder NOISE (in ihrer Deklaration) enthalten. Genauere Erklärungen finden sich im Abschnitt 3.7.

Eine Branch-QUANTITY ist mit einem oder zwei Terminals verbunden. Diese Quantities beschreiben die analogen Größen in einen Zweig eines Netzwerk. Die allgemeine Definition liest sich wie folgt:

```
QUANTITY [across_aspect][through_aspect] terminal_aspect;
```

Der across_aspect bezieht sich auf Differenzgrößen (z.B. elektrische Spannungen) und der through_aspect auf Flussgrößen (z.B. Ströme). Mit den beiden TERMINALs *t1* und *t2* mit der Nature *electrical*, ergeben sich folgende Beispiele:

```
QUANTITY V12 ACROSS I1 THROUGH t1 to t2;
```

(definiert die SpannungV12 und den Strom I1 zwischen den Knoten (Terminals) t1 und t2)

```
QUANTITY V1 , V2 ACROSS t1;
```

(definiert zwei identische Spannung V1 und V2, die zwischen t1 und dem Referenzknoten (elektrisch der Masse) anliegen)

```
QUANTITY I1, I2 THROUGH t1;
```

(definiert zwei Ströme, die durch den Knoten t1 fließen);

Weitere Beispiele sollen Möglichkeiten der Zuordnung von Quantities zu Terminals verdeutlichen. Folgende Deklarationen definieren die Terminals t1 bis t4:

```
TERMINAL t1, t2 : electrical;
TERMINAL t3, t4 : electrical_vector(1 TO 5);
```

Es ist zu beachten, dass t3 und t4 elektrische Vektorgrößen mit 5 Komponenten darstellen. Physikalisch entspricht das 5 parallelen Leitungen. Dann führt die folgende Deklaration

```
QUANTITY v12 ACROSS i1, i2 THROUGH t1 TO t2;
```

eine Spannung v12 zwischen den Klemmen t1 und t2 ein und definiert zwei Ströme i1 und i2, die durch t1 bzw. t2 fließen. In der nächsten Quantity-Deklaration

```
QUANTITY v31 ACROSS i3 THROUGH t3 TO t2;
```

werden hingegen 5 Spannungen V31(i) mit dem gemeinsamen Bezugspunkt t2 und 5 Ströme I3(i) definiert, die im Knoten t2 zusammenfließen. Die Quantity-Deklaration

```
QUANTITY v24 ACROSS i4 THROUGH t2 TO t4;
```

legt 5 Spannungen V24(i) mit dem Bezugspunkt t2 fest und 5 Ströme I4(i), die aus dem Knoten t2 herausfließen. Die Anweisung

```
QUANTITY v34 ACROSS i5 THROUGH t3 TO t4;
```

definiert 5 Spannungen V34(i) und 5 Ströme I5(i).

Es gibt außerdem implizite Quantities, die die Simulationsumgebung ohne vorherige Deklaration bereitstellt: Ist die QUANTITY Q : real := expression; definiert, dann sind auch Q'**DOT** (die Ableitung) und Q'**INTEG** (das Integral von Zeit „0“ bis zur aktuellen Simulationszeit) bereits deklariert.

Ableitungen und Integrale existieren auch für vektorwertige Quantities. Für die QUANTITY QV: real_vector (3 DOWNTO 0); sind QV'**DOT** und QV'**INTEG** Vektoren, die sich aus den Ableitungen bzw. den Integralen der Komponenten von QV zusammensetzen.

2.7 Semantik der Verbindungen

Kompilierte Modelle können in Modelle auf höherem Abstraktionsniveau als Instanzen eingesetzt werden. Sie werden dann über PORT bzw. GENERIC-MAP-Statements mit den anderen Modellbestandteilen verbunden. Welche Größen als Parameter (GENERICs) in das eingesetzte Modell übergeben werden bzw. als variable Größen über die PORTs aus dem eingesetzten Modell heraus- oder hineinfließen, also wie sich diese Verbindungsgsstellen (MAP-Statements) verhalten, kann aus der Entity-Deklaration des später ins Gesamtmodell einzusetzenden Modells definiert werden. Dazu verwendet man generische Parameter und Anschlussklemmen (Ports). GENERICs sind im Prinzip Konstanten, die bei der Elaboration mit ihren aktuellen Werten übergeben werden. Sie haben bestimmte Voreinstellungswerte (*defaults*). Bei den PORTs unterscheidet man Klasse, Typ und Modus und gibt ggf. geeignete Defaultwerte vor.

Im folgenden Beispiel sind die Verbindungselemente in einer Entität beispielhaft angegeben. Als Generics treten die vier Größen par1 bis par4 vom Typ *real* oder *time* auf. Als Ports sind Anschlüsse für das Signal *sig*, die Quantity *q* und ein elektrisches Terminal mit den Anschlüssen *vp* und *vm* vorgesehen.

```
ENTITY example IS
GENERIC (par1, par2, par3 : real; par4 : time := 3 ns);
PORT (SIGNAL sig : { IN | OUT | INOUT | LINKAGE | BUFFER} real;
QUANTITY q : {IN | OUT} real;
TERMINAL vp, vm : electrical);
BEGIN
   {passive Anweisungen = ohne Zugriffe auf Signale}
END [ENTITY][example];
```

Die einzelnen Porttypen zeigen verschiedene Verhaltensweisen. Ereignisgesteuerte digitale Größen (*Event driven*) sind Ports der Klasse SIGNAL zugeordnet. Analoge zeitkontinuierliche *Signalflüsse* werden über Ports der Klasse QUANTITY oder über TERMINALs mit einer einzigen zugeordneten QUANTITY transportiert. Sind die Größen, die über die Ports geführt werden, Erhaltungsgrößen (*konservativ*), dann werden Ports der Klasse TERMINAL verwendet, die sich durch zwei zugeordnete QUANTITIEs (eine Differenz- und eine Flussgröße) auszeichnen.

2.7.1 Ereignisgesteuerte Verbindungen

Die SIGNAL-Ports können Signale in verschiedene Richtungen transportieren. Die möglichen Moden sind IN (Eingang), OUT (Ausgang), INOUT (Eingang und Ausgang), LINKAGE (Verknüpfung), und BUFFER (Ausgang, der nur ein Signal nach außen führen darf). Die beiden letzten Moden sind für zukünftige Anwendungen reserviert, nur kurz in der Norm beschrieben und werden nur selten in der Praxis benutzt. Ein Port der Klasse Signal kann nur mit einem lokalen Signal oder einem Port verbunden werden, wenn der Objekttyp passt, wobei bei einem Port zusätzlich dessen Modus kompatibel sein muss. Ein Ausgangsport kann beispielsweise nur an einen Eingangsport angeschlossen werden. Ein Port des Modus INOUT ist notwendigerweise „aufgelöst" (siehe Abschnitt 3.10.1). Ein in der Entity definierter Port mit Modus OUT ist in der Architektur nicht lesbar (aber schreibbar), während ein Port mit Mode IN nicht beschreibbar aber lesbar ist. Das Schlüsselwort OPEN erlaubt es, einen Port in einem strukturellen Modell unangeschlossen zu lassen. Dafür müssen aber Defaultwerte für den PORT definiert sein.

Im folgenden Beispiel verwenden wir das Verfahren der direkten Instanziierung, siehe die Abschnitte 2.9.4 und 3.12. Hier instanziieren wir dreimal das gleiche Modell in verschiedenen Varianten, die sich durch das Label, die jeweiligen generischen Parameter und die Verbindungen unterscheiden. Durch die Intanziierung entsteht eine Netzliste (*netlist*). Verbunden werden die Instanzen mittels lokal deklarierter Signale, die in der PORT MAP mit der Instanz verbunden werden und so Knoten des Schaltplans nachbilden. Es ist zu beachten, dass lokale Signale, die in der Architecture definiert werden, keinen Modus aufweisen.

Als Beispiel für Verbindungen des Typs *event driven* betrachten wir das folgende Modell. Mit

```
ENTITY source IS
GENERIC (k : integer := 3);
PORT (SIGNAL a : IN real := 0.0; b : OUT real);
-- a und b sind die formalen Ports
END;
ARCHITECTURE pulse OF sources IS
BEGIN
...
END;
```

kann man folgende strukturelle Beschreibung definieren:

```
ENTITY testdetector IS
PORT (SIGNAL extin : IN real; SIGNAL extout : OUT real);
END;
LIBRARY disciplines;
USE disciplines.Electromagnetic_system.ALL;
ARCHITECTURE test OF testdetector IS
   -- extin, extout, pin, pout sind die reellwertigen Ports der Architecture „test"
      SIGNAL pin, pout : real;
```

```
BEGIN
u1 : ENTITY source(pulse) PORT MAP (extin, extout);
     -- Verbindung der lokalen Ports „extin" und „extout" mit den Ports „a" und „b"
     -- der eingesetzten Entity „source"
u2 : ENTITY source(pulse) PORT MAP (pin, pout);
     -- Verbindung von  „a" und „b" mit lokalen Signalen „pin" und „pout"
u3 : ENTITY source(pulse) GENERIC MAP (2) PORT MAP (open, open);
     -- Die Ports der eingesetzten Entity sind nicht angeschlossen (open),
     -- der generischen Größe „k" wird der Wert „2" zugewiesen
END;
```

2.7.2 Verbindungen vom Typ Signalfluss

Verbindungen vom Signalflusstyp sind bei analogen Systemen üblich, die mit Blockschaltplänen (oder *Black Boxes*) beschrieben werden. Die Ausgänge der Blöcke werden hier nicht von den Eingängen der angeschlossenen Blöcke beeinflusst. Elektrisch gesehen, bedeutet dies, dass der Ausgangswiderstand des treibenden Blocks null ist und der Eingangswiderstand des angesteuerten Blocks unendlich groß wird. Der Informationsfluss erfolgt im Rahmen dieser Idealisierungen zeitkontinuierlich.

Die Ports, die hierfür verwendet werden müssen, sind QUANTITY-Ports mit den Modi IN oder OUT. Die mit den Ports verbundenen Objekte müssen von der gleichen Klasse und vom gleichen Typ sein sowie einen passenden Modus besitzen. Ein Beispiel für eine Entity mit Quantity Ports ist

```
ENTITY example IS
   PORT (QUANTITY Q1 : in real,  Q2 : out real);
END example;
```

Es ist zu beachten, dass die in einer zugehörigen Architektur deklarierten freien Quantities, die lokal definiert werden, genau wie lokale Signale, keinen Modus besitzen.

Als Beispiel für Verbindungen des Typs *signal flow* soll der folgende Code dienen. Mit

```
ENTITY block1 IS
   PORT (QUANTITY a : IN real; QUANTITY b : OUT real);
END;
```

als einzusetzende Komponente ergibt sich

```
ENTITY black_boxes IS
   PORT (QUANTITY extin : IN real; QUANTITY extout : OUT real);
END;
LIBRARY disciplines;
USE disciplines.Electromagnetic_system.ALL;
ARCHITECTURE test OF black_boxes IS
            QUANTITY ploc : real; -- Free Quantity;
```

```
BEGIN
            u1 : ENTITY block1(beh) PORT MAP (extin, ploc);
            u2 : ENTITY block1(beh) PORT MAP (ploc, extout);
END;
```

2.7.3 Anschlüsse vom konservativen Typ

Diese Anschlüsse stellen Knoten dar, die mit denen Fluss- und Differenzgrößen verbunden werden können, wenn bestimmte Erhaltungssätze eingehalten werden. Diese Definition gilt für alle Bereiche eines VHDL-AMS-Modells, die den verallgemeinerten Kirchhoff'schen Gesetzen unterliegen. An jedem Knoten (Verbindung von mehreren Anschlüssen) ist die Summe der Flüsse null, während die Differenzgröße für alle Anschlüsse die gleiche ist. Die Ports, die hier verwendet werden, sind von der Klasse TERMINAL. Sie besitzen keinen Modus. Die verbundenen Objekte müssen von der gleichen Klasse und der gleichen NATURE sein.

Ein konkretes Beispiel ist

```
ENTITY example IS
   PORT (TERMINAL T1, T2 : electrical); -- kein Wert, kein Modus
END example;
```

Wenn hier T1 und T2 dem *gleichen* Knoten zugeordnet sind und wenn die Aspekte ACROSS und THROUGH definiert sind, dann gilt nach dem Kirchhoff'schen Gesetz

```
ACROSS (T1) = ACROSS (T2)
```

bzw.

```
THROUGH (T1) + THROUGH (T2) = 0 oder T1'CONTRIBUTION + T2'CONTRIBUTION = 0.
```

Warum haben die Terminals keinen Modus?

In der analogen Elektronik werden üblicherweise Eingänge und Ausgänge formal definiert. Zwar können Richtung oder Grenzwert der fließenden Ströme bei den Ein- oder Ausgängen eingeschränkt werden, jedoch ist formal der Begriff „Eingang-Ausgang" also Mode IN oder Mode OUT nur eine Vereinbarung, die es erlaubt idealisierte Systeme zu untersuchen, denn in der Realität können Ströme auch in Ausgänge hineinfließen oder aus Eingängen heraus. Diese Paradoxie ist manchmal schwierig zu vermitteln.

Die Theorie der idealisierten Systeme verbietet uns z.B. zwei Spannungsgeneratoren miteinander zu verbinden. Berücksichtigt man aber die Serienimpedanz von jedem Generator, kann trotzdem ein Arbeitspunkt berechnet werden. Wenn diese Verbindung von zwei Spannungsquellen nicht eine Zerstörung des Systems durch zu hohe fließende Ströme nach sich zieht und wenn die Ströme in den Quellen in beide Richtungen fließen können, dann wird die eine Quelle die Energie liefern, die die andere absorbiert. An der Verbindungsstelle gibt es keine Notwendigkeit einen Eingang oder einen Ausgang zu definieren.

Diese Überlegungen zeigen, dass ein Terminal immer den bidirektionalen Signalfluss zulassen muss. Ansonsten ließe sich auch der Kirchhoff'sche Knotensatz nicht immer erfüllen.

Die beiden Krichhoff'schen Gleichungen sind implizit und müssen deswegen nicht extra eingegeben werden. Das macht der Simulator automatisch. Im folgenden Beispiel wird das lokale Terminal „tloc“ in die Kirchhoff'schen Gesetze vom Simulator einbezogen. Eine Entity, die Anschlüsse vom konservativen Typ besitzt ist die folgende:

```
LIBRARY disciplines;
USE disciplines.Electromagnetic_system.ALL;
ENTITY block1 IS
            PORT (TERMINAL a, b : electrical);
END;
```

Das strukturelle Modell, in dem die „block1“ eingefügt und das ein lokales Terminal enthält, ist durch folgendes VHDL-AMS-Programm gegeben:

```
ENTITY kirch IS
            PORT (TERMINAL extin, extout : electrical);
END;
LIBRARY disciplines;
USE disciplines.Electromagnetic_system.ALL;
ARCHITECTURE test OF kirch IS
            TERMINAL tloc : electrical; -- lokales Terminal
BEGIN
            u1 : ENTITY block1(beh) PORT MAP (a, tloc);
            u2 : ENTITY block1(beh) PORT MAP (tloc, b);
END;
```

2.7.4 Hybride Verbindungen

Es ist auch möglich, Entities zu definieren, die alle oben genannten Aspekte beinhalten. Jede Klasse von Ports darf nur mit kompatiblen Ports verbunden werden, wobei das Zusammenspiel durch den Compiler/Simulator sichergestellt wird. Folgende Beschreibung ist damit bspw. möglich:

```
ENTITY example IS
        GENERIC (k : integer := 3);
        PORT (SIGNAL a : IN real;
             SIGNAL b : OUT real;
             QUANTITY c : IN real;
             QUANTITY d : OUT real;
             TERMINAL e, f, g : electrical);
END;
```

2.8 Operatoren

VHDL-AMS definiert 6 Klassen von Operatoren mit zugehörigen Prioritäten (die Auswertung eines Ausdrucks beginnt mit der höchsten Priorität). Die folgenden Aufzählungen sind nach ansteigender Priorität geordnet.

Die logischen Operatoren

AND, OR, NAND, NOR, XOR, XNOR, SLL, SLA, SRA, SRL, ROL, ROR

können auf die Datentypen BOOLEAN und BIT angewendet werden und sind im PACKAGE IEEE 1164 auch für std_ulogic überladen.

Als Operatoren für Bitvektoren stehen zur Verfügung:

SLL, SLA: logische Verschiebeoperation.

SRA, SRL: arithmetische Verschiebeoperation.

ROL, ROR: Rotation.

=, /=, <, <=, >=: Vergleichsoperatoren für alle Datentypen außer Dateien, die als Resultat ein Ergebnis vom Typ BOOLEAN ausgeben.

+, -, &: Addition, bzw. Konkatenierung mit & zum Typ STRING.

Vorzeichen: +, -

*, /, MOD, REM: Multiplikation, MOD = Modulo- und REM = Restwertbildung.

**, ABS, NOT: Potenzierung, Absolutwert und logische Inversion.

Die Operatoren sind überladbar (siehe Abschnitt 3.6), aber ihre Priorität darf nicht geändert werden. Man kann auch eine neue Funktion mit dem gleichen Namen wie ein existierender Operator definieren, aber das Interface der Funktion muss unterschiedlich sein. Der Compiler sucht dann die gültige Funktion anhand des Kontextes heraus, in dem die Funktion verwendet wird.

2.9 Die Anweisungen der Sprache

Die Funktion eines Modells wird in der Architektur beschrieben. Neben instanziierten Komponenten stehen dazu *simultane* und *nebenläufige* Anweisungen zur Verfügung. Der PROCESS ist eine besondere nebenläufige Anweisung, die verwendet werden kann, um auch sequenzielle Anweisungen (wie in normalen Computersprachen) einsetzen zu können. Die vier folgenden Abschnitte präsentieren die wichtigsten Anweisungen. Die restlichen weiterführenden Anweisungen werden im nächsten Kapitel besprochen.

2.9.1 Sequenzielle Anweisungen

Die sequenziellen Anweisungen werden in einem PROCESS gemäß ihrer Reihenfolge ausgewertet. Die wichtigsten sequenziellen Anweisungen sind die Variablenzuweisung, die Signalzuweisung, die WAIT-Anweisung, die Verzweigungen zur bedingten Ausführung von Anweisungen und die Schleifenanweisungen für iterative Ausführungen von Programmsequenzen.

Die Variablenzuweisung

Einer Variablen kann man entweder einen Wert, eine andere Variable, ein Signal oder eine QUANTITY zuweisen. Stets muss dabei aber die Kompatibilität der Datentypen beachtet werden. Die Zuweisung wird während der Simulation *sofort* vorgenommen. Bei der Zuweisung von Signalen oder QUANTITIES wird der Wert übernommen, den die Größe zum aktuellen Simulationszeitpunkt hat. Die Zuweisung kann auch für komplexere Strukturen mit einer einzigen Anweisung erfolgen, da ja die Beteiligten auf der rechten und linken Seite bei VHDL vom gleichen Typ sein müssen. Das Zeichen für die Zuweisung ist „: =". Die folgenden Beispiele sollen diese Ausführungen verdeutlichen.

Mit

```
VARIABLE V : real;
VARIABLE T1, T2 : real_vector(1 TO 12);
VARIABLE T3 : real_ vector(1 TO 5);
```

sind folgende Zuweisungen möglich:

```
T1 := T2;
T1(1 to 5) := T3;
T3 := (1.0, 2, 2.3, OTHERS => 0.0);
```

Formal kann die linke Seite (*V*) in der Zuweisungsanweisung als Ergebnis der Anwendung der Funktion *f* auf die rechts stehenden Objekte aufgefasst werden, *V* : *f* (Variable | Signal | Quantity).

Signalzuweisungen

Die Zuweisung für ein Signal erfolgt immer verzögert und impliziert daher einen Eintrag in eine Transaktionsliste (Treiber), die während der Simulation abgearbeitet wird. Eine *Transaktion* ist ein Wertewechsel zu einem späteren Zeitpunkt, der über ein Wert-Zeit-Paar im Treiber (*driver*) des Signals dargestellt wird. Bei einer Transaktion übernimmt der Treiber eines Signals einen neuen Wert (oder den gleichen). Transaktionen sind von *Ereignissen* zu unterscheiden. Ein Ereignis (*event*) findet immer dann statt, wenn ein Signal seinen Wert ändert.

Eine Signalzuweisung hat nach der Grammatik der Sprache die allgemeine Struktur

`[label :] target <= [TRANSPORT | [REJECT time] INERTIAL] waveform;`

mit: `target ::= name | aggregate`

und: `waveform ::= wf_element {, wf_element} | UNAFFECTED`

mit: `wf_element ::= value_expression [AFTER time_expression].`

In ihrer einfachsten Form schreibt sich die Signalzuweisung zum Beispiel :

```
S <= '0' AFTER 3 ns; -- Inertialverzögerung per Voreinstellung
```

Diese Instruktion trägt den Übergang (‚0', 3 ns) im Treiber des Signals S ein. Es gibt verschiedene Filter, die entscheiden, ob die Transaktion tatsächlich zu einem Ereignis (Signalwechsel) in 3 ns führt. Wenn dies der Fall ist, nimmt S den Wert ‚0' genau dann an, wenn die Simulationszeit 3 ns in Bezug auf die aktuelle Zeit weitergelaufen ist.

Um nochmal die Begriff „Transaktion" und „Ereignis" zu verdeutlichen: Wenn zum Zeitpunkt T_0 das Signal *S* den Wert *x* hat und sich der Wert *y* von *x* unterscheidet, dann ruft S <= y **AFTER** 3 ns ein Ereignis hervor, während S <= x **AFTER** 3 ns nur eine Transaktion zur Folge hat, denn der Wert von S ändert sich dann nicht.

Um nochmals auf den Begriff „Treiber" zurückzukommen betrachten wir

```
S <= x AFTER 5 ns;
```

Dieser Ausdruck ändert den Wert des Signals *S* nicht sofort, sondern ordnet die Transaktion (x, 5 ns) dem Treiber des Signals zu. *S* kann sich dann ändern, wenn die Simulationszeit sich um 5 ns weiterentwickelt hat und *x* einen von *S* abweichenden Wert trägt.

In den grammatikalischen Regeln, die oben angegeben sind, tritt bei *waveform* der Begriff *value_expression* auf. Dabei handelt es sich um einen Wert oder einen Ausdruck, der dem Signal zugewiesen werden soll. Die möglichen Quellen dafür sind Literale, Konstanten, Variable, Signale, Quantities und Funktionen aller dieser Objekte. Die Zuweisung per Aggregat ist außerdem möglich. Wenn die Zuweisung über eine *waveform* erfolgt, dann müssen die Delayzeiten der einzelnen Elemente des Wellenzugs in ansteigender Ordnung eingegeben werden. Andernfalls wird bei der Kompilierung eine Fehlermeldung erzeugt, weil die Zeiten Konstanten sind, die auf die aktuelle Simulationszeit bezogen und direkt ausgewertet werden.

```
Lab: (S1, S2) <= ('0', '1') AFTER 3 ns ('1', '0') AFTER 10 ns;
```

Ein spezieller Fall der Signalzuweisung ist die Zuweisung **ohne** eine explizit angegebene zeitliche Verzögerung wie z.B. AFTER 10 ns. Die Schwierigkeit liegt hier darin, dass Ursache und Wirkung unmittelbar aufeinander, also gleichzeitig, stattfinden. Eine solche Zuweisung ist daher nutzlos und streng genommen unphysikalisch, weil nicht kausal. Es können sogar Instabilitäten in Systemen durch Rückkopplungen auftreten. Die folgende Anweisung ist dennoch formal erlaubt:

```
Lab1: Ziel <= Source;
```

Der Simulator fügt nämlich zur Wahrung der Kausalität eine virtuelle Verzögerungszeit, die sog. *Delta-Time* ein, die parallel zu der vom Simulator verwalteten und von den Ereignissen in VHDL gesteuerten Zeit verwendet wird. Jedes Ereignis, das eine Signalzuweisung auslöst, wird so abgearbeitet, dass die Zeit durch eine virtuelle *Deltazeit* ergänzt wird. Die Zeit wird so quasi zweidimensional und durch das Wertepaar (Zeit, Delta) dargestellt. Zeit und Deltazeit sind positive ganze Zahlen, denn die Simulationszeit wird in den entsprechenden Vielfachen des Simulator-Zeitschritts und die Deltazeit in Vielfachen des Deltazeitschritts angegeben. Wenn eine Zuweisung zu einem von Null verschiedenen Zeitpunkt T_0 wirksam werden soll,

```
Labl: Ziel <= Wert after Td;
```

wird die entsprechende Transaktion auf $(T + T_d, 0)$ datiert. Wenn die gleiche Zuweisung ohne explizite Verzögerungszeit $(T_d \equiv 0)$ erfolgt, dann ergibt sich eine Transaktion zum Zeitpunkt $(T_0, 1)$. Da der Simulationsalgorithmus eine zeitlich geordneten Liste von Events und möglichen Transaktion verwendet, wird das folgende Ordnungsschema benutzt, um die echten Delays und die Delta-Delays zu sortieren:

Die explizit angegebenen Verzögerungszeiten entscheiden: (T_o', x) ist stets später als (T_o, y), wenn T_o' größer ist als T_o, welche Werte auch x und y annehmen mögen. Andererseits entscheiden die Deltazeiten, wenn zwei echte Verzögerungen gleich sind. (T_o, x) liegt also später als (T_o, y), wenn $x > y$ gilt. In anderen Worten: Wenn ein Signal mit einer von Null verschiedenen Delta-Verzögerung (*k* Deltas) die Quelle für eine Zuweisung mit Delay „*0*" ist, dann wird die Transaktion zum Zeitpunkt $(T_o, k+1)$ vom angesteuerten Signal übernommen. Wenn hingegen ein Signal mit einer Delta-Verzögerung um *k* Deltas die Quelle für eine Zuweisung zum Zeitpunkt T_o mit einem Delay T_d ist, dann findet die Transaktion zum Zeitpunkt $(T_o + T_d, 0)$ statt. Der Deltazähler wird auf Null gesetzt.

Man kann also die Zeit als zweidimensionalen Graphen darstellen: Die horizontale Achse stellt die echte Zeit dar und die vertikale die Zahl der Delta-Schritte zu jedem betrachteten Zeitpunkt. Die Zuweisung ohne Delayzeit verschiebt den Arbeitspunkt in vertikaler Richtung, während die Zuweisung zu von Null verschiedenen Zeiten den Arbeitspunkt wieder auf die Horizontale bringt und nach rechts verschiebt.

Ein Signal kann im Prinzip nur von einer Quelle getrieben werden. Andernfalls können Zuweisungskonflikte auftreten und der Compiler oder der Simulator melden einen Fehler. Werden spezielle *aufgelöste* Datentypen verwendet, also Signale, bei denen Zuweisungskonflikte über eine Auflösungsfunktion geregelt werden, dann können auch mehrere Quellen ein Signal treiben (Abschnitt 3.10.1).

Nicht alle Transaktionen führen sofort und tatsächlich zu Ereignissen. Die Norm definiert einige Mechanismen, die festlegen, wann und ob aus einer Transaktion auch ein Ereignis wird. Wir unterscheiden Transport, Trägheit (Inertial Delay) und Zurückweisung als 3 Mechanismen, die vom Anwender gesteuert werden können, und das Löschen oder Weglassen einer Transaktion als internen Mechanismus.

Weglassen
Wenn eine Transaktion im Treiber eines Signals eingetragen ist, dann werden alle identischen Transaktionen, die zu einem späteren Zeitpunkt stattfinden sollen, gelöscht. Ein Wellenzug (*Waveform*, zeitliche Abfolge von Ereignissen) wird dabei wie eine einzelne Transaktion behandelt.

Transport
```
target <= TRANSPORT waveform;
```

Alle Transaktionen, die nicht in die erste Kategorie (Weglassen) fallen, werden akzeptiert und in Signalwechsel umgesetzt.

Filterung durch Trägheit über ein Inertial-Delay
```
target <= INERTIAL wert AFTER Td;
```

Dieser Mechanismus wurde bereits in VHDL´87 definiert (das Schlüsselwort INERTIAL taucht aber erst in VHDL´93 auf). Alle Signalwechsel, die im Treiber auftreten, deren Dauer kürzer oder gleich *Td* ist, werden ausgefiltert. Dieser Mechanismus bildet die Trägheit digitaler Systeme nach, zeigt aber schwere Unzulänglichkeiten. Man verbindet hier eine Verzögerung mit der Bandbreite, obwohl dies physikalisch nicht gerechtfertigt ist. Ein Beispiel: Ein Fernsehgerät mit dem SECAM-Standard bleibt mit einer Verzögerung von 64 Mikrosekunden auf einer Zeile und muss Signale mit 6,5 MHz verarbeiten können; wie könnte man hier die Bandbreite (6,5 MHz) mit der Verzögerung (64 µs) in Beziehung setzen? Daher sollte man diesen nur schwer zu rechtfertigenden Mechanismus nicht verwenden. Unglücklicherweise ist das Inertial-Delay auch in den neueren Versionen von VHDL die Voreinstellung (*default*), um mit dem alten Standard (VHDL´87) kompatibel zu bleiben.

Filterung durch Zurückweisung (REJECT) während eines definierten Intervalls
```
target <= REJECT time INERTIAL wert AFTER Td;
```

Dieser Mechanismus wurde mit VHDL´93 eingeführt, um den unphysikalischen Zugang des INERTIAL-Delays zu korrigieren. Man kann hier ein Zeitintervall nach dem Schlüsselwort REJECT angeben und alle Signaländerungen, die größer als dieses Intervall sind, werden nicht mehr unterdrückt. Die REJECT-Zeit muss natürlich kleiner sein als *Td* die Delayzeit für die Signaländerung. Ein Beispiel: Ein Signal habe zur Zeit *To* den folgenden Treiber (/Wert – Zeitpunkt/): *To* : 3/5 – 10 ns/ 1 – 12 ns/ 0 – 15 ns;

Das folgende Beispiel zeigt, wie sich Zuweisungen eines identischen Wellenzuges mit und ohne REJECT-Zeit auswirken:

```
S <= TRANSPORT 1 AFTER 13 ns, 5 AFTER 15 ns, 4 AFTER 22 ns;
```

Dies ändert den Treiber wie folgt: *To*: 3/ 5 – 10 ns/1 – 12 ns/ 5 – 15 ns/ 4 – 22 ns. Die Transaktion 1 – 13 ns wird weggelassen, da sie den Wert von S nicht ändert.

```
S <= REJECT 2 ns INERTIAL 1 AFTER 13 ns, 5 AFTER 15 ns, 4 AFTER 22 ns;
```

Das Resultat ist hier: *To*: 3/ 5 – 10 ns/ 4 – 22 ns. Die Transaktionen 1 – 12ns und 1 – 13 ns werden, weil sie nur 2 ns nach der ersten Transaktion bzw. 1 ns nach der zweiten erfolgen, aufgrund der REJECT-ZEIT 2 ns absorbiert. Auch die nächste Transaktion 5 – 15 ns ändert nichts, weil der Signalwert schon den Wert 5 angenommen hat. 7 ns später wird dann die letzte Transaktion 4 – 22 ns übernommen, weil die Zeitdifferenz oberhalb der REJECT-Zeit liegt.

Die WAIT Anweisung

Diese Anweisung ist eine der wichtigsten Anweisungen im digitalen Bereich; sie steuert die Ausführung sequenzieller Modellteile. Die Wait-Anweisung lässt Simulationszeit verstreichen und setzt unter geeigneten Bedingungen bei jedem Simulationsdurchlauf nebenläufige Anweisungen in Gang. Die allgemeine Form der Anweisung ist die folgende:

```
WAIT [ON signal_list] [UNTIL bool_cond] [FOR time];
```

Ereignet sich während der vorgegebenen Wartezeit *time* ein Ereignis bei einem der Signale in der *signal_list*, dann wird die Boole'sche Bedingung *bool_cond* ausgewertet. Ist diese Bedingung nicht erfüllt, dann wird die WAIT-Anweisung wieder scharf gestellt, andernfalls wird die nächste Zeile des VHDL-Codes ausgeführt.

Die Liste *signal_list* ist die Sensibilitätsliste des WAIT-Statements und enthält die Signale, deren Events überwacht werden sollen. Wenn diese Liste nicht angegeben ist, dann wird sie aus den Signalen, die in der Bool'schen Bedingung auftreten, gebildet. Der Simulator verwaltet das Zeitverhalten nach folgendem Algorithmus:

- sind alle Prozesse im Wartezustand, wird der Simulator angehalten,
- dann wird das Signal aus der Liste der Ereignisse (Events) gesucht, das sich als Nächstes ändert,
- dann werden alle PROCESS-Statements aktiviert, in denen dieses Signal in der Signalliste auftritt,
- dann wird die Simulationsuhr um die Zeit bis zum Ereignis beim relevanten Signals vorgestellt und ein neuer LSP (*Logical Simulation Point*) generiert.

Die folgenden, vereinfachten Formen des WAIT-Statements sind gebräuchlich:

```
WAIT;                  -- Hält den PROCESS bis zum Ende der Simulation an
WAIT ON a;             -- Wartet auf ein Ereignis auf Signal a
WAIT ON a, b;          -- Das Gleiche bei den Signalen a und b
WAIT FOR 10 ns;        -- Time out für 10 ns (in der Simulationszeit)
WAIT UNTIL a = '1';    -- Wartet bis das Signal a den Zustand '1' annimmt
```

Simulationszeit oder Ausführungszeit

Alle Zeiten, die in den Modellen angegeben werden, beziehen sich auf eine simulierte Zeit, d.h. auf eine Variable, die durch den Simulator inkrementiert wird. Diese Zeit ist grundlegend von der Zeit verschieden, die der Simulator benötigt, um die Simulation durchzuführen. Die Anweisung „**WAIT FOR** 10 hr“ benötigt nicht mehr Zeit zur Ausführung als die Anweisung „**WAIT FOR** 10 fs“, wenn in beiden Fällen die gleiche Anzahl von Events zu verarbeiten ist. Dies ist der Vorteil von ereignisgesteuerten Simulationsalgorithmen: Jedes Ereignis sensibilisiert nur die mit dem betroffenen Signal zusammenhängenden Prozesse (nur diese PROCESS-Statements werden ausgewertet). So wird es möglich, Simulatoren zu entwickeln, die eine minimale Simulationszeit benötigen.

Selektive oder bedingte Ausführung von Anweisungen

VHDL-AMS stellt zwei Verfahren zur Verfügung, mit denen sequentielle Anweisungen *bedingt* (IF-Anweisung) oder *selektiv* (CASE-Anweisung) ausgeführt werden können. Die Syntax ist die folgende:

```
[label :] IF cond_bool THEN
                {sequentielle Anweisungen}
             [ELSIF cond2 THEN
                {sequentielle Anweisungen}]
[ELSE
                {sequentielle Anweisungen}]
END IF;
[label :] CASE expression IS
                WHEN value_1 => {sequentielle Anweisungen Folge 1}
                {WHEN value_2 => {sequentielle Anweisungen Folge 2}}
                WHEN OTHERS => { sequentielle Anweisungen Folge 3}
END CASE;
```

WHEN OTHERS ist bei einer CASE-Anweisung stets hinzuzufügen. Diese Anweisung steht für alle Fälle, die nicht explizit behandelt wurden (dabei kann es sich aber auch um eine leere Menge handeln). So wird jede Möglichkeit, die der Ausdruck *expression* annehmen kann, erfasst. Die Anweisung WHEN OTHERS muss am Ende der Liste stehen.

Iterative Anweisungen (Schleifen)

Schleifen werden mit folgender Syntax definiert:

```
[label :] [Iterationschema] LOOP
                {sequentielle Anweisungen}
END LOOP [label];
```

Drei Iterationsschemata stehen zur Verfügung:

1. Die unendliche Schleife

```
LOOP
                N := N + 1;
END LOOP;
```

Im Gegensatz zu anderen Programmiersprachen ist eine unendliche Schleife in VHDL-AMS nicht bedenklich, vorausgesetzt, sie enthält ein WAIT-Statement, das es ermöglicht, die Ausführung der Schleifenanweisungen periodisch zu unterbrechen.

2. Schleifen mit bedingter Ausführung

```
[label :] WHILE condition LOOP
                {sequentielle Anweisungen}
                [exit_label: ] EXIT [loop_label] WHEN cond_bool;]
END LOOP;
```

Solange die Bedingung „condition" erfüllt ist, wird die Schleife ausgeführt.

3. Schleifen mit bedingtem Iterationsschema

```
[label :] FOR i IN 1 TO 100 LOOP
                {sequentielle Anweisungen}
                [next_label: ] NEXT [loop_label] WHEN cond_bool;]
                [exit_label: ] EXIT [loop_label] WHEN cond_bool;]
END LOOP;
```

Die Variable *i* für den Schleifenindex wird implizit deklariert. Es handelt sich dabei um eine Integergröße oder um einen Aufzählungstyp. Schleifen können auch ohne explizite Kenntnis der Anzahl der Iterationen definiert werden (siehe RANGE-Attribut in Abschnitt 2.10):

```
[label :] FOR i IN A'RANGE LOOP
                {sequentielle Anweisungen}
END LOOP;
```

Das Verlassen von Schleifen, auch wenn sie sich überschneiden, lässt sich mit den sequentiellen Anweisungen NEXT und EXIT in geeigneter Weise steuern.

Überprüfungen des Simulationsablaufs mit der ASSERT-Anweisung

Die Sprache bietet die Möglichkeit die Simulation über eine Boole'sche Bedingung zu überwachen. Dazu existiert im Sprachumfang eine spezielle Instruktion, die ASSERT-Anweisung, im Rahmen derer die geeignete Bedingung definiert wird, die dann während der Ausführung überwacht werden soll. Ist diese Bedingung während der Simulation *nicht* erfüllt (*false*), dann erscheint eine Nachricht auf der Standardausgabe (Bildschirm). Diese Fehlermeldung ist mit einem Schweregrad (*severity*) verknüpft, der mit ausgegeben wird. Auf diesen Schweregrad kann der Simulator reagieren und z.B. die Simulation abbrechen. So wird es möglich, mit Hilfe von ASSERT-Statements den Simulationsablauf zu steuern. Der Simulator kann auf unterschiedliche Schweregrade je nach Konfiguration verschieden reagieren. Die Syntax der ASSERT-Anweisung ist die folgende:

```
[label :] ASSERT cond_bool [REPORT string_expression]
                SEVERITY [note |warning |error |failure];
```

Mit Hilfe dieser Anweisung kann sich ein Modell sogar selbst dynamisch und unter Anwendungsbedingungen verifizieren. Das folgende ASSERT-Statement kontrolliert z.B. unter Echtzeitbedingungen, ob bei einem Flip-Flop die Set-up-Zeit eingehalten wird:

```
ASSERT teff < tsetup REPORT "Set-up-Zeit verletzt" SEVERITY error;
```

Eine vereinfachte Form erlaubt es, ohne Bedingung Nachrichten auf dem Bildschirm erscheinen zu lassen, wenn die Code-Zeile während der Simulation erreicht wird:

```
[lab :] REPORT string SEVERITY [note |warning |error |failure];
```

2.9.2 Nebenläufige Anweisungen

Nebenläufige Anweisungen verarbeiten die Information zu diskreten Zeitpunkten. Sie werden an jedem logischen Simulationspunkt (LSP) ausgewertet, also wenn sich ein aktuelles Ereignis (*Event*) auf einem Signal des Modells ereignet hat.

PROCESS Statement

Hier handelt es sich um eine nebenläufige Anweisung, mit der der Benutzer sequentielle Anweisungen umschließen kann, um diesen bei üblichen Computerprogrammen üblichen Modellierungsstil in eine zeitbehaftete Simulation mit VHDL-AMS zu integrieren.

Alle Prozesse (PROCESS) sind für den Simulator gleichwertig. Ein Prozess darf keine andere PROCESS-Anweisung beinhalten und auch keine anderen nebenläufigen Instruktionen. Die allgemeine Form eines Prozesses liest sich wie folgt:

```
[label :] [POSTPONED] PROCESS -- Postponed siehe Abschnitt 3.8
{Deklarativer Bereich/ keine Signale nur Variablen dürfen definiert werden!}
BEGIN
                {sequentielle Anweisungen}
END [POSTPONED] PROCESS [label];
```

Ein Prozess ist immer aktiv und gilt global für das gesamte Modell. Er kann über ein WAIT-Statement deaktiviert und wieder aktiviert werden.

Ein PROCESS wird zyklisch abgearbeitet. Die sequentiellen Anweisungen beginnen unterhalb des Schlüsselwortes BEGIN und erstrecken sich bis zum Schlüsselwort END. Nachdem das END-Statement erreicht worden ist, beginnt die Ausführung des Prozesses von neuem. Nur ein WAIT-Statement kann diesen Kreislauf unterbrechen. Ein PROCESS, der nie per WAIT suspendiert wird, interagiert nicht mit der Umgebung und läuft autonom ständig. Im günstigsten Fall erkennt der Simulator, dass dieser fragliche PROCESS alle Ressourcen blockiert und schlägt dem Anwender vor, die Simulation abzubrechen.

Es gibt noch eine ältere Variante der Syntax für ein PROCESS-Statement, die noch aus der Version VHDL 7.2 stammt. Hier wird statt des WAIT-Statements eine sog. *Sensitivity List* verwendet. Dies erscheint zunächst kompakter, ist aber semantisch ärmer, weil WAIT-Anweisungen mit ihren vielen Möglichkeiten im PROCESS dann nicht mehr verwendet werden dürfen. Bei der reinen Modellbildung sind Sensitivity-Listen deshalb weniger gebräuchlich. Viele Synthesewerkzeuge unterstützen aber diese Listen, empfehlen sie oder schreiben sie sogar verpflichtend vor. Die Syntax ist von der Form:

```
[label :] PROCESS (sensitivity_list)
{Deklarativer Bereich}
BEGIN
            {sequentielle Anweisungen ohne weiteres WAIT statement}
END PROCESS [label];
```

Wenn man ein WAIT-Statement zur Synchronisation eines PROCESS einsetzt, so ist es möglich (sogar mehrere) Bedingungen im gleichen PROCESS zu verwenden, was die Zahl der Möglichkeiten stark erhöht. Wenn die WAIT-Anweisung mit einer unendlichen Schleife verknüpft ist, können Modelle sehr einfach initialisiert werden.

```
[label :] PROCESS
{Deklarativer Bereich/ keine Signale!}
BEGIN
            {Vorprozessierung: Initialisierung}
LOOP
            {Variablenzuweisungen und andere sequentielle Anweisungen}
            {WAIT Anweisung}
END LOOP;
END PROCESS;
```

Prozesse können auch interagieren. Ein Beispiel:

```
incr : PORT SIGNAL Modus IN
reset : lokales SIGNAL vom TYP bit
output : PORT SIGNAL Modus OUT vom TYP integer
P1 : PROCESS
            VARIABLE index : integer := 0;
BEGIN
            WAIT ON incr, reset;
            IF reset'event THEN
               index := 0;
               output <= index;
            ELSE
               output <= index;
            index := index + 1;
            END IF;
END PROCESS;
```

```
P2 : PROCESS
BEGIN
        wait for 100 us;
        reset <= NOT reset;
END PROCESS;
```

Hier erzeugt der PROCESS P2 das Taktsignal *reset* mit der Halbperiode 100 µs. Der PROCESS P1 wird periodisch gestartet, wenn sich ein Event auf dem *reset-* oder *incr*-Signal ereignet. Bei jedem Event auf *incr*, wird ein interner Zähler inkrementiert und dessen Zählerstand auf den Ausgangsport *output* gelegt. Wenn *reset* seinen Zustand ändert, wird der Zähler auf den Stand „Null" zurückgesetzt.

Signalzuweisung

Prozesse und nebenläufige Anweisung sind gleichwertig. Jede nebenläufige Anweisung ist lediglich eine Kurzschreibweise und kann in Form eines äquivalenten PROCESS-Statements ausgedrückt werden. Die nebenläufige Zuweisung kann z.B. immer als PROCESS dargestellt werden, der eine sequentielle Zuweisung, Prüfbedingungen und ein WAIT enthält.

Die einfache Form der nebenläufigen Signalzuweisung schreibt sich

```
[label :] Name_oder_Aggregat <= [Optionen] waveform;
```

wobei folgende Optionen zur Verfügung stehen:

```
Optionen ::= [GUARDED] [TRANSPORT | [REJECT time] INERTIAL].
```

Die Begriffe „transport", „reject" und „inertial" sind bereits in Abschnitt 2.9.1 erläutert worden. Die Zuweisung wird erst nach einem Ereignis (Event) bei den Signalen, die in *waveform* auftreten, ausgeführt. Die Anweisung *S* <= *A* **AFTER** 12 ns; weist jedes Mal den Wert des Signals *A* dem Signal *S* zu und zwar mit einer trägen Verzögerung von 12 ns. Die Zuweisung *S* <= 5.0; ohne *waveform,* auf der Events beobachtet werden können, wird nur einmal bei der Initialisierung des Modells ganz am Anfang der Simulation ausgeführt.

Die *bedingte* Form der nebenläufigen Signalzuweisung schreibt sich:

```
[label:] Name_oder_Aggregat <= [Optionen] waveform1 WHEN cond1 ELSE
        waveform2 WHEN cond2 ELSE
        ...........
        waveformN WHEN condN;
```

Der äquivalente PROCESS liest sich:

```
[label :]PROCESS (Signale in waveformx, condx)
BEGIN
            IF cond1 THEN
               Name_oder_Aggregat <= [Optionen] waveform1;
            ELSIF cond2 THEN
               Name_oder_Aggregat <= [Optionen] waveform2;
               .........
            ELSIF condN THEN
               Name_oder_Aggregat <= [Optionen] waveformN;
            END IF;
END PROCESS;
```

Die selektive Signalzuweisung wird folgendermaßen angegeben:

```
[label:] WITH expression SELECT
[Name_oder_Aggregat <= [Optionen] waveform1 WHEN list1
            ..........
            waveformN WHEN listN;
```

Dies entspricht dem PROCESS

```
[label :]PROCESS (Signale in waveformx, listx)
BEGIN
            CASE EXPRESSION IS
            WHEN list1 => Name_oder_Aggregat <= [Optionen] waveform1;
               .........
            WHEN listN => Name_oder_Aggregat <= [Optionen] waveformN;
            END CASE;
END PROCESS;
```

Break

Die „Break"-Anweisung spielt eine sehr wichtige Rolle bei der Modellierung gemischt analog/digitaler Systeme und dient dazu, die beiden Kerne des Simulators für die digitale bzw. die analoge Simulation zu synchronisieren. Einzelheiten finden sich in Abschnitt 2.11.

ASSERT-Anweisung

Diese Anweisung existiert nicht nur als sequentielles Statement, sondern kann auch im nebenläufigen Bereich eines VHDL-AMS-Modells verwendet werden. So kann während der Simulation eine Boole'sche Anweisung überwacht werden. Wenn diese Bedingung den Wert falsch erhält, erscheint (siehe oben) eine Nachricht auf dem Bildschirm, deren Schweregrad (*severity*) den Simulator zu bestimmten Reaktionen veranlassen kann, falls dies vom Anwender gewünscht wird.

```
[label :] [POSTPONED] ASSERT cond_bool
                [REPORT expression]
                SEVERITY [note |warning |error |failure];
```

In die Form eines PROCESS gebracht, liest sich diese Anweisung wie folgt:

```
[lab :] [POSTPONED] PROCESS (Signale aus cond_bool)
BEGIN
ASSERT cond_bool
                [REPORT expression]
                SEVERITY [note |warning |error |failure];
END PROCESS [lab];
```

2.9.3 Simultane Anweisungen

Die simultanen Anweisungen behandeln Information zu kontinuierlichen Zeiten. Sie **müssen** zu jedem analogen Simulationspunkt (ASP) ausgewertet werden.

Einfache simultane Anweisungen
Mit simultanen Anweisungen kann man Gleichungen in ein Modell integrieren, die verschiedene analoge Größen (*quantities*) mit kontinuierlicher Zeitabhängigkeit verknüpfen. Dabei kann es sich um explizite Gleichungen handeln, bei denen die unbekannte Größe als Funktion der anderen Größen ausgedrückt wird, oder um implizite, also nicht nach der Unbekannten aufgelöste Beziehungen.

```
[label :] f == g [TOLERANCE string];
```

In diesem Ausdruck sind f und g zwei nichtlineare Funktionen, in denen *Quantities* die Rolle der Variablen übernehmen, aber auch Konstanten und diskrete Signale auftreten können. Der Simulator überprüft zu jedem Simulationspunkt (ASP), ob die *charakteristische Gleichung* $f - g = 0$ erfüllt ist. Es genügt dabei, diese Beziehung im Rahmen der angegeben Toleranzen zu erfüllen. Der Standard für VHDL-AMS definiert, dass die zugehörigen Toleranzen für Untertypen oder sogar für jede simultane Anweisung spezifiziert werden können. Zur Zeit können aber die zur Verfügung stehenden Computerwerkzeuge diese Spezifikationen nicht voll unterstützen und stellen nur eine globale absolute oder relative Toleranz für alle Quantities im Modell sicher.

Eine analoge Funktion wird im Rahmen von VHDL-AMS nur dann als eindeutig (*pure*) bezeichnet, wenn sie unter gleichen Bedingungen stets das gleiche Ergebnis liefert. Andernfalls ist sie uneindeutig (*impure*[1]). Eine simultane Anweisung wird als eindeutig bezeichnet, wenn sich das gleiche Resultat immer dann einstellt, wenn sie mit gleichen Werten **und** zu gleichen Zeiten ausgewertet wird. Andernfalls ist sie nicht eindeutig. Es ist verboten, eine Funktion als uneindeutig zu definieren, wenn sie das nicht ist.

Die folgenden (impliziten) Gleichungen

$$Q^2 + \frac{\delta Y}{\delta t} = \sqrt{Y} - \int_0^T Q \cdot dt$$

$$C \cdot U = Q$$

$$Q = \int_0^T I \cdot dt$$

mit den Quantitäten *Q, Y, U, I* und der Konstanten *C* können vom Simulator gelöst werden (*T* ist die Simulationszeit):

```
Q ** 2 + Y'DOT == sqr(Y) - Q'INTEG;
                C * U == Q;
          Q == I'INTEG;
```

Eine simultane Gleichung die das Ohm'sche Gesetz für einen Widerstand mit 1000 Ω darstellt, liest sich wie folgt:

```
ENTITY R IS
          GENERIC (R_value : real := 1_000.0)
          PORT (TERMINAL vp, vm : electrical);
END;
ARCHITECTURE equ OF R IS
          QUANTITY V ACROSS I THROUGH vp TO vm;
BEGIN
          V == R_value * I;
END;
```

[1] Anm. des Herausgebers: *Impure-Functions* sind erst in der VHDL-Aktualisierung von 1993 eingeführt worden. Im Standard von 1987 waren Funktionen so definiert, dass nur auf Größen zugegriffen werden konnte, die in der Übergabeliste auftauchen oder in der Funktionsbeschreibung (Body) deklariert worden sind. Funktionen konnten somit keine Objekte im aufrufenden Modell verändern. Da dies, als eine zu starke Einschränkung empfunden wurde, hat man 1993 die Norm so erweitert, dass Impure Functions auch Größen aus übergeordneten Modellen verändern können. Durch diese erweiterten Rechte können aber auch übergeordnete Objekte verändert werden oder das Ergebnis der Funktion ist bei gleichen Übergabeparametern vom Zeitpunkt oder vom Ort des Funktionsaufrufs abhängig, wenn übergeordnete Objekte von der Funktion gelesen werden. Diese sog. Seiteneffekte sind nicht immer leicht zu kontrollieren und deshalb sollten Impure Functions nur in begründeten Ausnahmefällen verwendet werden.

Die bedingte simultane Anweisung

Diese Anweisung ermöglicht, wie die IF-Anweisung im digitalen Bereich, die dynamische Auswahl von bestimmtem simultanen Anweisungen aus einem Satz von Funktionen auf der Basis Boole'scher Bedingungen. Die aktuell verfügbaren Werkzeuge überlassen es noch (entgegen der Norm) dem Benutzer, hierbei für *ausgewogene* Gleichungen zu sorgen, also dass stets genau so viele Gleichungen wie Unbekannte zur Verfügung stehen, wie es das Lösbarkeitskriterium fordert (siehe Abschnitt 2.12). Bedingte simultane Anweisungen können sich überlappen:

```
label:  IF cond_1 USE
        {Simultane Anweisungen}
        ELSIF cond_2 USE
        {Simultane Anweisungen}
        .........
        ELSE
        {Simultane Anweisungen}
        END USE label;
```

An jedem Simulationspunkt (ASP) werden die einzelnen Bedingungen nacheinander ausgewertet, um den aktuellen Gleichungssatz zu finden, der zu lösen ist. Bei Differentialgleichungen lassen sich vollständige Lösungen aber nur dann berechnen, wenn geeignete Anfangsbedingungen definiert sind. Diese werden über die BREAK-Anweisung bereitgestellt (siehe Abschnitt 2.11).

Die selektive simultane Anweisung

Die selektive Variante der bedingten Anweisungen hat die folgende Form:

```
label:  CASE expression  USE
            WHEN value_1 => {Simultane Anweisungen}
            WHEN value_2 => {Simultane Anweisungen}
            .........
        END CASE label;
```

Je nach Wert (*value*) des Ausdrucks (*expression*) in der CASE-Anweisung wird eine bestimmte simultane Anweisung ausgeführt.

Die prozedurale simultane Anweisung

Mit PROCEDURALen können simultane Anweisungen in sequentiellen Modellbereichen definiert werden. Dies ist analog zu den Prozessen (PROCESS) in digitalen Modellen. Alle sequentiellen Anweisungen können in einem PROCEDURAL auftreten, mit Ausnahme des WAIT- und des BREAK-Statements sowie der Signalzuweisung. Der Deklarationsbereich des PROCEDURALs wird an jedem ASP neu ausgewertet. Im PROCEDURAL sind *Quantities* die Variablen. Der Zuweisungsoperator ist der gleiche wie bei VARIABLEs in Prozessen (:=). Es ist sehr wichtig festzuhalten, dass dies der einzige Mechanismus ist, der es erlaubt, Werte zwischen zwei ASPs als lokale Variablen zwischenzuspeichern. Das Werkzeug HAMSTER speichert dabei z.B. alle lokalen Variablen, während die Norm eigentlich die Reinitialisierung vorschreibt.

```
label:  PROCEDURAL [IS]
                {Deklarationsteil}
        BEGIN
                {Simultane Anweisungen}
        END PROCEDURAL label;
```

Der folgende Quellcode ist ein Modell für einen gewichtcten analogen Summierer, bei dem man die Anzahl der Summanden zum Zeitpunkt der Kompilierung noch nicht weiß. Die Summationsschleife wird deshalb so oft durchlaufen, wie dies der Indexbereich (RANGE) des Vektors „beta" erfordert. Mit „beta: real_vector" und „**QUANTITY** vp **ACROSS** T **TO** GND" erhalten wir:

```
ARCHITECTURE
.....
BEGIN
        PROCEDURAL IS
            VARIABLE bvs : real := 0.0;
        BEGIN
            FOR i IN beta'range LOOP
                bvs := bvs + beta(i) * vp(i);
            END LOOP;
                Qout := bvs;
        END PROCEDURAL;
END;
```

Null
Wenn man beabsichtigt, eine simultane und stets lösbare Anweisung zu verwenden, die nichts verändert, dann kann man die NULL-Anweisung einsetzen.

2.9.4 Intanziierung von Komponenten

Einige Autoren und die Norm ordnen die Instanziierung von Komponenten den nebenläufigen Anweisungen zu. Dieser Mechanismus ist aber so wichtig, dass sich eine gesonderte Betrachtung lohnt.

Die Instanziierung von Komponenten läuft darauf hinaus, dass man eine Kopie eines Modells (die *Instanz*) aus einer Bibliothek erstellt (WORK oder eine Ressourcenbibliothek), diese konfiguriert und in ihre Umgebung einpasst. Die Instanziierung kann entweder direkt oder mittelbar über eine CONFIGRATION-Anweisung erfolgen (siehe Abschnitt 3.12). Die direkte Form liest sich wie folgt:

```
label : ENTITY name_der_komponente(architektur_der_komponente)
        [GENERIC MAP (formal <= aktuell)]
        [PORT MAP (formal <= aktuell)]
```

Es ist zu beachten, dass das „label" (die Marke) obligatorisch ist, weil nur so die Unterscheidung von verschiedenen Instanzen des gleichen Modells möglich ist. Wenn die bei der Instanziierung zu verwendende Architektur nicht explizit angegeben wird, dann legt die Norm fest, dass der Simulator die Version der Architektur verwenden muss, die als letzte kompiliert wurde (ob dies tatsächlich auch implementiert ist, hängt vom verwendeten Simulator ab). Die formalen Ports sind in der Spezifikation der Entität festgelegt, die zu dem Modell gehört, das der Instanz zugrunde liegt. Die aktuellen Ports tragen die Namen von lokalen Objekten im übergeordneten Modell, in das die Komponente eingesetzt werden soll. Die Regeln von VHDL-AMS (*scope rules*) erlauben es auch, dieselben Namen für formale und aktuelle Ports zu verwenden.

Ein Objekt muss stets mit seinem vollständigen Namen angesprochen werden. Wenn im folgenden Beispiel die Entität „Nandg" in verschiedenen geöffneten Bibliotheken definiert ist, dann kann man auf die Version aus der Bibliothek RESOURCE_LIB in folgender Weise zugreifen: RESOURCE_LIB.NANDG. Voreingestellt ist die WORK-Library, die dann wie im folgenden Beispiel nicht mehr explizit angegeben zu werden braucht, wenn das Nandg-Modell aus der WORK-Library verwendet werden soll. Soll aus 2 Instanzen des Modells Nandg mit der Entity

```
ENTITY nandg IS
            GENERIC (tp : time := 1 ns);
            PORT (in1, in2 : IN bit; outp : OUT bit);
END ENTITY;
```

das strukturelle Modell „RS" aufgebaut werden, kann dies über folgendes VHDL-Modell geschehen:

```
USE WORK.ALL;
ENTITY RS IS
            PORT (S, R : IN bit; Q, Qb : OUT bit);
END ENTITY;
ARCHITECTURE structural OF RS IS
            SIGNAL n1_out, n2_out : bit;
BEGIN
    nand1 : ENTITY nandg PORT MAP (in1 => S, in2 => n2_out, outp => n1_out);
    nand2 : ENTITY nandg GENERIC MAP (5 ns) PORT MAP (R, n1_out, n2_out);
            Q <= n1_out;
            Qb <= n2_out;
END structural;
```

In den beiden PORT MAP-Anweisungen sind beide Möglichkeiten zur Zuordnung von formalen und aktuelle Ports verwendet worden, die explizite Zuordnung und die Zuordnung nach Position. Bei der expliziten Variante wird der formale Port mittels eines „⇒"-Symbols dem aktuellen zugeordnet (in1 ⇒ S). Bei der Zuordnung nach Position z.B. wird der erste aktuelle Port dem ersten Port in der Portliste der Entity des Modells zugeordnet, das instanziiert werden soll ((S, n2_out, n1_out) statt (in1 => S, in2 => n2_out, outp => n1_out)).

Wenn ein formaler PORT nicht angeschlossen werden soll, kann man dies mit dem Schlüsselwort OPEN in der PORT MAP-Anweisung kennzeichnen, aber nur wenn der formale PORT einen Defaultwert zugewiesen bekommen hat.

Wenn eine Entität vom Simulator elaboriert wird, werden auch die Kompilationsdaten der instanziierten Objekte geprüft. Wenn ein instanziiertes Objekt später kompiliert worden ist als das Objekt, in das es eingesetzt wurde, wird dies als *Warning* angezeigt. Der Anwender muss dann entscheiden, ob er die Kompilierung weiter laufen lässt oder die zeitliche Kohärenz seiner Modellbeschreibung überprüft.

2.10 Vordefinierte Attribute

Ein vordefiniertes *Attribut* ist eine „Funktion" mit spezieller vorgegebener Syntax, die sich auf verschiedene Objekttypen beziehen kann (Wert, Bereich, Signal, Quantity, Funktionen, Typen, Terminals) und die nicht überladen werden darf. Im Folgenden werden die wichtigsten Attribute angegeben. Der Rest der insgesamt 55 in VHDL-AMS vordefinierten Attribute findet sich in Abschnitt 3.13. Außerdem kann jeder Anwender eigene Attribute entwickeln, die Methodik wird in Abschnitt 3.2 erläutert.

In der folgenden Liste bezeichnet A → B ein Attribut, das auf das Objekt A angewendet wird und als Ergebnis das Objekt B liefert. Hinter dem Doppelpunkt steht ein Beispiel.

Array → range : A'**RANGE**

Das RANGE-Attribut gibt den Indexbereich eines Arrays an. Bei der **VARIABLE** A: bit_vector (3 **TO** 7) gibt A'**RANGE** das Ergebnis 3 **TO** 7 aus.

Array → value : A'**LENGTH**

Das LENGTH-Attribut liefert die Größe eines Feldes. Bei der **VARIABLE** A : bit_vector (3 **TO** 7), ist das Ergebis A'**LENGTH** der Wert „5".

Signal → signal : S'**DELAYED(T)**

Dieses Attribut verzögert ein Signal um die Zeit T.

Signal → signal : S'**STABLE(T)**

Hier wird ein Boole'sches Signal erzeugt, das den Wert „wahr" annimmt, wenn das Signal *S* für die Zeit *T* unverändert (stabil) geblieben ist (ansonsten wird „falsch" zurückgegeben).

Signal → signal : S'**QUIET(T)**

Dieses Attribut gibt ein Boole'sches Signal mit dem Wert „wahr" aus, wenn die letzte Transaktion eines Signal *S* länger als die Zeit *T* zurückliegt.

Signal → Funktion : S'**EVENT**

Bei diesem Attribut ergibt sich eine Boole'sche Größe, deren Wert „wahr" wird, wenn im aktuellen Simulationszyklus ein Ereignis auf S stattfindet.

Signal → Funktion : S'**LAST_EVENT**

Dieses Attribut gibt die Zeit zurück, die seit dem letzten Event auf dem Signal *S* vergangen ist.

Signal → Funktion : S'**LAST_VALUE**

Dieses Attribut liefert den Wert, den das Signals *S* vor dem letzten Event angenommen hatte.

Quantity → quantity : Q'**DOT**

Dieses Attribut berechnet die Ableitung der Größe Q nach der Zeit.

Quantity → quantity : Q'**INTEG**

Hier wird das Zeitintegral der Quantity Q vom Start der Simulation zur Zeit „0" bis zur aktuellen Simulationszeit berechnet.

Quantity → signal : Q'**ABOVE(E)**

Dieses Attribut prüft, ob die Quantity *Q* einen Schwellwert *E* überschreitet. Gilt $Q > E$, wird ein Boole'sches Signal mit dem Zustand „wahr" erzeugt, andernfalls nimmt das Signal der Wert „falsch" an.

Nature → terminal : N'**REFERENCE**

Dieses Attribut gibt das Referenzterminal der Nature *N* aus.

Nature → type : N'**ACROSS**

Mit diesem Attribut kann man den Typ **ACROSS** der Nature *N* bestimmen.

Nature → type : N'**THROUGH**

Mit diesem Attribut kann man den Typ **THOUGH** der Nature *N* bestimmen.

Terminal → quantity : T'**CONTRIBUTION**

Hier wird der Beitrag (**THOUGH**) des Terminals *T* zur Knotengleichung ausgegeben.

Terminal → quantity : T'**REFERENCE**

Dieses Attribut bestimmt die Quantity **ACROSS**, die zwischen einem Terminal *T* und der Referenz anliegt.

2.11 Synchronisation des Simulatorkerns

Bei einer gemischt analog/digitalen Simulation sind die digitalen und anlogen Simulationskerne zu synchronisieren. Bei den meisten Werkzeugen erzeugt jeder Kern seine eigene Zeitbasis. Die analoge und die digitale Zeit hängen natürlich voneinander ab, denn ansonsten wäre die zeitliche Kohärenz der Auswertung nicht gewahrt.

Will der digitale Kern auf den analogen einwirken, dann muss ein Event auf einem SIGNAL eine analoge Auswertung auslösen. Da der Zeitschritt der analogen Simulation variabel ist, liegt der Zeitpunkt des digitalen Events für den Analogsimulator nur dann fest, wenn dieser Event einen analogen Simulationspunkt ASP darstellt. Deshalb muss man zum Zeitpunkt des Events die Berechnung eines ASP erzwingen. Die innerhalb von VHDL-AMS dafür vorgesehene Anweisung ist die BREAK-Instruktion. In ihrer einfachsten Form erzwingt diese Anweisung die Bestimmung eines ASP, sobald ein Ereignis auf dem betrachteten SIGNAL *S* stattfindet.

```
BREAK ON S; -- einfache Form
```

In ihrer vollständigen Form ermöglicht die BREAK-Anweisung weitere Verfeinerungen: Die gewünschte Quantity, für die der ASP bestimmt werden soll, kann ausgewählt werden, neue Anfangsbedingungen lassen sich vereinbaren, eine Liste von relevanten Signalen, die dann auf Events überwacht werden, kann angegeben werden. Sogar Bedingungen für die Ausführung des BREAKs können festgelegt werden (siehe Beispiele in diesem Abschnitt und in Abschnitt 3.15). Die Komplexität der Anweisung hat aber zur Folge, dass sie in den aktuell zur Verfügung stehenden Simulatoren nur z.T. unterstützt wird.

```
label: BREAK [[FOR Q1] USE Q2 => expression] [ON S] [WHEN cond];
```

In der anderen Richtung kann der analoge Kerns auf den digitalen Bereich einwirken, wenn eine Quantity einen bestimmten Schwellwert überschreitet. Das oben erwähnte Attribut Q'**ABOVE**(value) erzeugt ein Boole'sches Signal, dessen Zustand mit einem Event von „falsch" nach „wahr" wechselt, wenn der Wert von *Q* die Schwelle *value* überschreitet. Solange *Q* oberhalb von „value" verharrt, bleibt der Zustand der Boole'schen Größe stets „wahr".

Das Beispiel zeigt die gegenseitige Beeinflussung von analogen und digitalen Bereichen:

```
Q'ABOVE(Value);
-- Der Analogteil steuert den digitalen Teil
ARCHITECTURE ideal OF comparator IS
        QUANTITY vin ACROSS vp TO ref;
        BEGIN
        dout <= vin'ABOVE(seuil);
END ARCHITECTURE ideal;
```

```
-- Der digitalen Teil steuert den Analogteil
ARCHITECTURE ideal OF ADC IS
        QUANTITY Vout ACROSS Iout THROUGH tout TO ref;
        BEGIN
        BREAK ON Sin;
             Vout == Sin;
END ARCHITECTURE ideal;
```

2.12 Die Lösbarkeitskriterien

Die analoge Simulation läuft darauf hinaus, ein System von Gleichungen zu jedem Zeitschritt zu lösen. Daher muss sichergestellt sein, dass das Modell genauso viele Unbekannte wie Gleichungen aufweist. Der Entwickler muss alle Lösbarkeitskriterien für seine Modelle erfüllen, die von der Norm vorgegeben sind.

Das Lösbarkeitskriterium

Die Zahl der simultanen Gleichungen (*SG*) muss mit der Anzahl der THROUGH-Quantities (*QT*) zuzüglich der FREE-Quantities (*QF*) und der Interface-Quantities mit Modus OUT (*Qout*) übereinstimmen, abzüglich der Anzahl der Quantities mit Modus OUT in den instanziierten Komponenten (*Qout*(*inst*))

$SG = QT + QF + Qout - Qout(inst)$

Achtung: Dieses Kriterium stellt nicht die *Konvergenz* des Lösungsalgorithmus sicher (CONVERGENCE), die eine dynamische Eigenschaft des gekoppelten Gleichungssystems im Rahmen der verwendeten numerischen Analyseverfahren darstellt.

Dieses Kriterium ist zwar hinreichend, aber lokal nicht notwendig und sogar ziemlich einengend. Während des Normierungsverfahrens sind deshalb andere Vorschläge erarbeitet worden, die aber zu kompliziert und nicht leicht zu automatisieren waren und dem Anwender das Erfassen von komplexen Bedingungen überlassen hätten.

Das Interessante am obigen Kriterium ist, dass seine Gültigkeit lokal sichergestellt werden kann. Man kann also Untersysteme bilden und diese so zusammenfassen, dass jedes von ihnen das Lösbarkeitskriterium erfüllt, ohne eine globale Lösung vorwegzunehmen. Ein Modell, das die Lösbarkeitskriterien nicht erfüllt, kann nicht kompiliert und folglich auch nicht in der Arbeitsbibliothek WORK abgelegt werden.

Ein Beispiel für die Anwendung des Lösbarkeitskriteriums ist das Folgende:

```
ENTITY Vdc IS
        GENERIC (dc : REAL);
        PORT (TERMINAL p, m : electrical);
END ENTITY Vdc;
```

```
ARCHITECTURE Bad OF Vdc IS              -- NICHT kompilierbar
      QUANTITY v ACROSS p TO m;         -- NICHT kompilierbar
          BEGIN                         -- NICHT kompilierbar
          v == 5.0;                     -- NICHT kompilierbar
      END ARCHITECTURE Bad;             -- NICHT kompilierbar

ARCHITECTURE Good OF Vdc IS             -- kompilierbar
QUANTITY v ACROSS i THROUGH p TO m;     -- i dient der Erfüllung
                                        -- des Kriteriums
          BEGIN                         -- und stellt den Strom dar,
          v == 5.0;                     -- der in der Quelle fließt
END ARCHITECTURE Good;
```

2.13 Deklarationsbereiche und Sichtbarkeit der Objekte

Angesichts der Vielzahl der möglichen Konstrukte ist der Anfänger häufig verwirrt und kann die Möglichkeiten und Grenzen bei der Deklaration von Objekten nicht richtig einschätzen. Im Grunde kann man jedes Modell in zwei komplementäre Deklarationsbereiche aufteilen: den *sequentiellen* Bereich und den *nebenläufigen.*

Im **sequentiellen Bereich**, also in den Deklarationsteilen von Prozessen (PROCESS), von Prozeduren (PROCEDURE) und Prozeduralen (PROCEDURAL) können folgende Objekte festgelegt werden:

- Variablen, Konstanten, Typen und Untertypen, Prozeduren, Alias- und Group-Definitionen (siehe 3.2 bzw. 3.3).

Im **nebenläufigen und simultanen Bereich** (Deklarationsteil von Architekturen, Blöcken – siehe 3.4 – und Packages) können wir die folgenden Objekte definieren:

- Signale, Konstanten, Typen und Untertypen, Quantities, Prozeduren, Shared Variables, Komponenten (siehe 3.12) und Terminals.

Die Einschränkungen, die von diesen Regeln auferlegt werden, sind nahe liegend. Man kann aber sogar den gleichen Namen für zwei verschiedene Objekte benutzen, wenn diese nur in verschiedenen Sichtbarkeitsbereichen auftreten oder wenn dies nicht zu Zweideutigkeiten führt (andernfalls wird eine Fehlermeldung beim Kompilieren erzeugt). Beispielsweise können zwei Variable in verschiedenen Prozessen den gleichen Namen tragen.

Bestimmte Schwierigkeiten können aber von den Computerwerkzeugen nicht behoben werden. Zum Beispiel wenn zwei Funktionen (FUNCTIONs) aus zwei zugänglichen Packages den gleichen Namen und den gleichen Typ haben, wählen manche Simulatoren die Funktion, die zuerst gefunden wurde. Wenn ein Typ mehrfach deklariert wird, z.B. lokal und in einem

Package, gibt es Schwierigkeiten. Formal kann man zwar mehrere Objekte gleichen Namens verwenden, aber nur dann, wenn es keine Mehrdeutigkeiten gibt. Bei einigen Werkzeugen werden aber Fehlermeldungen generiert, wenn z.B. ein Port den gleichen Namen trägt wie ein anderes Objekt.

Jedes Objekt ist in allen Bereichen des Modells sichtbar, das auf Ebenen unterhalb seiner Deklaration liegt. Auf alle statischen Objekte, die „oberhalb" der Deklarationsebene definiert sind, kann mittels einer Punktnotation zugegriffen werden:

```
L1 : BLOCK
        SIGNAL A, B : BIT;
        BEGIN
        L2 : BLOCK
             SIGNAL B : BIT;
        BEGIN
             A <= B AFTER 5 ns;
                    -- Bedeutet L1.A <= L2.B
             B <= L1.B AFTER 10 ns;
                    -- Bedeutet L2.B <= L1.B
        END BLOCK;
        B <= A AFTER 15 ns;
                    -- Bedeutet L1.B <= L1.A
END BLOCK;
```

Mit der USE-Anweisung können Definitionen exportiert werden, die

- in einer Bibliothek stehen (**USE** lib.**ALL**),
- in einem Package vereinbart wurden (**USE** lib.target_pack.**ALL**) oder
- zu einem Objekt gehören (**USE** lib.target_pack.object_name).

2.14 Erste Beispiele

2.14.1 Ein kombinatorisches digitales Modell: NAND-Gatter

Dieses Beispiel zeigt ein Modell für ein NAND-Gatter mit generisch vereinbarten Zeiten, die die Signalverzögerung zwischen ansteigenden bzw. abfallenden Flanken am Ausgang in Bezug auf die Eingangssignale angeben. Die erste Architektur verwendet eine (physikalisch falsche) Verzögerungszeit, die als Mittelwert zwischen den Laufzeiten für steigende und fallende Ausgangsflanken berechnet wird, während die zweite Architektur formal korrekte Verzögerungszeiten berücksichtigt.

```
LIBRARY IEEE;
USE ieee.std_logic_1164.ALL;
ENTITY nandg IS
        GENERIC (tplh, tphl : time := 10 ns);
        PORT (SIGNAL inp1, inp2 : IN std_ulogic; outp : OUT std_ulogic);
END;
        -- Architektur mit zeitlichem Mittelwert
LIBRARY IEEE;
USE ieee.math_real.ALL;
ARCHITECTURE beh1 OF nandg IS
BEGIN
        outp <= inp1 NAND inp2 AFTER (tplh + tphl)/2;
END;
        -- Architektur mit tplh und tplhl
ARCHITECTURE beh2 OF nandg IS
BEGIN
        PROCESS
             VARIABLE loc : std_ulogic;
        BEGIN
             WAIT ON inp1, inp2;
             loc := inp1 NAND inp2;
             IF loc = '1' THEN
                 outp <= loc AFTER tplh;
             ELSE
                 outp <= loc AFTER tphl;
             END IF;
        END PROCESS;
END;
```

Wenn in beh2 der Ausgang eine „1“ auf eine „1“ übergibt, nachdem ein Ereignis auf den Eingängen stattgefunden hat, wird kein Event generiert, sondern lediglich eine Transaktion. Die Performance des Simulators wird dadurch nicht verschlechtert.

2.14.2 Ein sequentielles digitales Modell: D-Flip-Flop

Dieses Flip-Flop wird mit zwei Architekturen modelliert, die eine nebenläufige Anweisung bzw. einen Prozess verwenden.

```
LIBRARY IEEE;
USE ieee.std_logic_1164.ALL;
ENTITY bascd IS
        GENERIC (tpd : time := 10 ns);
        PORT (SIGNAL D, CLK : IN std_ulogic; SIGNAL Q : OUT std_ulogic);
END;
```

```
        -- Mit nebenläufiger Zuweisung
LIBRARY IEEE;
USE ieee.math_real.ALL;
ARCHITECTURE beh1 OF bascd IS
BEGIN
        Q <= D AFTER tpd WHEN (CLK'event AND CLK = '1')
            ELSE UNAFFECTED;
            END;
        -- Mit PROCESS-Statement
ARCHITECTURE beh2 OF bascd IS
BEGIN
        PROCESS
        BEGIN
            WAIT UNTIL CLK = '1';
            Q <= D AFTER tpd;
        END PROCESS;
END;
```

2.14.3 Einfache analoge Modelle: Widerstand, Kondensator und Induktivität

Der im Folgenden betrachtete Widerstand hat einen konstanten Wert. Der Wert ist generisch und wird während der Elaboration des Modells festgelegt. Der Default-Wert beträgt 1000,0 (Ohm). Die Definition ist fließend, es wird kein Bezug auf eine Spannungsreferenz genommen. Sie kann folglich nur im Zusammenhang mit einer geeigneten Konfiguration benutzt werden.

Die Modelle für die Kapazität und die Induktivität können leicht aus dem Widerstandsmodell abgeleitet werden. Der einzige Unterschied besteht in der Abänderung der Gleichungen, die Strom und Spannung verknüpfen. Hier sind Ableitungen des Stromes oder der Spannung einzusetzen.

```
LIBRARY Disciplines;
USE Disciplines.electromagnetic_system.ALL;
ENTITY R IS
        GENERIC (R_value : real := 1_000.0);
        PORT (TERMINAL a, b : electrical);
END;
ARCHITECTURE equ OF R IS
        QUANTITY V ACROSS I THROUGH a TO b;
BEGIN
        V == R_value * I;
END;
```

```
LIBRARY Disciplines;
USE Disciplines.electromagnetic_system.ALL;
ENTITY C IS
        GENERIC (C_value : real := 1.0e-6);
        PORT (TERMINAL vp, vm : electrical);
END;
ARCHITECTURE equ OF C IS
QUANTITY V ACROSS I THROUGH vp TO vm;
BEGIN
        I == C_value * V'dot;
END;

LIBRARY Disciplines;
USE Disciplines.electromagnetic_system.ALL;
ENTITY L IS
        GENERIC (L_value : real := 1.0e-3);
        PORT (TERMINAL vp, vm : electrical);
END;
ARCHITECTURE equ OF L IS
        QUANTITY V ACROSS I THROUGH vp TO vm;
BEGIN
        V == L_value * I'dot;
END;
```

2.14.4 Serien- und Parallelschaltung: RLC-Glieder

Im Verhaltensmodell (Entity RLCs, Architektur „equ“) der seriellen Verknüpfung von Widerstand, Induktivität und Kapazität (Entity RPLp für die parallele Verknüpfung) bemerkt man, dass kein Strom definiert wurde, der in allen drei Komponenten fließt. Wenn ein fester Strom aus einem äußeren Netz eingespeist wird, dann ist die Gleichung explizit, andernfalls implizit.

In der strukturellen Architektur (*struct*) werden die Objekte untereinander mit lokalen Terminals verbunden. Die Zuordnung der realen Ports zu den formalen Ports wird dort in der Reihenfolge der Deklaration durchgeführt. Man beachte, dass in der Architektur „struct“ keine Quantity definiert ist.

Die Werte der Komponenten *R*, *L* und *C* sind generisch und werden auf dem Wege der GENERIC MAP Anweisung zugewiesen. Sind im Moment der Instanziierung des RLC-Glieds die Werte für *R*, *L* und *C* noch nicht übergeben worden, werden die Default-Werte verwendet (hier real’LOW) unabhängig von den Defaultwerten, die die Instanzen in ihren zugehörigen Modellen zugewiesen bekommen hatten. Wenn keine GENERIC MAP-Anweisung im strukturellen Modell verwendet worden wäre, bekämen die Instanzen aber die Defaultwerte der zugehörigen Komponenten.

```
LIBRARY Disciplines;
USE Disciplines.electromagnetic_system.ALL;
USE work.ALL;
ENTITY RLCs IS
        GENERIC (Rv, Lv, Cv : real);
        PORT (TERMINAL vp, vm : electrical);
END;
ARCHITECTURE struct OF RLCs IS
        Terminal RC, CL : electrical;
BEGIN
        lab_R : ENTITY R GENERIC MAP (Rv) PORT MAP (vp, RC);
        lab_C : ENTITY C GENERIC MAP (Cv) PORT MAP (RC, CL);
        lab_L : ENTITY L GENERIC MAP (Lv) PORT MAP (CL, vm);
END;

ARCHITECTURE equ OF RLCs IS
        QUANTITY V ACROSS I THROUGH vp TO vm;
BEGIN
        V == Rv * I + Lv * I'dot + I'integ/Cv;
END;

LIBRARY Disciplines;
USE Disciplines.electromagnetic_system.ALL;
USE work.ALL;
ENTITY RLCp IS
        GENERIC (Rv, Lv, Cv : real);
        PORT (TERMINAL vp, vm : electrical);
END;
ARCHITECTURE struct OF RLCp IS
BEGIN
        lab_R : ENTITY R GENERIC MAP (Rv) PORT MAP (b => vm, a => vp);
        lab_C : ENTITY C GENERIC MAP (Cv) PORT MAP (vp, vm);
        lab_L : ENTITY L GENERIC MAP (Lv) PORT MAP (vp => vp, vm => vm);
END;

ARCHITECTURE equ OF RLCp IS
        QUANTITY V ACROSS I1, I2, I3 THROUGH vp to vm;
BEGIN
        V == Rv * I1;
        V == Lv * I2'dot;
        V == I3'integ/Cv;
END;
```

2.14.5 Idealer Sinusgenerator

```
LIBRARY Disciplines;
USE Disciplines.electromagnetic_system.ALL;
ENTITY gene_sinus IS
        GENERIC (Ampl, freq, phase : real);
        PORT (TERMINAL vp, vm : electrical);
END;
LIBRARY ieee;
USE ieee.math_real.ALL;
ARCHITECTURE beh OF gene_sinus IS
        QUANTITY V ACROSS I THROUGH vp TO vm;
-- I als THROUGH Quantity, um das Lösbarkeitskriterium zu erfüllen
BEGIN
        V == Ampl * sin(2.0 * math_pi * freq * NOW + phase);
END;
```

Dieses Modell veranschaulicht den Gebrauch von Terminals, für die eine einzige Quantity definiert ist. Man sieht deutlich, wie die Deklaration des Stromes *I* das Lösbarkeitskriterium sicherstellt, obwohl kein Wert vorgegeben ist. Die Spannungsquelle verhält sich deswegen ideal und die wirksame Spannung ist konstant, genau wie der Ladestrom des Kondensators.

Man kann dieses Model auch mit Ports der Klasse Quantity beschreiben, dann verliert man aber die Übertragbarkeit. Die meisten Tools unterstützen nämlich keine Ports dieser Klasse.

2.14.6 Parametrisierte Diode [DAC99]

Dieses Modell ist zwar nicht funktionsfähig, ist aber ein grundlegendes Beispiel, das in Lehrmaterialien (Tutorials) und Kursen betrachtet wird. Das Ziel ist hier, die im Rahmen von VHDL-AMS möglichen Konstrukte zu präsentieren. Ein Problem bei diesem Modell liegt darin, dass der Ausdruck unter der Wurzel negativ werden kann, wenn nur die Spannung v_j falsch gewählt wird. Wie dieses Beispiel sehr gut zeigt, gibt es in diesem Fall verschiedene Möglichkeiten, die Simulation sinnvoll fort zu setzen. In einer Diode sind zwei Ströme bestimmend, der direkte Strom I_d und der Strom durch die von der Dioden-Sperrschicht gebildete Kapazität I_c:

$$I_c = \frac{d}{dt} Q_c;$$

$$Q_c = \left(tt \cdot I_d - 2 \cdot C_{j0} \cdot \sqrt{v_j^2 - v_j \cdot v_d} \right);$$

$$I_d = I_S \cdot \left(e^{\frac{v_d}{n \cdot v_t}} - 1 \right);$$

$$v_d = v - r_s \cdot I_d .$$

Q_c ist die in der Sperrschichtkapazität C_{j0} gespeicherte Ladung, v_j ist die Diffusionsspannung des pn-Übergangs, r_s bezeichnet den Bahnwiderstand. v_d ist die Spannung die am pn-Übergang anliegt, wenn zwischen Anode und Kathode des Bauelements die Potentialdifferenz v beträgt. I_s steht für den Sättigungssperrstrom und v_t für die Temperaturspannung. *tt* schließlich ist die Diffusionszeitkonstante und *n* ein Korrekturparameter, über den der tatsächliche Verlauf des pn-Übergangs im Bauelement berücksichtigt werden kann.

```
LIBRARY Disciplines;
USE Disciplines.electromagnetic_system.ALL;
library ieee;
USE ieee.math_real.ALL;
ENTITY diode IS
        GENERIC (Iss : real := 1.0e-14; n, af : real := 1.0;
                tt, cjo, vj, rs, kf : real := 0.0);
        PORT (TERMINAL anode, cathode : electrical);
END;
ARCHITECTURE level0 OF diode IS
        QUANTITY vd ACROSS id, ic THROUGH anode TO cathode;
        QUANTITY qc : charge;
        CONSTANT vt : real := 0.0258;
BEGIN
        ic == qc'dot;
        qc == tt * id - 2.0 * cjo * sqrt(vj ** 2 - vj * vd);
        id == iss * exp((vd - rs * id)/(n * vt) - 1.0);
END ARCHITECTURE level0;
```

Das Lösbarkeitskriterium wird über drei simultane Gleichungen, über eine freie Quantity *qc* und zwei Flussgrößen (THROUGH) *id* und *ic* erfüllt. Die beiden Ströme fließen parallel zwischen Anode und Kathode der Diode. Die Summe der beiden Ströme, der Diodenstrom, liegt somit als implizite Größe vor.

2.14.7 Das elektrothermische Modell der parametrisierten Diode [DAC99]

In dieser Version wird das Interface des Modells um einen thermischen Port erweitert, an den man einen Wärmeverbraucher oder eine andere Komponente mit bekanntem thermischen Verhalten anschließen kann. Die beiden zusätzlichen Gleichungen drücken das Dissipationsvermögen und die Abhängigkeit von *vt* von der Temperatur aus. Das Lösbarkeitskriterium wird auch hier immer respektiert, weil eine zusätzliche Fluss- und eine zusätzliche freie Quantity eingeführt worden sind.

```
LIBRARY Disciplines;
USE Disciplines.electromagnetic_system.ALL;
USE Disciplines.thermal_system.ALL;
USE Disciplines.physical_constants.ALL;
LIBRARY ieee;
USE ieee.math_real.ALL;
ENTITY diodth IS
        GENERIC  (Iss : real := 1.0e-14; n, af : real := 1.0;
                tt, cjo, vj, rs, kf : real := 0.0);
        PORT  (TERMINAL anode, cathode : electrical;
              TERMINAL junction : thermal);
END;
ARCHITECTURE level0 OF diodth IS
        QUANTITY Vd ACROSS id, ic THROUGH anode TO cathode;
        QUANTITY temp ACROSS power THROUGH thermal_ground TO junction;
        QUANTITY qc : charge;
        QUANTITY vt : emf; -- Electromagnetic force = Spannung;
BEGIN
        ic == qc'dot;
        qc == tt * id - 2.0 * cjo * sqrt(vj ** 2 - vj * vd);
        id == iss * exp((vd - rs * id)/(n * vt) - 1.0);
        vt == temp * physical_K/physical_Q;
        power == vd * id;
END ARCHITECTURE level0;
```

Das effektive Verhalten des Modells hängt demnach sowohl von seinen elektrischen Verbindungen zu der Außenwelt als auch vom thermischen Verhalten des Ports *junction* ab, der die Aufheizung der Sperrschicht durch die Verlustleistung in der Diode erfasst. Man beachte, dass sich diese Diode ohne Begrenzung aufheizen kann. Wenn dieses Modell verwendet werden soll, um die physikalischen Grenzen eines Bauelements zu untersuchen, sind hier verfeinerte nichtlineare Gleichungen zu verwenden, die die Sperrschichttemperatur begrenzen. Mit ASSERT-Statements könnte außerdem der Anwender des Modells gewarnt werden, wenn bestimmte thermische Grenzwerte überschritten werden.

Man kann auch Modelle schreiben, die nicht nur das ideale Diodenverhalten beschreiben, sondern auch die Untersuchung der Kennlinien für eine zerstörte oder beschädigte Komponente ermöglichen. Dann könnte man die Stromflüsse und deren Aufteilung in einer Schaltung untersuchen, bei der bspw. eine Diode durchgebrochen ist.

2.15 Übungen

2.15.1 Richtig oder falsch?

Entity

1. Ein Modell kann mehrere Entity-Deklarationen besitzen.
2. Im Kern der Entity können Instruktionen verwendet werden.
3. Wenn eine Entity kompiliert ist, kann sie instanziiert werden.
4. Die Spezifikation der Entity kann erst dann kompiliert werden, wenn eine Architektur vorliegt.

Architektur

1. Zu einer Entity gehört immer nur eine Architektur.
2. Der Name der Architektur ist von der Norm festgelegt.
3. Die lokalen Signale dürfen nicht den gleichen Namen haben wie Ports.
4. Man kann Variable in einer Architektur deklarieren.
5. Die Architektur muss auf dem verwendeten Rechner in der gleichen Datei abgespeichert sein wie die zugehörige Entität.
6. Eine Architektur darf nicht alle möglichen Anweisungen enthalten. Anweisungen aus einer der drei möglichen Kategorien sind verboten.

Bibliotheken

1. Der Entwickler muss seine Bibliotheken selbst aktualisieren.
2. Die Bibliotheken enthalten die Entwurfshierarchie.

Literale

1. Graphische Zeichen erlauben es, kleine Zeichnungen in den Quellcodes anzufertigen.
2. VHDL-AMS berücksichtigt die Groß- und Kleinschreibung.
3. Man kann Unterstriche (Underscores) verwenden, um Werte besser lesbar zu machen.

Typen

1. Die starke Typisierung ist eine Randbedingung, die unter bestimmten Umständen aufgehoben werden kann.
2. Alle benutzbaren Typen sind im Simulatorkern bereits definiert.
3. Alle benutzbaren Typen sind in den Packages der Norm bereits definiert.

Aufzählungen und Felder

1. Die ganzen Zahlen sind äquivalent zu einem Aufzählungstyp.
2. Bei jedem Aufzählungstyp ist eine explizite Ordnungsrelation gegeben.
3. Bei der Deklaration eines Feldes ist es nicht notwendig, die Größe festzulegen.
4. Die Felder haben in VHDL-AMS eine dynamische Größe.

Physikalische Typen

1. Für den Typ *Entfernung* kann der Meter die Basiseinheit und Nanometer eine Untereinheit sein.
2. Größen des physikalischen Typs *Gemuese* können addiert werden, z.B. *Karotten* plus *Salat*.

Objektklassen

1. Quantities eignen sich nicht als Ports.
2. Das Signal kann wie eine Quantität verwendet werden, wenn das Signal den Typ REAL bcsitzt.
3. *Terminals* haben immer den Modus OUT.
4. *Quantities* haben keinen Modus.
5. PORT(SIGNAL S : OUT gemuese): Bei dieser Port-Deklaration ist die Klasse „Signal", der Modus „OUT", der Typ „gemuese", der Name „S".

Initialisierung

1. Die Objekte sind nicht initialisiert, dafür muss der Entwickler sorgen.
2. Für den Typ MVL9 (std_ulogic) wird jedes Objekt implizit so initialisiert, dass es den Zustand *nicht-initialisiert* „U" annimmt.
3. Alle Objekte werden in VHDL-AMS auf einfache Art und Weise initialisiert.
4. Die Quantities werden durch die Initialisierung in den Zustand real'LOW versetzt.

Quantities und Terminals

1. Es gibt drei Arten von Quantities: Source-, Zweig- und freie Quantities.
2. Ein Terminal ist stets mit einem Wert verknüpft.
3. Mit einem Terminal kann man Verbindungen zwischen Objekten aus verschiedenen Disziplinen (*Disciplines*) herstellen.
4. Ein Terminal ist stets mit zwei Quantities verknüpft.
5. Die Semantik der Verbindungen kann vom Anwender definiert werden.
6. Zwei Ströme, die zwischen den gleichen Terminals definiert sind, addieren sich.
7. Eine Boole'sche Quantity erlaubt es, logische Tests zu kontinuierlichen Zeiten durchzuführen.

Filterung, Weglassen und Ablehnen bei trägen und nicht trägen Signal-Verzögerungen

1. Einer Zuweisung mit Transport-Verzögerung ist eine feste Verzögerungszeit zugeordnet.
2. Der Mechanismus für die Absorption von Signalwechseln beim INERTIAL-Delay in VHDL'87 gibt die Realität gut wieder.
3. Die Zuweisung mit Inertial-Verzögerung erlaubt es, ein Signal zu verzögern
4. Der Entwickler hat direkten Zugriff auf die Treiber der Signale.

Signalzuweisung

1. Die Signalzuweisung ändert den Wert des Signals.
2. Die automatisch eingefügten Delta-Zeit-Schritte erhalten die Kausalität unter allen Bedingungen.
3. Man kann eine Quantity einem Signal zuweisen.
4. Man kann ein Signal mehrfach aus verschiedenen Prozessen heraus beschreiben.

Die WAIT-Anweisung

1. Die WAIT-Anweisung ermöglicht es, auf eine Betätigung der Tastatur zu warten.
2. Wird eine Anweisung WAIT 3600 s in einem Modell verwendet, dann dauert die Simulation eine Stunde.
3. Man kann ohne das WAIT-Statement auskommen.

Simultane Anweisungen

1. Eine simultane Anweisung wird nur ausgeführt, wenn sich einer der Werte in dieser Anweisung ändert.
2. Man kann bestimmte simultane Anweisungen mit bestimmten Auswahl-Instruktionen gezielt ausblenden.
3. Man darf nur explizite Gleichungen aufstellen, d.h. man muss immer nach der gesuchten Größe auflösen und diese auf die linke Seite der entsprechenden simultanen Anweisung bringen.

Instanziierung

1. Man kann jedes Modell nur einmal als Instanz verwenden
2. Das Label ist eine Verzierung, die auch weggelassen werden kann.
3. Alle Instanzen des gleichen Modells verhalten sich identisch.
4. Man kann Instanzen nur an Ports anschließen.
5. Die Instanziierung unterstützt die Hierarchisierung des Entwurfs.

Nebenläufige Anweisungen

1. Ein Prozess kann einen anderen Prozess enthalten.
2. Einen Prozess kann man mit dem UNIX-Befehl „kill-9 process_id" anhalten.
3. Man darf keinen Prozess während einer Simulation zum Modell hinzufügen.
4. Ein Prozess ohne WAIT-Anweisung läuft schneller und optimiert die Rechenzeit.
5. Die PROCESS-Anweisung ist die einzige nebenläufige Anweisung.
6. Jede nebenläufige Anweisung kann in Form eines Prozesses dargestellt werden.

Lösbarkeit

1. Der Simulator kann für jedes programmierte Gleichungssystem eine Lösung finden.
2. Es genügt, dass alle Ströme bekannt sind, um ein Modell zu lösen.
3. Es ist möglich Quantities einzuführen, die nicht explizit bekannt sind, um das System lösbar zu machen.

Verschiedenes

1. Alle Objekte können über eine Punktnotation angesprochen werden.
2. Die geteilten Variablen (*Shared Variables*) werden extensiv im Rahmen von VHDL-AMS genutzt.
3. Alle Objekte müssen unter allen Umständen deklariert werden.
4. VHDL-AMS ist leicht zu lernen.

2.15.2 RS-Latch

a) Modellieren Sie ein RS-Flip-Flop in einer generischen Verhaltensform mit Priorität, d.h. mit einstellbarem Reset-Verhalten: Ausgänge beide '1' oder beide '0'!
b) Geben Sie das gleiche Modell als strukturelles Modell unter Verwendung von 4 NAND-Gattern an! Die Priorität wird dabei in der Architektur festgelegt.

2.15.3 JK-Flip-Flop

a) Geben Sie das Verhaltensmodell eines flankengesteuerten JK-Flip-Flops an!
b) Verändern Sie das Modell so, dass die Setup- und Hold-Zeit überwacht wird!

2.15.4 Zähler

a) Entwerfen Sie einen 4-Bit Zähler auf Verhaltensebene!
b) Entwickeln Sie ein strukturelles Modell auf Basis der oben erstellen JK-Flip-Flop-Modelle!

2.15.5 Modell eines Widerstands

Versuchen Sie ohne auf die Beispiele aus dem Kapitel zu achten einen Festwiderstand mit generischem Widerstandswert zu modellieren!

2.15.6 Spannungsteiler

a) Erstellen Sie ein Modell eines generischen Spannungsteilers mit einstellbarem Teilerverhältnis!
b) Erweitern Sie das Modell dahingehend, dass die Impedanzen berücksichtigt werden!
c) Verwenden Sie zwei Widerstände in einem strukturellen Modell, um den Teiler zu realisieren!

2.15.7 Spannungsgesteuerter Spannungsteiler

Entwickeln Sie ein Modell auf Verhaltensebene für einen Spannungsteiler, dessen Teilerverhältnis über eine Spannung zwischen 1V und 10V eingestellt werden kann!

2.15.8 PTC-Widerstand

a) Geben Sie ein Modell für einen temperaturabhängigen Widerstand mit positivem Temperaturkoeffizienten (PTC) an!
b) Erweitern Sie das Modell dahingehend, dass in den Widerstand die dissipierte thermische Leistung eingeht.

2.15.9 Transformator

a) Beschreiben Sie einen Transformator für Spannungen in einer Verhaltensform!
b) Geben Sie die Grenzen für den sinnvollen Gebrauch des Modells an!

2.16 Lösungen der Übungen

2.16.1 Richtig oder falsch?

Entity

1. Falsch, denn der Name der Entity-Deklaration legt den Namen des Models fest. Ein Modell wird also anhand einer Kombination aus Entity/Architecture identifiziert.
2. Richtig. Aber es muss sich um passive Anweisungen handeln, d.h. solche, die keine Wertzuweisungen für Signale oder Quantitäten vornehmen.
3. Falsch. Es muss mindestens eine Architektur vorliegen, um ein Modell verwenden zu können.
4. Falsch. Eine Entity-Spezifikation ist für sich alleine kompilierbar. Aber andererseits ist sie nicht brauchbar (also nicht bei der Elaboration eines Modells verwendbar), wenn keine zugehörige Architektur in einer Bibliothek (z.B. WORK) existiert.

Architektur

1. Falsch. Verschiedene Architekturen können einer Entität zugeordnet werden. Bei der Simulation ist aber nur eine bestimmte Architektur für jedes Modell einzusetzen, das die Entität verwendet. Das Modell kann aber mehrfach in ein Gesamtmodell instanziiert und mit unterschiedlichen Architectures assoziiert werden. Dies unterstützt entscheidend die Verwendung verschiedener Abstraktionsebenen im Entwurfsablauf und den zergliedernden Entwurfsstil.
2. Falsch. Vielmehr wird oft struct, beh, one, etc. verwendet. Der Anwender kann Namen wählen, die ihm anschaulich erscheinen.
3. Richtig. Es ist notwendig, dass die Simulationsumgebung ohne Zweideutigkeiten das richtige Objekt auswählen kann. Wenn ein lokales Signal den gleichen Namen trägt wie ein Port, dann ist dies nicht möglich.
4. Falsch (zum Teil). Die Variablen tragen die Information im sequentiellen Bereich und die Architektur setzt sich aus nebenläufigen Anweisungen zusammen. Man kann allerdings geteilte Variablen (Shared Variables) definieren, wenn dies auch nicht ratsam ist.
5. Falsch. Es ist vielmehr davon abzuraten, weil es in der Regel mehr als eine Architektur zu einer Entität gibt. Eine goldene Regel ist es, eine ganze Entwurfseinheit pro Datei abzuspeichern.
6. Falsch. Im Gegenteil, nur dank der Tatsache, dass alle Anweisungen gleichzeitig benutzt werden können, werden die Mehrfachabstraktion, gemischte Systeme und die Entwurfshierarchie möglich.

Bibiotheken

1. Falsch. Der Compiler aktualisiert alle Bibliotheken nach einer erfolgreichen Kompilation. Die Simulationsumgebung stellt die Werkzeuge bereit, die zur Verwaltung der Bibliotheken benötigt werden (insbesondere das Löschen von obsoleten Bibliotheken). Der Anwender wählt die Zielbibliothek aus.

2. Falsch. Die Bibliotheken enthalten die primären Entwurfseinheiten und die zugehörigen sekundären Entwurfseinheiten. Die Entwurfshierarchie wird während der Elaboration des Modells aufgestellt, die vor der Simulation stattfindet.

Literale

1. Falsch. Ein graphisches Zeichen ist ein Zeichen, dass von zwei Backslashs eingerahmt wird (z.B. \a\), dabei wird dann auf die Groß- und Kleinschreibung geachtet. Für graphische Zeichen kann auch ein ansonsten verbotenes Sonderzeichen verwendet werden (\$\).
2. Falsch. Mit Ausnahme der graphischen Zeichen wird im Rahmen von VHDL-AMS nicht zwischen Groß- und Kleinbuchstaben unterschieden.
3. Richtig, mit Ausnahme des ersten Zeichens, des letzten Zeichens und der doppelten Verwendung.

Typen

1. Falsch. Die strenge Typisierung erleichtert die Verifikation und der Fehlererkennung in Modellen.
2. Falsch. Typen können in allen deklarativen Bereichen und in Packages definiert werden.
3. Falsch. Der Anwender kann seine geeigneten Typen selbst definieren.

Aufzählungstypen und Felder

1. Richtig, obwohl nicht als Aufzählungstyp im Standard-Package definiert.
2. Richtig.
3. Richtig. Man muss aber das Symbol box (<>) verwenden. Auf diese Weise kann der Indextyp des Feldes deklariert werden, ohne den Bereich der Indexwerte bei der Objektdeklaration schon einzugrenzen.
4. Falsch. Alle Deklarationen in VHDL-AMS sind statisch, um die typischen Eigenschaft von Hardware nachzubilden. Speicherbereiche in elektronischen Schaltungen ändern ihre Größe während der Funktion auch nicht.

Physikalische Typen

1. Falsch. Die Umrechnungsfaktoren sind ganze Zahlen, die Basiseinheit eines physikalischen Typs ist daher in jedem Fall die kleinste Einheit.
2. Richtig, aber nur wenn für den physikalischen Typ ein Umrechnungsfaktor zwischen Karotten und Salat definiert worden ist (beispielsweise Salat = 3 Karotten).

Objektklassen

1. Falsch. Quantities als Ports sind sehr wichtig für Modelle, die Signalflüsse beschreiben. Die aktuellen Werkzeuge unterstützen diese von der Norm her zulässige Möglichkeit allerdings teilweise nicht. Dies begrenzt die Modellbildung mit verschiedenen Abstraktionsebenen; wenn das gleiche Modell die Impedanzen der Ein/Ausgänge berücksichtigen soll, dann muss man ein Modell mit Terminal-Ports entwickeln. Die Verwendung von Terminals, ohne diesen eine Across- oder Through-Quantity zuzuordnen, ist äquivalent und erlaubt die Mutiabstraktion. Diese Vorgehensweise kann aber zu Problemen mit den Lösbarkeitskriterien führen.

2. Falsch. Signale unterstützen die Modellbildung zu diskreten Zeiten und Ereignissen, während Quantitäten zu kontinuierlichen Zeiten definiert sind. Andererseits kann die Quantity S'RAMP auf jedes Signal *S* vom Typ REAL angewendet werden. Ändert *S* nach einem Event seinen Wert, dann verbindet die Quantity S'RAMP den alten Wert über eine lineare Rampe mit dem neuen.
3. Falsch. Terminals haben keinen Modus, sie stellen Verbindungen zwischen implizit definierten Knoten unter Einhaltung der verallgemeinerten Kirchhoffschen Gesetze dar.
4. Richtig und falsch. Port-Quantities haben in jedem Fall einen Modus, während Quell- oder freie Quantities keinen Modus besitzen.
5. Richtig. Man muss sehr wohl zwischen Klasse, Modus und Typ unterscheiden.

Initialisierung

1. Falsch. Alle Objekte werden automatisch entweder implizit oder nach expliziten Vorgaben initialisiert.
2. Richtig. Der erste Wert dieses Aufzählungstyps ist 'U' und dies steht für nicht initialisiert (*uninitialized*).
3. Richtig. Der Wert, der am weitesten links in der Aufzählung steht, ist die voreingestellte Initialisierung (mit Ausnahme der Quantities, die auf 0,0 gesetzt werden).
4. Falsch. Siehe oben.

Quantity und Terminal

1. Richtig. Die Branch-Quantity ist zwischen zwei Terminals definiert. Die Quell-Quantities und die freien Quantities werden in den Deklarationsbereichen der Architektur definiert und sind nicht mit Terminals verknüpft. Die Port-Quantities tragen keinen Wert (formale Ports) und werden mit freien Quantities assoziiert (realer Port).
2. Falsch. Ein Terminal ist mit einer NATURE verknüpft, die zwei Typen auf der Basis der reellen Zahlen definiert. Diese zwei Typen erlauben es, Verbindungs-Quantities (Branch-Quantities) zu deklarieren. Dies sind Verbindungen zwischen verschiedenen Terminals, wobei die Summe der Flussgrößen sich zu null addieren muss und die Potentialunterschiede aufgeteilt werden.
3. Falsch. Eine Verbindung zwischen Terminals ist nur möglich, wenn die NATUREs identisch sind.
4. Richtig. Das ist genau die Definition einer NATURE. Falsch. Man ist nicht verpflichtet, die beiden Sichtweisen für ein Terminal zu definieren.
5. Falsch. Die Behauptung gilt nicht für Terminals. Man kann immer zwei Quantities einem Port zuordnen: die erste repräsentiert den Strom, die zweite die Spannung und man kann im Modell festlegen, wie diese Objekte zu behandeln sind, obwohl dies ggf. schwierig sein kann und nicht genau den Intentionen der Sprache entspricht.
6. Falsch. Die Summe der Ströme wird implizit auf das Niveau des gemeinsamen Terminals gesetzt.
7. Falsch. Eine Quantität ist immer von einem reellwertigen Typ abgeleitet.

Filterung, Weglassen und Ablehnen

1. Falsch. Transport bedeutet, dass sich alle Änderungen am Eingang auch stets am Ausgang wieder finden, unabhängig von der Verzögerungszeit der Zuweisung.
2. Falsch. Hier wird die Bandbreite als Funktion aus der Verzögerungszeit berechnet, dafür gibt es keine allgemeine physikalische Rechtfertigung.
3. Falsch. Dieser Mechanismus erlaubt es, Ereignisse am Eingang auszufiltern, deren Dauer kürzer ist als ein Zeitwert, der in REJECT definiert ist.
4. Falsch. Hier handelt es sich um einen internen Mechanismus des Simulators. Der einzige Zugang besteht auf dem Wege von Signalzuweisungen. Einige Werkzeuge erlauben mehr oder weniger ausgeprägte Zugriffe auf diese Datenstrukturen.

Signalzuweisung

1. Falsch. Die Signalzuweisung schlägt dem Treiber des Signals eine Transaktion vor. Diese Transaktion wird entweder umgesetzt, wenn ein entsprechendes Ereignis auftritt, oder die Transaktion wird ausgesetzt, wenn es nach den Mechanismen der Filterung, des Weglassens oder der Ablehnung von Transaktionen nötig wird.
2. Richtig, mit Ausnahme einer Zuweisung zur Zeit null.
3. Richtig. Nur der aktuelle Wert wird berücksichtigt, d.h. der Wert der Quantity zum Zeitpunkt der Zuweisung.
4. Falsch. Der Compiler muss dies verhindern und dabei anzeigen, dass eine Zuweisung aus mehreren Quellen stattfinden sollte. Die Aussage ist aber wahr, wenn es sich bei der Zuweisung um einen aufgelösten Typ handelt.

Die WAIT-Anweisung

1. Falsch. Diese Anweisung ermöglicht es, auf ein Ereignis, eine Zeitbedingung oder eine Boole'sche Bedingung zu warten. Richtig, wenn die Simulationsumgebung es zulässt, dass man physikalische Ein-Ausgänge mit Signalen des VHDL-Modells verbindet.
2. Falsch. Die Zeit, die mit dem WAIT-Statement verknüpft ist, ist die Simulationszeit und hat nichts mit der realen Zeit zu tun.
3. Falsch. Dies ist die einzige Anweisung, die es ermöglicht, Prozesse anzuhalten oder zu starten. Richtig, wenn alle in einem Modell verwendeten Modelle die veralteten Sensitivitätslisten verwenden.

Simultane Anweisungen

1. Falsch. Eine simultane Anweisung wird zu jedem analogen Simulationszeitpunkt ausgewertet.
2. Richtig bei Verwendung von IF-USE-Konstrukten.
3. Falsch. Der Lösungsalgorithmus kann auch implizite Ausdrücke (im mathematischen Sinn) verarbeiten.

Instanziierung

1. Falsch. Jedes Modell kann so oft instanziiert werden wie notwendig. Jede Instanz bekommt ihre Identität dank des obligatorischen Labels, ihre Konfiguration über generische

Parameter und die Verbindungen über die Ports. Jede Instanz ist unabhängig von allen anderen Instanzen desselben Modells.
2. Falsch, siehe oben.
3. Falsch, siehe oben.
4. Falsch. Die formalen Ports können mit allen Objekten der gleichen Klasse mit den geeigneten Moden verbunden werden (dabei kann es sich um lokale Objekte oder auch um Ports handeln).
5. Richtig. Dank dieser Mechanismen ist es möglich, eine zergliedernde Hierarchie einzuführen.

Nebenläufige Anweisungen
1. Falsch. Ein Prozess darf nur sequentielle Anweisungen enthalten und ein PROCESS-Statement ist eine nebenläufige Anweisung.
2. Falsch. Man darf VHDL-Prozesse nicht mit UNIX-Prozessen verwechseln.
3. Richtig. Die Zahl der Prozesse wird zum Zeitpunkt der Elaboration des Modells festgelegt. Unter keinen Umständen darf daher die Zahl der Prozesse verändert werden. Ein PROCESS, der von einem WAIT-Statement blockiert wird, ist die ganze Zeit existent, auch wenn er bei der Simulation des Modells keine Rolle spielt. Ein Prozess ist ein Abbild einer Hardware-Komponente. Diese Komponenten tauchen nicht auf oder verschwinden wieder während das System arbeitet.
4. Falsch. Ein Prozess, der kein WAIT-Statement enthält, ist nicht anzuhalten. Dies verhindert, dass die Simulationszeit weiterläuft und blockiert deshalb den Simulator. In diesem speziellen Fall sollte der Simulator zurückgesetzt werden, um mit dieser Ausnahmesituation fertig zu werden.
5. Falsch. Außer der PROCESS-Anweisung gibt es noch die Signalzuweisung, den nebenläufigen Aufruf einer Prozedur, die Instanziierung von Modellen, das Assert-Statement, die BLOCK-Anweisung etc.
6. Richtig. Alle nebenläufigen Anweisungen können als Prozess über sequentielle Anweisungen ausgedrückt oder in solche Anweisungen umgesetzt werden. Für die Instanziierung von Komponenten kann man die BLOCK-Anweisung verwenden.

Lösbarkeit
1. Falsch. Die Lösbarkeitskriterien müssen berücksichtigt werden. Auch dann kann die Lösung noch schwierig sein, wird aber unmöglich, wenn das System schlecht definiert ist, also wenn die Startwerte für die Simulation ungünstig gewählt werden.
2. Falsch, siehe die Lösbarkeitskriterien.
3. Richtig, siehe das Beispiel der idealen Spannungsquelle.

Verschiedenes
1. Richtig, obwohl diese Möglichkeit selten verwendet wird und nicht leicht portierbar ist.
2. Falsch. Dies ist verheerend und die Modelle zeigen, wie in diesem Kapitel dargelegt, u.U. ein zufälliges Verhalten. Der Gebrauch der geteilten Variablen sollte also nur in Ausnahmefällen erfolgen.

3. Falsch. Einige Objekte gibt es nur im sequentiellen Bereich (Variable) andere nur im nebenläufigen Bereich (Signale, Quantitäten).
4. Richtig und falsch. Da die verfügbaren Werkzeuge derzeit nur eine Untermenge der Sprache unterstützen entsteht leicht ein falsches Bild der tatsächlichen Möglichkeiten. Hat der Anfänger aber mehr Erfahrung und hat er die allgemeinen Konzepte erfasst, wird es viel Freude machen, leistungsfähige und kompakte Modelle zu entwerfen.

2.16.2 RS-Latch

a)

```
LIBRARY IEEE;
USE ieee.std_logic_1164.ALL;
ENTITY RS IS
        GENERIC (Priority : std_ulogic := '0');
        PORT (SIGNAL R, S : IN std_ulogic; Q, Qb : OUT std_ulogic);
             BEGIN
             -- Die Bedingungen der Anwendung werden mit ASSERT- Statements
             -- überwacht und zwar für jeden Zustandswechsel (Event)
             -- der Signale R und S
             ASSERT not(R = '1' or R = '0')
                REPORT "Nicht definierter Wert auf R";
                SEVERITY error;
             ASSERT not(S = '0' or S = '1')
                REPORT " Nicht definierter Wert auf S";
                SEVERITY error;
END;
-- Architektur auf Verhaltensebene
LIBRARY IEEE;
USE ieee.std_logic_1164.ALL;
ARCHITECTURE beh OF RS IS
BEGIN
        Mem : PROCESS
             BEGIN
                WAIT on R, S;
                  IF R /= S THEN Qb <= S; Q <= R;
                  ELSIF R = '1' THEN
                       CASE priority IS
                        WHEN '1' | '0' => Qb <= priority; Q <= priority;
                        WHEN OTHERS => NULL;     -- Ohne Priorität soll nichts
                                                  -- geändert werden
                       END CASE;
                  END IF;
        END PROCESS;
END;
```

Man beachte, dass im obigen Modell der Fall R = 0 und S = 0 nicht behandelt wurde. Sind beide Signale bei einem RS-Flip-Flop auf „0“, dann bedeutet das in der Regel, dass die gespeicherten Daten gehalten werden sollen. In VHDL-AMS werden aber generell alle Daten, auf die nicht zugegriffen wird, nicht verändert. Das entspricht genau dem gewünschten Verhalten.

b)

Hier geht man davon aus, dass ein Modell für das NAND-Gatter mit der Architektur BEH kompiliert in der Bibliothek WORK vorliegt. Man muss die Zwischensignale QS und QR verwenden, weil die Ports „Q“ und „Qb“ der Entity „RS“ den Modus OUT aufweisen und deshalb von der Architektur nicht gelesen werden können und sich folglich auch nicht als interne Knoten eignen.

```
-- Strukturelle Architektur
LIBRARY IEEE;
USE ieee.std_logic_1164.ALL;
USE work.ALL;
ARCHITECTURE struct OF RS IS
        -- Signale, um lokal die internen Knoten anzuschließen
        SIGNAL RB, SB, QS, QR : std_ulogic;
BEGIN
        Gate1 : ENTITY nandg(beh) PORT MAP (R, R, RB);
        Gate2 : ENTITY nandg(beh) PORT MAP (S, S, SB);
        Gate3 : ENTITY nandg(beh) PORT MAP (SB, QR, QS);
        Gate4 : ENTITY nandg(beh) PORT MAP (RB, QS, QR);
        Q <= QS;
        Qb <= QR;
END;
```

2.16.3 JK-Flip-Flop

a)

```
LIBRARY IEEE;
USE ieee.std_logic_1164.ALL;
ENTITY JKedge IS
        PORT (SIGNAL J, K, CLK : IN std_ulogic;
             SIGNAL Q : OUT std_ulogic);
END;
```

```
ARCHITECTURE beh OF JKedge IS
        SIGNAL Qloc : std_ulogic := '0';
BEGIN
        JKBASC : PROCESS
        BEGIN
             WAIT UNTIL CLK = '1'; -- Detektion der Taktflanke
             IF not(j = '0' OR k = '0' OR j = '1' OR k = '1') THEN
                Q <= 'U';
                REPORT "Falscher Gebrauch" SEVERITY Error;
             ELSIF j = '1' and K = '1' THEN              -- Toggle
                Qloc <= NOT Qloc;
             ELSIF J/= K THEN
                Qloc <= NOT K;    -- Set/Reset
             END IF;
             Q <= Qloc;
        END PROCESS;
END;
```

b)

Es genügt, die folgenden beiden Prozesse hinzuzufügen. Im nächsten Kapitel wird man sehen, dass man diese nebenläufigen Anweisungen weglassen kann, um die Rechenzeit auf automatische Weise zu optimieren, wenn man nicht mehr im DEBUG-Modus ist (GENERATE-Anweisung).

Wird das Attribut last_event auf das Signal *S* angewendet, so ergibt dies die Verzögerungszeit zwischen der aktuellen Simulationszeit und dem Zeitpunkt des letzten Events auf *S*. Man beachte, dass die ASSERT-Anweisung immer dann ausgeführt wird, wenn die Boole'sche Bedingung nicht erfüllt, also „falsch" ist.

```
Chk_setup : PROCESS
        WAIT ON clk = '1';
        ASSERT not(K'last_event < tsetup)
             REPORT "SETUP VERLETZT";
             SEVERITY ERROR;
        ASSERT not(J'last_event < tsetup)
             REPORT "SETUP VERLETZT";
             SEVERITY ERROR;
END PROCESS;
Chk_hold : PROCESS
        WAIT ON J, K;
        ASSERT not(clk'last_event < thold)
             REPORT "HOLD VERLETZT";
             SEVERITY ERROR;
END PROCESS;
```

2.16.4 Zähler

a)

Da das Lastenheft keine genauen Angaben über den Datentyp macht, der für die Ports verwendet werden soll, vereinbaren wir, ein Zählermodell zu entwickeln, das ganze Zahlen (Integer) benutzt. Im Fall, dass man am Ausgang einen Bitvektor oder einen Vektor mit Komponenten der 9-wertigen Logik (std_ulogic) haben möchte, genügt es, zur Typkonversion eine Funktion aus den Packages der Standard-Bibliotheken einzufügen. Dieser Zähler ist sehr einfach aufgebaut und wird automatisch mit dem Wert „0“ initialisiert.

```
LIBRARY IEEE;
USE ieee.std_logic_1164.ALL;
ENTITY Count_int IS
            PORT (SIGNAL CLK : IN std_ulogic;
               SIGNAL Q : OUT integer);
END;
ARCHITECTURE very_simple OF Count_int IS
BEGIN
            Count : PROCESS
            VARIABLE Qloc : integer := 0;
            BEGIN
               WAIT UNTIL clk = '1' AND clk'LAST_VALUE = '0';
               Qloc := Qloc + 1 MOD 16;
            END PROCESS;
            Q <= Qloc;
END;
```

In diesem Modell wird die Bedingung zur Überwachung des Taktes dahingehend erweitert, dass auf „unsaubere“ Taktflanken nicht reagiert wird, d.h. auf Übergänge die nicht vom Typ „0“ auf „1“, sondern z.B. von „Z“ nach „1“, von H nach „1“ etc.

Der Modulo-Operator ermöglicht es, mit geringem Aufwand einen zyklischen binären Zähler zu beschreiben, der von dezimal „0“ bis „15“ zählt, was einer internen Wortbreite des Zählers von 4 Bit entspricht.

b)

```
LIBRARY IEEE;
USE ieee.std_logic_1164.ALL;
USE work.ALL;
ENTITY Count_bit IS
        PORT (SIGNAL CLK : IN std_ulogic;
              SIGNAL Q : OUT std_ulogic_vector(0 to 3)); -- LSB am Anfang
END;
```

```
ARCHITECTURE struct OF Count_bit IS
        -- Lokale Signale zum Anschluss der internen Knoten
SIGNAL Q0, Q1, Q2, Q3, Q01, Q012 : std_ulogic;
SIGNAL one : std_ulogic := '1';
BEGIN
        JK0 : ENTITY JKedge(beh) PORT MAP (one, one, CLK, Q0);
        JK1 : ENTITY Jkedge(beh) PORT MAP (Q0, Q0, CLK, Q1);
        JK2 : ENTITY Jkedge(beh) PORT MAP (Q01, Q01, CLK, Q2);
        JK3 : ENTITY JKedge(beh) PORT MAP (Q012, Q012, CLK, Q3);
        Q01 <= Q0 and Q1;
        Q012 <= Q01 and Q2;
        Q <= (Q0, Q1, Q2, Q3);  --Zuweisung als Aggregat
END;
```

2.16.5 Modell eines Widerstands

Siehe Beispiel in Abschnitt 3.14.3.

2.16.6 Spannungsteiler

a)

```
LIBRARY DISCIPLINES;
USE DISCIPLINES.electromagnetic_system.ALL;
ENTITY div_tension IS
        -- Mit N als Multiplikationsfaktor (= 1/Teilfaktor)
        GENERIC (N : real := 0.5; Rtotal : real := 1_000.0);
        PORT (TERMINAL tin, tout, tcom : electrical);
BEGIN
        -- Diese Abprüfungen werden nur ein einziges Mal ausgeführt, weil in der
        -- auszuwertenden Bedingung kein Signal auftritt.
        ASSERT not(N > 1.0)
            REPORT "falscher Wert für das Teilerverhältnis";
        ASSERT not(N < 0.0)
            REPORT "falscher Wert für das Teilerverhältnis";
END;
ARCHITECTURE simple OF div_tension IS
QUANTITY Vin ACROSS Iout THROUGH tin TO tcom;
        QUANTITY Vout ACROSS tout TO tcom;
BEGIN
        Vout == Vin/N;
END;
```

Dieses Modell ist nicht reziprok, also umkehrbar, wenn die Gleichung als implizite Funktion aufgefasst wird. Würde nämlich „Vout“ statt „Vin“ vorgegeben, dann führt dies zur Gleichung Vin = N*Vout, die im Falle eines Spannungsteilers physikalisch nicht zu realisieren ist. Um dieses Problem zu beheben, ist es nötig, die Quantities über Ports zu führen („Vin“ mit dem Modus IN und „Vout“ mit dem Modus OUT). Dadurch verliert das Modell aber an Allgemeinheit und kann eventuell nicht mehr im zweiten oder dritten Punkt dieser Frage verwendet werden. Eine andere Lösung wäre sicherzustellen, dass „Vin“ mit einer Ladungsquelle verbunden ist und dass der Strom, der der aufgenommenen Ladung entspricht, über das Terminal „tout“ („iout“ negativ) abgeführt wird. Aber das Verhalten von kapazitiv gespeicherten Ladungen ist schwer vorherzusehen. Demzufolge ist es günstiger ein verfeinertes Modell zu verwenden, das die Impedanzen berücksichtigt (siehe (b)).

b)

Im Prinzip programmiert man direkt die Gleichungen der Schaltung. Das Kirchhoff-Gesetz muss dabei explizit angegeben werden, wenn man kein Terminal verwendet. Im ersten Beispiel (Architektur „simple_and_resistor“) berücksichtigt man die Spannungen am gemeinsamen Knoten und zwischen jedem Terminal. Im zweiten Beispiel (Architektur „autre_simple_and_resistor“) gibt man intern die Spannungen an den Anschlussklemmen von jedem Widerstand explizit an, was die Gleichungen vereinfacht.

```
ARCHITECTURE simple_and_resistor OF div_tension IS
        QUANTITY Vin ACROSS Iin THROUGH tin TO tcom;
        QUANTITY Vout ACROSS Iout THROUGH tout TO tcom;
BEGIN
        Vin == Vout + (1.0 - N) * Rtotal * Iin;
        Vout == N * Rtotal * (Iin + Iout);
END;
ARCHITECTURE autre_simple_and_resistor OF div_tension IS
        -- Achtung : andere Definition der externen Spannung
        --  zwischen tin und tcom liegt VR1 + VR2
        QUANTITY VR1 ACROSS IR1 THROUGH tin TO tout;
        QUANTITY VR2 ACROSS IR2 THROUGH tout TO tcom;
BEGIN
        VR1 == (1.0 - N) * Rtotal * IR1;
        VR2 == N * Rtotal * IR2;
END;
```

Die Impedanzen, die vom Ausgang aus gesehen werden, werden automatisch über die Aufteilung der Ströme berechnet.

c)

```
USE work.ALL;
ARCHITECTURE struct1 OF Div_tension IS
BEGIN
        -- N liegt zwischen 0.0 und 1.0
        R1 : ENTITY R(equ)
             GENERIC MAP ((1.0 - N) * Rtotal)
             PORT MAP (tin, tout);
        R2 : ENTITY R(equ)
             GENERIC MAP (N * Rtotal)
             PORT MAP (tout, tcom);
END;
```

2.16.7 Spannungsgesteuerter Spannungsteiler

```
LIBRARY DISCIPLINES;
USE DISCIPLINES.electromagnetic_system.all;
ENTITY div_pot IS
        PORT (TERMINAL tin, tout, tcom : electrical; QUANTITY Vdiv : IN real);
END;
ARCHITECTURE simple OF div_pot IS
        QUANTITY Vin ACROSS tin TO tcom;
        QUANTITY Vout ACROSS tout TO tcom;
BEGIN
        Vout == Vin/Vdiv;
        PROCESS
        BEGIN
            WAIT ON Vdiv'above(1.0), Vdiv'above(10.0);
            ASSERT Vdiv'above(1.0)
                REPORT "VDIV zu schwach";
            ASSERT not Vdiv'above(10.0)
                REPORT "VDIV zu stark";
        END PROCESS;
END;
```

In diesem Fall ist man, wie bei der Lösung des Beispiels 2.16.6, im Verhaltensbereich. Die obigen Anmerkungen gelten also auch hier. Man beachte, dass der Teilerfaktor über eine Quantität umgesetzt wird und sich daher bei jedem Rechenschritt ändern kann (was die Effektivität der Berechnung herabsetzt), während im Beispiel 2.16.6 der Teilerfaktor über eine generische Konstante realisiert wurde, die nach der Elaboration des Modells festliegt. Das Interessante an diesem Modell ist, dass der Wert von „Vdiv“ von einem anderen Modell vorgegeben werden kann.

Aufgrund der Verwendung einer Quantity und keines Terminal ist es, nebenbei bemerkt, nicht möglich, die Impedanz am entsprechenden Eingang zu bestimmen.

Die Lösungen des vorherigen Beispiels können im Übrigen leicht so modifiziert werden, dass der Faktor *N* nicht mehr durch eine generische Konstante, sondern durch eine Quantity repräsentiert wird. Dann kann man das resultierende Modell als Potentiometer verwenden.

2.16.8 PTC-Widerstand

a)

```
LIBRARY DISCIPLINES;
USE DISCIPLINES.electromagnetic_system.ALL;
USE DISCIPLINES.thermal_system.all;
ENTITY CTP IS
        GENERIC (R_value_zero_degre_C : real := 1_000.0; R_coeff : real := 0.0);
        PORT (TERMINAL a, b : electrical; TERMINAL therm : thermal);
END;
ARCHITECTURE simple OF CTP IS
        QUANTITY V ACROSS I THROUGH a TO b;
        QUANTITY temp ACROSS therm;
BEGIN
        V == R_value_zero_degre_C * (1.0 + R_coeff * temp) * I;
END;
```

Da der Widerstand mit der thermischen Umgebung verbunden ist, ändert sich sein Wert mit der äußeren Temperatur, obwohl im Modell keine Wärmekapazität berücksichtigt wurde. In diesem Modell ist der Strom, der durch den Widerstand fließt, beliebig. Im folgenden Modell gehen in die Änderung des Widerstands sowohl die externe Temperatur wie auch die im Widerstand dissipierte Leistung ein.

b)

```
ARCHITECTURE non_ideal OF CTP IS
        QUANTITY V ACROSS I THROUGH a TO b;
        QUANTITY temp ACROSS power THROUGH therm;
BEGIN
        V == R_value_zero_degre_C * (1.0 + R_coeff * temp) * I;
        Power == V * I;
END;
```

2.16.9 Transformator

a)

```
LIBRARY DISCIPLINES;
USE DISCIPLINES.electromagnetic_system.all;
ENTITY transfo IS
        GENERIC (N : real := 1.0);
        PORT (TERMINAL tpa, tpb, tsa, tsb : electrical);
END;
ARCHITECTURE perfect OF transfo IS
        QUANTITY V1 ACROSS I1 THROUGH tpa TO tpb;
        QUANTITY V2 ACROSS I2 THROUGH tsa TO tsb;
BEGIN
        V1 == N * V2;
        I2 == (1.0/N) * I1;
END;
```

b)

Im obigen Transformatormodell ist davon ausgegangen worden, dass die Signale sinusförmig oder fast sinusförmig verlaufen und folglich mit Effektivwerten gerechnet werden kann. In den Modellgleichungen sind die Beziehungen zwischen Spannungen und Strömen zeitlich unverzögert gültig, was bei einem realen Transformator, bei dem sich die vorgegebenen Spannungs- und Stromwerte beliebig verändern können, nicht der Fall ist. Um einen Transformator mit einem Modell nachzubilden, das näher an der Realität liegt, ist es nötig zunächst das Frequenzverhalten zu erfassen und erst in zweiter Linie das lineare und das nicht lineare magnetischen Verhalten. Im augenblicklichen Zustand stellt das Modell einen Transformator dar, der auch bei Gleichstrom funktioniert (!) und Wechselströme bis zu beliebig hohen Frequenzen verarbeiten kann. Beides ist natürlich nicht möglich. Wenn man das Anwendungsfeld dieses Modells aber mit Überlegung wählt, kann man es trotzdem verwenden.

3 Weiterführende Funktionen von VHDL-AMS

3.1 Was zu erklären bleibt

Im vorherigen Kapitel haben wir uns mit den grundlegenden Konzepten der Sprache beschäftigt. Nun gehen wir in drei Richtungen weiter:

Verbleibende Instruktionen:

`Alias, attribute, block, disconnect, function, generate, group, procedure, component.`

Genauere Angaben über die Instruktionen:

`Postponed, guarded, buffer, bus, pure, impure, register, return, tolerance, limit, noise, spectrum.`

Andere Entwurfseinheiten:

`Package, (package) body, configuration.`

Wir vervollständigen außerdem die Vorstellung der Attribute und geben den Inhalt der Standard Packages an. Wir sprechen auch über den Teil der Norm, der festlegt wie Modelle mit einem Simulator zu behandeln sind, und gehen auf den charakteristischen Zyklus Kompilierung, Elaborierung und Simulation ein.

3.2 ALIAS und selbstdefinierte ATTRIBUTe

Mit der ALIAS-Anweisung können Objekte umbenannt werden (Konstanten, Variable, Signale, Quantities, Terminals), falls dies für eine einfache und verständliche Modellierung nützlich ist. Die ALIAS-Anweisung muss sich in einem deklarativen Bereich befinden:

```
ALIAS neuer_name : typ_oder_subtyp IS name_des_objekts;
```

Beispiele:

```
VARIABLE s_m : bit_vector(7 DOWNTO 0);
ALIAS sign : bit IS s_m(7);
ALIAS module : bit_vector(0 to 6) IS s_m(6 DOWNTO 0);
ALIAS STD_BIT IS STD.STANDARD.BIT;
```

Die Firma LEDA bietet im Übrigen ein Programm zur Verschlüsselung von VHDL-Quellcodes an, das auf wiederholter Anwendung von ALIAS-Anweisungen beruht. Das verschlüsselte VHDL-Modell ist dann für Menschen nicht mehr lesbar, bleibt aber für Simulatoren kompilierbar.

Der Anwender kann auch Attribute selbst definieren. Im Gegensatz zu den vielfältigen Eigenschaften der vordefinierten Attribute, dürfen sich die vom Anwender festgelegten Attribute nur auf konstante Eigenschaften von Objekten beziehen. Die Elemente, denen Attribute zugeordnet werden können, müssen aus einer der Klassen ENTITY, ARCHITECTURE, CONFIGURATION, PROCEDURE, FUNCTION, PACKAGE, TYPE, SUBTYPE, CONSTANT, SIGNAL, VARIABLE, QUANTITY, TERMINAL, NATURE, SUBNATURE, COMPONENT, LABEL, GROUP, FILE, UNITS sein. Alle Attributdefinitionen stehen in deklarativen Bereichen.

```
ATTRIBUTE num_pin, wert: integer -- Deklaration
ATTRIBUTE num_pin OF vcc: SIGNAL IS 14; -- Spezifikation
ATTRIBUTE num_pin OF OTHERS : SIGNAL IS 0;
```

Die erste Anweisung deklariert die Attribute num_pin und wert und legt fest, dass diese Attribute bei Anwendung Werte des Typs INTEGER liefern. Die Zuordnung eines Attributs zu einem bestimmten VHDL-Element erfolgt in der Attribut-Spezifikation, hier die zweite Anweisung. Um ein selbstdefiniertes Attribut auch benutzen zu können, greift man in der gleichen Weise wie bei den vordefinierten Attributen über den Namen des VHDL-Elements gefolgt von einem Apostroph und dem Namen des Attributs zu. Daher ergibt „vcc'num_pin" die Zahl „14" und „x'num_pin" den Wert „0", wenn „x" ungleich „vcc" ist.

Um zwischen überladenen Aufzählungstypen zu unterscheiden (siehe Abschnitt 3.6 für Unterprogramme), wird ein Signaturmechanismus eingesetzt, der es ermöglicht, den Prototyp des relevanten Objektes zuzuordnen (die eckigen Klammern im folgenden Syntaxbeispiel).

```
ATTRIBUTE Mapping OF JMP [RETURN OpCod] : LITERAL "001";
ALIAS GOTO IS JMP[RETURN OpCod];
```

Das Attribut Mapping bezieht sich nur auf das Literal JMP, das zum Aufzählungstyp OpCod gehört und den Wert „001“ aufweist. Wenn JMP bei einem anderen Aufzählungstypen auftritt, dann wird dieser nicht mit dem Attribut Mapping „ausgezeichnet“ (das ist der Begriff, den die Norm verwendet). Außerdem kann das Literal JMP vom Typ OpCod durch das Literal GOTO ersetzt werden.

3.3 GROUP

Die Norm bietet eine Anweisung an, mit der man Objekte in Gruppen zusammenfassen kann, die über einen gemeinsamen Namen angesprochen werden können. In der Norm ist zwar beschrieben, wie die Struktur einer Gruppe vorgegeben werden kann, aber es findet sich kein Hinweis auf mögliche sinnvolle Verwendungen von GROUPs.

Deklaration der Struktur einer Gruppe (*group template*)

Diese Deklaration definiert die Objektklassen, aus denen Gruppenelemente benannt werden können.

```
GROUP pin2pin IS (signal, signal);          -- Eine Gruppe mit zwei Signalen als
                                            -- möglichen Gruppenelementen

GROUP resource IS (label <>);               -- Eine Gruppe von Marken (labels),
                                            -- deren Anzahl nicht beschränkt ist

GROUP diff_c IS (group <>);                 -- Eine Gruppe von Gruppen, deren Anzahl
                                            -- nicht beschränkt ist
```

Deklaration einer Gruppe

Hier wird eine Gruppe über die Angabe des „group templates“ und der Gruppenelemente aus den zugelassenen Klassen definiert.

```
GROUP G1 : resource(L1, L2);                -- Die Gruppe G1 enthält die Marken L1
                                            -- und L2

GROUP G2 : resource(L1, L2, L3);            -- Die Gruppe G1 enthält die Marken L1
                                            -- bis L3

GROUP C2Q : pin2pin(Project.Global.CK, Q);  -- Die Gruppe C2Q fasst Elemente aus
                                            -- unterschiedlichen Modellbereichen
                                            -- zusammen

GROUP SetG : diff_c(G1, G3);                -- Eine Gruppe, die aus den Gruppen G1
                                            -- und G3 besteht
```

3.4 BLOCK

Diese Konstruktion dient dazu, nebenläufige oder simultane Instruktionen im gleichen Definitionsbereich zusammenzufassen und deren Ausführung über eine Boole'sche Bedingung zu steuern. Mit dieser Überwachungsbedingung wird ein Signal erzeugt, das implizit den Namen GUARD zugewiesen bekommt. Es werden dann diejenigen Anweisungen im Block, die das Schlüsselwort GUARDED enthalten, nur dann ausgeführt, wenn das GUARD-Signal des Blocks den Wert „wahr“ aufweist.

In Blöcken können generische Parameter verwendet werden, wie auch Ports, die aber sofort über das PORT MAP-Statement zugeordnet werden müssen. Wenn eine Architektur BLOCK-Anweisungen enthält, dann muss dies auch in CONFIGURATION-Anweisungen (siehe 3.12) berücksichtigt werden. Blöcke können verschachtelt werden.

```
label: BLOCK [GUARD Bedingung][IS]    -- Boole'sche Bedingung
        [GENERICs und PORTs]
        [lokale Deklarationen ohne Variable]
BEGIN
        {Nebenläufige oder simultane Anweisungen}
END BLOCK [label];
block1 : BLOCK clock'event and clk = '1';  -- Boole'sche Bedingung
BEGIN
        a <= GUARDED b after 3 ns;
        c <= GUARDED d;
END BLOCK block1;
```

3.5 GENERATE

Mit dieser Anweisung kann VHDL-AMS-Quellcode iterativ oder bedingt automatisch erstellt werden. Wird z.B. ein strukturelles Modell eines generischen N-Bit-Schieberegisters, Zählers oder Addierers benötigt, die aus einer vorab unbekannten Zahl *N* von Flip-Flops oder Volladdierern aufgebaut werden sollen, dann kann man das Generate-Statement sehr effizient einsetzen. Jede generierte Anweisung bekommt ein implizites Label bei der Elaboration zugewiesen. GENERATE-Anweisungen können verschachtelt werden. Die bedingte und die iterative Version der Generate-Anweisung haben folgende Form:

```
label : IF cond_bool GENERATE
   {nebenläufige oder simultane Anweisungen/ Instanziierung}
END GENERATE [label];

label : FOR identif IN intervalle GENERATE
   {nebenläufige oder simultane Anweisungen/ Instanziierung}
END GENERATE [label];
```

Als Beispiel betrachten wir die automatische Instanziierung von N Flip-Flops in einem Schieberegister. Das VHDL-Modell ist im Folgenden in Auszügen dargestellt:

```
Loc(0) <= input;
Shf_R : FOR i IN 1 to N GENERATE
    Basc : ENTITY bascd(beh) PORT MAP (loc(i - 1), loc(i));
END GENERATE Shf_R;
Output <= loc(N);
...
```

Als Nächstes instanziieren wir *N* Addierer, wobei die Zahl *N* eine beim Kompilieren noch nicht festgelegte generische Größe sein soll:

```
ENTITY adderN IS
        GENERIC (N : integer := 16);
        PORT (a, b : IN bit_vector(N DOWNTO 1);
                cin : IN bit;
                sum : OUT bit_vector(N DOWNTO 1);
                cout : OUT bit);
END adderN;
ARCHITECTURE structural OF adderN IS
        COMPONENT adder
            PORT (a, b, cin : IN bit; sum, cout : OUT bit);
        END COMPONENT;
        SIGNAL carry : std_logic_vector(0 TO N);
BEGIN
        carry(0) <= cin;
        gen : FOR I IN 1 TO N GENERATE
            add : adder PORT MAP (a(I), b(I), carry(I - 1), sum(I), carry(I));
        END GENERATE;
        cout <= carry(N);
END structural;
```

3.6 Unterprogramme: Funktionen und Prozeduren

VHDL-AMS bietet wie alle modernen Sprachen die Möglichkeit, Unterprogramme zu definieren. Unterprogramme fassen Algorithmen in wiederverwendbaren Strukturen zusammen. Unterprogramme in VHDL-AMS dürfen nur sequentielle Anweisungen verwenden und man unterscheidet Prozeduren (PROCEDUREs), die Parameter verändern dürfen, die beim Aufruf übergeben werden, und Funktionen (FUNCTIONs), bei denen dies nicht erlaubt ist und die nur einen Wert zurückgeben. Funktionen können in VHDL wie parametrisierbare Variablen verwendet werden.

Eine Funktion wird als „eindeutig" (PURE) bezeichnet, wenn diese immer dann dieselben Werte liefert, wenn sie mit denselben Parameterwerten aufgerufen wird. Ein Beispiel wäre die Sinusfunktion (SIN(X) aus dem math_real-Package). Die Funktionen NOW und FREQUENCY, die die aktuelle Simulationszeit bzw. die augenblickliche Frequenz zurückgeben, sind hingegen nicht eindeutig (IMPURE), da ihr Rückgabewert vom Zeitpunkt des Aufrufs abhängt. Der Anwender muss durch einen Zusatz in der Funktionsdeklaration klarstellen, ob es sich um eine ein- oder eine mehrdeutige Funktion handelt. Es ist ein Fehler, eine eindeutige Funktion zu deklarieren, deren Verhalten „impure“ ist. Per Voreinstellung sind alle Funktionen eindeutig (pure).

Die Definition eines Unterprogramms zerfällt in zwei Teile: die Deklaration und die Spezifikation. Dies ermöglicht es, den „Prototyp“ einer Prozedur über die Deklaration zu exportieren, ohne dabei ihren effektiven funktionalen Aufbau preiszugeben. Wenn eine Prozedur nicht in einem Package definiert ist, dann müssen die Deklaration und die Spezifikation gleichzeitig erfolgen. Die Deklaration als Prototyp von Unterprogrammen hat folgenden Aufbau:

```
deklaration ::= PROCEDURE proc1({Parameterliste}); |
           [PURE | IMPURE] FUNCTION func1({Parameterliste}) RETURN type;
Parameter ::= Klasse {Name} : [mode] type [:= default_wert] ;
```

Die zulässigen Modi der Parameter (in, out, inout) hängen von der Klasse und dem Unterprogrammtyp ab:

```
PROCEDURE: constant(in), variable(in, out, inout), signal(in, out, inout), file
FUNCTION : constant(in), signal(in), file
```

In der Spezifikation wird der Körper des Unterprogramms definiert:

```
Spezifikation ::= PROCEDURE proc1({Parameterliste}) IS
 {lokale Deklarationen}
BEGIN
 {sequentielle Anweisungen}
END; |
[PURE | IMPURE] FUNCTION func1({Parameterliste}) RETURN type IS
 {lokale Deklarationen}
BEGIN
 {sequentielle Anweisungen}
RETURN result;
END;
```

Achtung:

- Signaltreiber werden beim Aufruf komplett übergeben.
- Es können in Unterprogrammen keine Signal- oder Quantitätenattribute verwendet werden.
- Unterprogramme können WAIT-Instruktionen enthalten.
- Quantities werden wie Variablen behandelt (sogar bei nebenläufigen Aufrufen).
- In einer Funktion muss das Schlüsselwort END erreichbar sein.
- Rekursive Unterprogramme sind möglich.

Funktionen können überladen werden, d.h. sie können unter gleichem Namen neu definiert werden, aber mit einer neuen Funktions-Deklaration (neues Interface oder neue Typen). Ein neu definierter arithmetischer Operator „+“ kann z.B. entweder in der Form a := c + d oder der Form a := "+"(c, d) verwendet werden.

Um zwischen zwei überladenen Unterprogrammen zu unterscheiden, verwendet man eine Signatur. Dies ist ein Mechanismus, mit dem man den Unterprogramm-Prototyp (die Deklaration) in der Definition eines Attributs oder eines ALIAS kenntlich macht. Handelt es sich bei dem Unterprogramm um eine Funktion, dann muss das Schlüsselwort RETURN in der Signatur auftreten. Achtung: die eckigen Klammern gehören zur Syntax!

```
Attribute BUILTIN of "OR" [MVL, MVL return MVL] : FUNCTION IS TRUE;
```

Nur wenn die Funktion in diesem Beispiel den angegeben Prototyp besitzt, kann man im Fall der Überladung das Attribut „Builtin“ anwenden.

Prozeduren können auch aus nebenläufigen Bereichen heraus aufgerufen werden. In diesem Fall wird die POCEDURE-Anweisung zu einer nebenläufigen. Im Falle eines Events in der Sensititivitätsliste der Prozedur wird diese ausgeführt und dann wieder in den Wartezustand versetzt. Die Sensitivitätsliste wird bei Prozeduren implizit aus den Signalen mit Modus IN oder INOUT in der Parameterliste gebildet. Variablen dürfen im Übrigen nicht in der Parameterliste auftauchen. Gibt es kein Signal vom Typ INOUT in der Parameterliste, wird die Prozedur nur zum Zeitpunkt t = 0 genau einmal ausgeführt.

Ein Unterprogramm kann das Attribut FOREIGN tragen, das im Package STANDARD definiert ist. Dieses Attribut gibt eine Zeichenkette (*character string*) zurück. Die Zeichenfolge kann Informationen darüber enthalten, dass das Unterprogramm nicht in VHDL programmiert ist. So können z.B. bestimmte mathematische Unterprogramme extern in der Sprache C als FOREIGN SUBPROGRAMs vorliegen. Solche Implementierungen können bestimmte Einschränkungen in Bezug auf mögliche Modi, Klassen und Typen von formalen Parametern nach sich ziehen.

3.7 Analysebereiche und Quellquantities

Simulatoren für elektronische Systeme verwenden im kontinuierlichen Zeitbereich verschiedenen Analyseformen. In der Terminologie des SPICE-Simulators kann man Arbeitspunktbestimmungen (OP) durchführen, die allen anderen Analysen vorausgehen. Des Weiteren sind Kleinsignaluntersuchungen (AC) oder Analysen im Großsignalbereich (TRANSIENT) möglich. Rauschanalysen (NOISE), genau wie Empfindlichkeitsbestimmungen (SENS) bei zufällig geänderten Parameterwerten (MONTE CARLO) usw. stehen ebenfalls zur Verfügung.

Die Norm schreibt vor, dass jede Simulationsumgebung eine Signaldomäne für die laufende Analyse bereitstellt. Es gibt dafür ein vordefiniertes Signal DOMAIN. Der Typ des Signals DOMAIN (DOMAIN_TYPE) ist als Aufzählungstyp festgelegt mit den drei Werten „quiescent_domain", „time_domain" und „frequency_domain". Dies erlaubt es, Modelle zu schreiben, die den Analysemodus über folgendes Verfahren bestimmen können:

```
IF DOMAIN = quiescent_domain USE
...
ELSIF DOMAIN = time_domain USE
...
ELSE
...
END USE;
```

Kleinsignalfrequenzanalysen (AC) und Rauschanalysen (NOISE) werden mit speziellen Quellen realisiert, bei denen das Frequenzverhalten der Sinusquelle bzw. das Rauschspektrum als Funktion der Frequenz festgelegt werden können. Diese Analysen werden anhand von linearisierten Modellen um den Arbeitspunkt (OP) herum ausgeführt. Im allgemeinen Fall ist eine Quelle als Quantity wie folgt definiert:

```
Source = = source_tran + source_ac + source_noise;
```

Die Quelle verhält sich dann so, wie für den jeweiligen Analysemodus nötig. Ein Quantity, die ein AC- oder NOISE-Verhalten zeigt, heißt *Source-Quantity*. Die AC-Analyse wird mit Quellen vom Typ SPECTRUM nach der Arbeitspunktanalyse (OP) durchgeführt, während zur Rauschanalyse NOISE-Quellen herangezogen werden.

```
-- Definition der Branch-Quantity
QUANTITY i THROUGH p TO m;
-- Spektrale Quelle konstanter Phase und Amplitude bei gegebener Frequenz
QUANTITY ac : real SPECTRUM 1.0, 0.0;
-- Rauschen: Spektrum und Amplitude sind temperaturabhängig
QUANTITY nois_src : real NOISE 4.0 * amb_temp * K/R;
```

Die Strom-Spannungsgleichung in einem Zweig des Netzwerks mit dieser Quelle lautet:

```
i = = V/R + ac + nois_src;
```

Das zeitliche Verhalten wird unter Verwendung der Funktion NOW berechnet, die die aktuelle Simulationszeit liefert, während für das Frequenzverhalten auf die Funktion FREQUENCY zurückgegriffen wird, die die momentante Frequenz angibt.

Eine sinusförmige Wechselquelle kann ein komplexes Frequenzverhalten zeigen:

```
-- feste Amplitude und variable Phase
QUANTITY ac : real SPECTRUM 1.0, K * frequency;
QUANTITY nois_src:
         real NOISE rosa_rauschen(frequency);
-- rosa_rauschen= anwenderdefinierte Funktion
QUANTITY white_src : real NOISE Kb/frequency;
```

K und *Kb* sind hier zwei reelle Parameter.

Das Modell eines Widerstands mit thermischem Rauschen hat folgende Form:

```
-- amb_temp ist eine Shared Variable
{library clause}
ENTITY R_noise IS
        GENERIC (R_value : real := 1_000.0);
        PORT (TERMINAL vp, vm : electrical);
END;
ARCHITECTURE equ OF R_noise IS
        QUANTITY V ACROSS I THROUGH vp TO vm;
        QUANTITY nois_src : real noise 4.0 * amb_temp * K/R_value;
BEGIN
        V == R_value * I + noise_src;
END;
```

Ein Modell kann bestimmte Vorgaben für den Simulator enthalten. Es ist z.B. mit der LIMIT-Anweisung möglich, den kleinsten Zeitschritt zu definieren, für den eine gegebene Quantity ausgewertet wird.

```
LIMIT Q : real WITH 2.0/freqmax; -- Gilt für TRAN- und AC-Analysen
```

Diese Anweisung wird allerdings von einigen Werkzeugen noch nicht unterstützt.

3.8 POSTPONED

Dieses Schlüsselwort kann in folgenden nebenläufigen Anweisung auftreten: PROCESS, ASSERT, Signalzuweisung und PROCEDURE. POSTPONED verschiebt die Ausführung der Anweisung auf das Ende des aktuellen Simulationszyklus, d.h. die Anweisung wird erst wirksam, wenn alle Delta-Zeiten des Zyklus abgearbeitet sind. Folgende Beispiele zeigen die Verwendung:

```
[label :] POSTPONED PROCESS…
[label :] POSTPONED S <= '0' AFTER 3 ns;
[label :] POSTPONED ASSERT…;
```

Das Schlüsselwort darf aber nicht in Anweisungen verwendet werden, die selbst nur *ein* Delta-Delay erzeugen, weil die Ausführung selbst erst nach diesem Delta erfolgen darf, was inkohärent wäre. Die Anweisung

```
POSTPONED S <= '0';
```

erzeugt nur eine Deltazeit und ist folglich fehlerhaft.

3.9 TOLERANCE

Die Sprache erlaubt es, eine Genauigkeitsgrenze (*Toleranz*) für Untertypen oder simultane Anweisungen festzulegen. Die Quantities, die diese Untertypen verwenden, übernehmen die vereinbarten Toleranzen und können unter Berücksichtigung dieser Genauigkeitsgrenzen simuliert werden. Die Genauigkeitsgrenzen werden über eine Zeichenkette als logischer Name definiert. Diesem Namen ist wiederum selbst ein Zahlenwert zugeordnet, der in der Simulationsumgebung festgelegt wird. Ein Beispiel:

```
SUBTYPE displacement IS real TOLERANCE def_displ;
SUBNATURE elec2 IS electrical TOLERANCE
        def_displ_ac ACROSS def_displ_th THROUGH;
m2 * x2'dot'dot == - f(x2 - x1) TOLERANCE def_displ;
```

Diese interessante Möglichkeit der Norm, verschiedene Größen je nach Anforderungen mit verschiedener Genauigkeit auszuwerten, kann aber leider derzeit nicht in die Praxis umgesetzt werden, weil die aktuellen Simulationswerkzeuge dazu noch nicht in der Lage sind. Es ist nämlich sehr schwierig, eine sinnvolle globale Genauigkeitsgrenze für das gesamte System vorzugeben (retol, abstol und vntol in SPICE bzw. epsilon in ELDO). Bei einer globalen Genauigkeitsgrenze kann es auch sehr schwierig werden, die Konvergenz des Simulationsverfahrens sicherzustellen. Im Augenblick wird die Möglichkeit lokaler Genauigkeitsgrenzen zwar noch von den verfügbaren Werkzeugen ignoriert, aber es ist zu erwarten, dass in späteren Revisionen der Werkzeuge diese Lücke in der Normabdeckung geschlossen wird.

3.10 Ergänzungen zu den Deklarationen von Signalen und aufgelösten Signalen

3.10.1 Aufgelöste Signale

Es wurde bereits erwähnt (siehe 2.5.5), dass ein Signal nicht nur eine Quelle haben kann. In realen elektronischen Schaltungen ist das auch fast nie der Fall. Dort gibt es z.B. Busleitungen, die von mehreren Tristate-Ausgängen oder offenen Kollektor-Anschlüssen getrieben werden. VHDL-AMS kann Konflikte zwischen den treibenden Signalen für einen Knoten lösen. Dies geschieht mit *Auflösungsfunktionen.* Treten im nebenläufigen Kontext zwei Zuweisungen auf:

```
A <= B;
A <= C;
```

dann erzeugt der Compiler stets eine Fehlermeldung, es sei denn, der Konflikt kann durch eine Funktion *F* aufgelöst werden. Dann wird vor jeder möglichen Zuweisung vom Simulator automatisch folgender Funktionsaufruf vorgenommen:

```
A <= F(B, C);
```

Ein aufgelöstes Signal gehört zu einem Subtyp des ursprünglichen Signaltyps. Der Untertyp ist selbst aufgelöst und in der Deklaration des Subtyps wird der Name der Auflösungsfunktion explizit angegeben.

Im folgenden Beispiel wird dieses Vorgehen am Beispiel des Typs „bit4“ deklariert, der ein vierwertiges Logiksystem festlegt. Wir führen einen Vektor mit Komponenten ein, die zu diesem Basistyp gehören (bit4_v) und definieren eine Funktion „reso_f“ zur Konfliktauflösung, in die ein Vektor des Basistyps übergeben wird und die dann eine Größe vom Basistyp zurückgibt. Dann wird ein aufgelöster Untertyp von bit_4 deklariert (res_bit), der auf dem Basistyp bit_4 beruht und der die eingeführte Funktion reso_f benennt. Diese Gesamtheit wird als „Auflösung“ des Datentyps bit_4 bezeichnet.

```
TYPE bit4 IS ('0', '1', 'X', 'Z');
TYPE bit4_v IS array(natural RANGE <>) OF bit4;
FUNCTION reso_f (s : bit4_v) RETURN bit4;
SUBTYPE res_bit IS reso_f bit4;
```

Wird das Signal A wie folgt deklariert, ist es aufgelöst:

```
SIGNAL A : res_bit [REGISTER | BUS];
```

***Bemerkung**: Ein Port der Klasse SIGNAL mit dem Modus INOUT ist stets einem realen Port, also einem Signal mit einem aufgelösten Typ, zuzuordnen.*

Die Auflösungsfunktion wird stets automatisch aufgerufen, wenn eine Transaktion für ein Signal des entsprechenden aufgelösten Typs im Treiber des Signals eingetragen wird. Diese Funktion nimmt als Eingang den Vektor der Signalquellen mit Ausnahme derjenigen, die unverbunden (disconnected) sind (keine Transaktion), was mit einem DISCONNECT-Statement festgelegt werden kann. Die Schlüsselwörter REGISTER oder BUS legen das Verhalten der Funktion für die Fälle fest, in denen die Auflösungsfunktion für einen leeren Eingangsvektor aufgerufen wird (alle Signale disconnected).

std_ulogic oder std_logic

Die IEEE-Normierungsgruppe hat zwei diskrete mehrwertige Typen definiert, die die digitale Simulation unterstützen sollen. Die Typen std_ulogic und std_logic sind im Package IEEE.STD_LOGIC_1164 zu finden. Der einzige Unterschied zwischen den beiden Typen besteht darin, dass std_ulogic nicht aufgelöst ist (*u* steht für unresolved). std_logic ist also ein aufgelöster Untertyp von std_ulogic.

Einige Firmen verwenden in fast allen Fällen den Typ std_logic, was bestimmte Nachteile haben kann. Die Simulationen werden verlangsamt, da bei jeder Zuweisung zunächst die Auflösungsfunktion aufgerufen wird. Deshalb sind einige Simulationswerkzeuge dahingehend verbessert worden, dass vor der Simulation geprüft wird, ob std_logic zwingend notwendig ist oder automatisch im Hintergrund durch std_ulogic ersetzt werden kann.

Probleme mit falsch benutzten aufgelösten Signalen

Der Anfänger sagt sich: „Wähle ich aufgelöste Signale, dann vermeide ich alle Konflikte". Diese Einstellung ist sehr gefährlich. Außer, dass die Simulationen sehr langsam werden können, kann es passieren, dass ein Verbindungsfehler in einem strukturellen Modell übersehen werden kann. Wenn man unaufgelöste Signale verwendet, dann kann der Kompiler bereits einen möglichen Fehler erkennen, wenn zwei oder mehrere Quellen mit einem Eingang verbunden sind. Bei aufgelösten Signaltypen ist das normal und bei der Kompilation wird nichts festgestellt. Genauso wird der Simulator die Auflösungsfunktion aufrufen und einen Wert zurückgeben und stellt so keine Hilfe bei der Fehlersuche dar. Die Analyse der Simulationsergebnisse kann deshalb sehr schwierig sein, da das Verhalten weit vom erwarteten abweichen kann und dies ohne einen ersichtlichen Grund.

Als konkretes Beispiel einer Auflösungsfunktion betrachten wir die oben eingeführte Funktion reso_f genauer, und zwar soll das Verhalten eines Tristate-Busses nachgebildet werden.

```
FUNCTION reso_f(s : bit4_v) RETURN bit4 IS
        VARIABLE result : bit4 := 'Z';
        VARIABLE x : INTEGER := 0;
BEGIN
        FOR i IN S'RANGE LOOP
             IF s(i) /= 'Z' THEN
                result := s(i);
                x := x + 1;
             END IF;
END LOOP;
CASE x IS
             WHEN 0 | 1 => RETURN result;
             WHEN OTHERS => RETURN 'X';
        END CASE;
END reso_f;
```

3.10.2 Ergänzungen zur Signaldeklaration

Die vollständige Deklaration eines Signals schreibt sich wie folgt und enthält verschiedene Optionen:

```
signal_declaration ::= SIGNAL signal_name : [func_resolution] type
[Randbedingungen][REGISTER | BUS][:= init_value];
```

Ein Signal heißt überwacht (*guarded*), wenn das Schlüsselwort REGISTER oder BUS in der Signal-Deklaration auftritt. Ein überwachtes Signal ist stets aufgelöst. Die Unterschiede im Verhalten hängen mit dem Verhalten im ungetriebenen Fall (alle Quellen abgeschaltet) zusammen:

- REGISTER: hält den letzten Wert, der von der Auflösungsfunktion zugewiesen wurde;

- BUS: liefert den Wert der Auflösungsfunktion, der für den Fall vereinbart wurde, dass im Übergabefeld der Funktion nur abgeschaltete Quellen auftreten. Das Verhalten ist in der Auflösungsfunktion vom Anwender zu definieren.

Eine Zuweisung kann ebenfalls überwacht werden. Dazu muss das Schlüsselwort „GUARDED“ in der Zuweisung eingefügt werden:

```
A <= GUARDED B AFTER 3 ns;
```

Insgesamt gibt es vier verschiedene Möglichkeiten:

1. Signal nicht überwacht, Zuweisung nicht überwacht: klassische Zuweisung;
2. Signal nicht überwacht, Zuweisung überwacht: **IF GUARD** = true **THEN** A <= .... **END IF**;
3. Signal überwacht, Zuweisung nicht überwacht: VERBOTEN;
4. Signal überwacht, Zuweisung überwacht: **IF GUARD** = true **THEN** A <= .... **ELSE** disconnection **END IF**;

Die Abschaltung (*disconnection*) eines Signals wird über die Instruktion DISCONNECT festgelegt:

```
DISCONNECT name_des_signal : type AFTER time;
DISCONNECT a, b : integer AFTER 5 ns;
DISCONNECT OTHERS : integer AFTER 15 ns;
DISCONNECT ALL : real AFTER 20 ns;
```

3.11 Packages

PACKAGEs stellen eine der fünf möglichen Kategorien dar, in die Entwurfseinheiten (Design Units) eingeteilt werden. Sie ermöglichen es, verschiedene Deklarationen für eine breite Nutzung in verschiedenen Modellen über die Instruktionen LIBRARY und USE zu exportieren. Formal betrachtet, besteht ein Package aus einer Spezifikation (Specification) und einem Körper (Body). Die Package Specification enthält alle sichtbaren Deklarationen, der Package Body alle verborgenen Deklarationen (Definitionen des Verhaltens von Funktionen und Prozeduren, Definition von Konstanten und Typen). In einer Entwurfsumgebung können die Package Bodies vor den Anwendern verborgen werden, um so diese Definitionen vor unberechtigter Nutzung zu schützen.

Ein Beispiel einer „Package Specification" und eines „Package Bodies":

```
PACKAGE bit_vector_ops IS
        FUNCTION "+" (left, right : bit_vector) RETURN bit_vector;
        TYPE state IS (lec, ecr, wait, reset);
END;
PACKAGE BODY bit_vector_ops IS
        TYPE internal IS (ceci, pas, exporte);
        FUNCTION "+" (left, right : bit_vector) RETURN bit_vector IS
        VARIABLE carry : bit := '0';
        BEGIN
            FOR i IN RESULT'REVERSE_RANGE LOOP
                ...
            END LOOP;
            RETURN result;
        END "+";
END bit_vector_ops;
```

Wird dieses Package in die Bibliothek MYLIB kompiliert, dann kann auf bestimmte Definitionen des Packages in folgender Form zugegriffen werden:

```
LIBRARY MYLIB;
USE MYLIB.bit_vector_ops.ALL;
```

Alle Modell-Definitionen in VHDL-AMS (ausgenommen beim Package STANDARD, siehe 3.14) beginnen implizit mit:

```
LIBRARY STD, WORK;
USE STD.STANDARD.ALL;
```

3.12 Konfigurationen

Die Konfiguration (CONFIGURATION) ordnet während der Elaboration jeder Instanz in einem strukturellen Modell ein bereits kompiliertes Entity/Architecture-Paar aus der Datenbasis zu. Dies schafft erstaunliche Möglichkeiten, die von manchen Entwicklern nicht genutzt werden. Beim strukturellen Modellieren mit VHDL-AMS geht man folgendermaßen vor:

1. *Deklaration* der Komponente: COMPONENT.
2. *Instanziierung* der Komponente: Strukturelle Beschreibung = Netzliste von virtuellen Komponenten.
3. *Konfiguration*: jeder Instanz der Komponente COMPONENT wird ein Paar aus Entity und zug. Architecture zugeordnet, die in einer Bibliothek kompiliert abgelegt sind.

Die beiden ersten Punkte stellen eine Erweiterung der zur Verfügung stehenden Anweisungen dar und müssen einmal übersetzt werden, während der dritte Punkt die Spezialisierung darstellt, die genutzt werden kann, ohne dass die verfügbaren Modelle neu kompiliert werden müssen.

Eine Konfiguration kann auf zwei Arten definiert werden:

1. **Eingebettet in die Architektur** als Spezifikation der Konfiguration(siehe 3.12.2),:

```
FOR lable_inst : name_instance USE library_name.entity_name(archi);
```

2. oder **als Design-Unit**, was den systematischen Zugang darstellt.

3.12.1 Konfiguration als Design-Unit

Wic nehmen an, dass das folgende Modell übersetzt wurde und in der Bibliothek WORK vorliegt:

```
ENTITY adder IS
        PORT (a, b, cin : IN bit; sum, cout : OUT bit);
END adder;
ARCHITECTURE rtl OF adder IS
BEGIN
        sum <= (a xor b) xor cin;
        cout <= (a and b) or (cin and a) or (cin and b);
END rtl;
```

Es handelt sich hier um einen Volladdierer, aus dem ein 4bit-Addierer als strukturelles Modell abgeleitet werden kann.

Die strukturelle Beschreibung des 4bit-Addierers liest sich dann wie folgt:

```
ENTITY adder4 IS
PORT (a, b : IN bit_vector(4 DOWNTO 1);
        cin : IN std_logic;
        sum : OUT bit_vector(4 DOWNTO 1);
        cout : OUT bit);
END adder4;
ARCHITECTURE structural OF adder4 IS
        -- Schritt 1
        COMPONENT COMPO1
            PORT (x, y, z : IN bit; v, t : OUT bit);
        END COMPONENT;
        SIGNAL carry : bit_vector(0 TO 4);
BEGIN
        carry(0) <= cin;
        -- Schritt 2 (viermal)
add1 : compo1
            PORT MAP (a(1), b(1), carry(0), sum(1), carry(1));
add2 : compo1
            PORT MAP (a(2), b(2), carry(1), sum(2), carry(2));
```

```
add3 : compo1
            PORT MAP (a(3), b(3), carry(2), sum(3), carry(3));
add4 : compo1
            PORT MAP (a(4), b(4), carry(3), sum(4), carry(4));
cout <= carry(4);
END structural;
```

Die COMPONENT-Deklaration dient nur als Hinweis für den Kompiler, damit dieser die Verbindungen der Anschlüsse der einzelnen Instanzen mit Signalen oder formalen Ports überprüfen kann. Man darf keinesfalls vergessen, den Komponenten geeignete Modelle aus der Datenbasis zuzuordnen. Man muss dazu einfach in der Konfiguration ein Modell zuordnen, das ein identisches *Interface* aufweist. Per Voreinstellung, also ohne weitere Angaben wird nach dem übersetzten Modell in der WORK-Library gesucht.

Statt der direkten Instanziierung kann aber auch mittels einer CONFIGURATION eine Zuordnung zwischen Komponenten und verfügbaren Modellen getroffen werden. Die CONFIGURATION stellt eine selbstständige Entwurfseinheit dar und kann, wie folgendes Beispiel zeigt, mit folgenden Anweisungen definiert werden.

```
-- Schritt 3
CONFIGURATION test_adder4 OF adder4 IS
        FOR structural
             FOR ALL : compo1
                 use entity work.adder(rtl)
                   PORT MAP (a => x, b => y, cin => z, sum => v, cout => t);
             END FOR;
        END FOR;
END test_adder4;
```

Die Komponente „compo1" muss bereits deklariert sein. Die Zuordnung zwischen Komponente und Modell erfolgt in der Konfiguration. Diese kann für sich kompiliert werden. Man beachte, dass die Zuordnung zwischen formalen und tatsächlichen Ports in der Konfiguration getroffen wird. Bei der Simulation genügt es, test_adder4 zu elaborieren, um das komplette Modell auf Basis seiner Konstituenten zusammenzusetzen. Wenn man eine neue Konfiguration vorgibt, in der eine andere Architektur (z.B. other_archi statt rtl) Verwendung findet, kann man die neue Variante simulieren, ohne die zugrunde liegenden Modelle erneut zu übersetzen. Dieses Vorgehen ist in Fällen, in denen man es mit sehr vielen Komponenten zu tun hat, sehr effizient. Wenn eine gestufte Hierarchie vorliegt, kann man die Konfiguration sogar hierarchisch (verschachtelt) aufbauen:

```
FOR archi0
   FOR label : compo USE ENTITY lib.entity(archi1);
      FOR archi1
         FOR label : compo USE ENTITY lib.entity(archi2);
            FOR archi2
               FOR label : compo USE ENTITY lib.entity(archi3);
                  ...
               END FOR;
            END FOR;
         END FOR;
...
```

Solche verschachtelte Konfigurationen unterstützen eine leistungsfähige und moderne Designmethodologie (siehe Abschnitt 4.1.3).

3.12.2 Eingebettete Konfigurationen

Die Norm enthält eine verkürzte Schreibweise, die es ermöglicht Konfigurationen in kompakter Form in der Architektur eines Modells direkt zu definieren.

Eingebettete Konfiguration

```
ARCHITECTURE structural OF adder4 IS
        -- Schritt 1
            COMPONENT compo1
               PORT (x, y, z : IN bit; v, t : OUT bit);
            END COMPONENT;
            SIGNAL carry : bit_vector(0 TO 4);
            -- Schritt 3
            FOR ALL : compo1 USE ENTITY WORK.adder(rtl)
               PORT MAP (a => x, b => y, cin => z, sum => v, cout => t);
BEGIN
            carry(0) <= cin;
               -- Schritt 2
            add1 : compo1 PORT MAP (a(1), b(1), carry(0), sum(1), carry(1));
            add2 : compo1 PORT MAP (a(2), b(2), carry(1), sum(2), carry(2));
            ...
END structural;
```

Diese Vorgehensweise erscheint viel einfacher zu sein als die Verwendung einer Konfiguration als Design-Unit, erfasst aber nicht alle Möglichkeiten der Verallgemeinerung und der Spezialisierung, die das systematischere Verfahren aus Abschnitt 3.12.1 bietet. Um beispielsweise die gezeigte Konfiguration abzuändern, muss man die gesamte Architektur erneut kompilieren. Außerdem geht der systematische Zugang verloren, weil erst konfiguriert wird (Schritt 3) bevor instanziiert wird (Schritt 2).

3.13 Die Attribute von VHDL-AMS

VHDL-AMS enthält 55 Attribute, mit deren Hilfe Informationen über die mit Attributen versehenen („ausgezeichneten") Objekte ausgelesen werden können. Unten ist eine vollständige Liste aufgeführt, auf die wir zurückkommen, wenn Attribute behandelt werden, die sich für die Modellierung von Systemen besonders eignen.

3.13.1 Die vollständige Liste

In dieser Liste sind alle fett gedruckten Attribute bereits im Detail in Abschnitt 2.10 erklärt worden und werden deshalb hier nur mit dem Namen angegeben. In der folgenden Liste definiert $A \rightarrow B$ ein Attribut, das auf das Objekt A angewendet wird und als Ergebnis das Objekt B liefert. Die Syntax ist also hier die gleiche wie in Abschnitt 2.10.

Typ T → **Typ :** `T'BASE`
Für jeden Subtyp *T* liefert dieses Attribut den Basistyp. Dieses Attribut kann nur vorgeschaltet als Präfix für ein anderes Attribut verwendet werden.

Typ T → **Value :** `T'LEFT`
Liefert den Wert des ersten (am weitesten links stehenden) Objekts des Typs *T*.

Typ T → **Value :** `T'RIGHT`
Liefert den Wert des letzten (am weitesten rechts stehenden) Objekts des Typs *T*.

Typ T → **Value :** `T'HIGH`
Liefert den größten Wert des Typs *T*.

Typ T → **Value :** `T'LOW`
Liefert den kleinsten Wert des Typs *T*.

Typ T → **Value :** `T'ASCENDING`
Wird „wahr", wenn der Typ *T* ansteigend Werte enthält.

Typ T → **Function :** `T'IMAGE(X)`
Liefert die Zeichenkette, die den Wert von *X* darstellt.

Typ T → **Function :** `T'VALUE(S)`
Ordnet der Zeichenkette *S* den entsprechenden Wert vom Typ *T* zu.

Typ T → **Function :** `T'VAL(N)`
Wert des Objekts vom Typ *T*, das an der *N*-ten Position steht.

Typ T → **Function :** `T'POS(X)`
Gibt die Position von *X* im Typ *T* an.

Typ T → **Function** : T'SUCC(X)
Gibt den Wert in *T* des Objekts an, das eine Position weiter steht, als *X*.

Typ T → **Function** : T'PRED(X)
Gibt den Wert in *T* des Objekts an, das eine Position vor *X* steht.

Typ T → **Function** : T'LEFTOF(X)
Gibt den Wert in *T* des Objekts an, das eine Position links von *X* steht.

Typ T → **Function** : T'RIGHTOF(X)
Gibt den Wert in *T* des Objekts an, das eine Position rechts von *X* steht.

Array A → **Function** : A'LEFT[(N)]
Liefert die linke Grenze des Indexbereichs [bei mehrdimensionalen Feldern in der *N*-ten Dimension] des Arrays *A*.

Array A → **Function** : A'RIGHT[(N)]
Liefert die rechte Grenze des Indexbereichs [bei mehrdimensionalen Feldern in der *N*-ten Dimension] des Arrays *A*.

Array A → **Function** : A'HIGH[(N)]
Gibt den größten Wert im Indexbereich [bei mehrdimensionalen Feldern in der *N*-ten Dimension] des Arrays A an.

Array A → **Function** : A'LOW[(N)]
Gibt den kleinsten Wert im Indexbereich [bei mehrdimensionalen Feldern in der *N*-ten Dimension] des Arrays A an.

Array A → **Range** : **A'RANGE[(N)]**
Array A → **Range** : A'REVERSE_RANGE[(N)]
Liefert den Indexbereich (oben, bereits in 2.10 behandelt) bzw. den umgekehrten Indexbereich (unten) des Arrays *A* [bei mehrdimensionalen Feldern für die *N*-te Dimension].

Array A → **Value** : **A'LENGTH[(N)]**
Array A → **Value** : A'ASCENDING[(N)]
Gibt den Boole'schen Wert „wahr“ zurück, wenn der Indexbereich des Arrays A ansteigend ist [bei mehrdimensionalen Feldern in der *N*-ten Dimension].

Im Folgenden finden sich einige Beispiele für die oben aufgeführten Attribute für Felder (Vektoren und Arrays) und physikalische Größen vom Typ TIME:

```
Mit Type adr is integer range 7 downto 0;
adr'left = 7
adr'right = 0
adr'low = 0
adr'high = 7
```

```
Mit type MVL4 is ('U', '0', '1', 'Z');
MVL4'pos('1') = 2                   MVL4'pos('Z') = 3
MVL4'val(0) = 'U'                   MVL4'val(2) = '1'
MVL4'succ(2) = 'Z'
MVL4'prec(2) = '0'
MVL4'rightof('1') = 'Z'
MVL4'leftof('1') = '0'
MVL4'image('Z') = "Z"
MVL4'value("0") = '0'

time'image(5 ns) = "5000000 fs"
time'value("250 ms") = 250 ms
time'val(634) = 634 fs
time'pos(2 ps) = 2000

Mit type word is bit_vector(31 downto 0);
            type memory is array (7 downto 0) of word;
            variable mem : memory;
mem'low = 0
mem'high = 7
mem'left = 7
mem'right = 0
mem(3)'low = 31
mem(3)'high = 0
mem'length = 8
mem(3)'length = 32
mem'range = 7 downto 0
mem(3)'range = 31 downto 0
mem'reverse_range = 0 to 7
mem'base'left = word
mem'ascending = false
```

Nach den Attributen für Datentypen betrachten wir Attribute für Signale, Quantities und Terminals:

Signal S → Signal : S'DELAYED[(T)]
Signal S → Signal : S'STABLE[(T)]
Signal S → Signal : S'QUIET[(T)]
Signal S → Signal : S'TRANSACTION
Ein Signal vom Typ Bit wird jedes Mal invertiert, sobald eine Transaktion beim Signal *S* festgestellt wird.

Signal S → Quantity : S'RAMP([TR[, TF]])
Dieses wichtige Attribut wird im Detail im nächsten Abschnitt (3.13.2) behandelt.

Signal S → Quantity : S'SLEW([max_rising_slope[, max_falling_slope]])
Siehe ebenfalls Abschnitt 3.13.2.

Signal S → Function : S'EVENT
Signal S → Function : S'ACTIVE
Die untere Bool'sche Funktion gibt den Wert „wahr" zurück, wenn das Signal *S* aktiv ist, also wenn ein Event für dieses Signal im aktuellen Simulationszyklus beobachtet wird. Bei einem zusammengesetzten Signal genügt es, dass eine der Komponenten aktiv wird. Die obere fett gedruckte Funktion wurde bereits besprochen.

Signal S → Function : S'LAST_EVENT
Signal S → Function : S'LAST_ACTIVE
Dieses Attribut gibt die Zeit an, die seit der letzten Aktivität des Signals *S* verstrichen ist.

Signal S → Function : S'LAST_VALUE
Signal S → Function : S'DRIVING
Dieses Attribut gibt den Wert „falsch" zurück, wenn der Treiber des Signals *S* leer ist, also keine Transaktionen enthält.

Signal S → Function : S'DRIVING_VALUE
Dieses Attribut gibt den aktuellen Wert des Treibers des Signals *S* an.

Entity E → String : E'SIMPLE_NAME
Dieses Attribut liefert den Namen der angegebenen Entität, Architektur, Konfiguration usw. (siehe folgende Liste) als Zeichenkette.

(ENTITY | ARCHITECTURE | CONFIGURATION | PROCEDURE | FUNCTION | PACKAGE | TYPE | SUBTYPE | CONSTANT | SIGNAL | VARIABLE | COMPONENT | LABEL | LITERAL | UNITS | GROUP | FILE | NATURE | SUBNATURE | QUANTITY | TERMINAL)

Entity E → String : E'INSTANCE_NAME
Liefert den Hierarchiepfad der Entity als Zeichenkette, beginnend bei der Wurzel, und listet alle instanziierten Entities auf.

Entity E → String : E'PATH_NAME
Liefert den Hierarchiepfad der Entity als Zeichenkette, beginnend bei der Wurzel. Die instanziierten Entities werden **nicht** aufgeführt.

Nature N → Type : N'ACROSS
Nature N → Type : N'THROUGH
Nature N → Terminal : N'REFERENCE
Quantity Q → Value : Q'TOLERANCE
Gibt den Wert der Toleranz der Quantity Q als Zeichenkette aus.

Quantity Q → Quantity : Q'DOT
Quantity Q → Quantity : Q'INTEG
Quantity Q → Quantity : Q'DELAYED(T)
Dieses Attribut gibt eine Quantity mit dem gleichen Wert wie *Q* aus, wobei das Quantity aber um die Zeit *T* verzögert wird

Quantity Q → Quantity : Q'ZOH(T [, initial_delay])
Siehe Abschnitt 3.13.2.

Quantity Q → Quantity : Q'LTF(num, den)
Siehe Abschnitt 3.13.2.

Quantity Q → Quantity : Q'ZTF(num, den, T [, initial_delay]).
Siehe Abschnitt 3.13.2.

Quantity Q → Quantity : Q'SLEW([max_rising_slope[, max_falling_slope]])
Siehe Abschnitt 3.13.2.

Quantity Q → Signal : Q'ABOVE
Terminal T → Quantity : T'CONTRIBUTION
Terminal T → Quantity : T'REFERENCE
Terminal T → Value : T'TOLERANCE
Gibt eine Zeichenkette aus, die die Toleranz des Terminals *T* angibt.

3.13.2 Details einiger wichtiger Attribute

S'RAMP

Das Attribut S'RAMP([TR[, TF]]) kann auf jedes reellwertige Signal *S* (oder von REAL abgeleitete Typen) angewendet werden und erzeugt eine Quantity, die linear als Rampe zwischen dem alten und dem neuen Wert von *S* interpoliert. Der Verlauf der Rampe wird durch die Anstiegszeit *TR* und die Fallzeit *TF* festgelegt. Diese Zeiten werden als nicht negative REAL-Zahlen übergeben. Wenn *TF* fehlt, wird *TR* sowohl als Anstiegs- wie auch als Fallzeit verwendet.

Dieses wichtige und im Rahmen der analog digitalen Erweiterung von VHDL zu VHDL-AMS eingeführte Attribut ist eine der Möglichkeiten, um Schnittstellen zwischen analogen und digitalen Bereichen zu definieren.

S'SLEW und Q'SLEW

```
S'slew([max_rising_slope, [max_falling_slope]])
Q'slew([max_rising_slope, [max_falling_slope]])
```

Mit diesen beiden Attributen können, wie durch Anwendung des RAMP-Attributs, aus reellen Signalen oder aber auch aus einer Quantity, neue Quantities erzeugt werden. Im Unterschied zum RAMP-Attribut wird hier jedoch statt Anstiegs- oder Fallzeiten die größte Steigung (max_rising_slope) bzw. das stärkste Gefälle (max_falling_slope) für die neue Quantity vorgegeben. Die beiden Parameter sind nicht-negative reelle Zahlen. Fehlt der zweite Parameter, dann wird das Gefälle durch den gleichen Wert wie die Steigung begrenzt.

Werden für die Attribute S'RAMP, S'SLEW und Q'SLEW keine Parameter spezifiziert, dann werden diese einheitlich auf 0,0 gesetzt und die zugehörigen BREAK-Statements für die Diskontinuitäten automatisch erzeugt.

Q'ZOH

```
Q'zoh(T, [initial_delay]) : Abtastfunktion nach dem Sample&Hold Verfahren
```

Dieses Attribut wirkt auf Quantities und bildet ein Abtastglied (Sample&Hold-Funktion) nach, das alle *T* Zeiteinheiten (ein REAL-Wert in Sekunden) den Wert der Quantity abtastet. Die erste Erfassung findet zur Delayzeit (initial_delay) statt und wird dann alle *T* Sekunden wiederholt.

Q'LTF

Mit diesem Attribut kann eine Laplace Transformation (**L**aplace **T**ransformation **F**unction) der Quantity *Q* durchgeführt werden. Dazu müssen zwei reelwertige Vektoren angegeben werden, die die Koeffizienten der Polynome in der Variable *p* (oder *s*) im Nenner und Zähler enthalten. Das Ergebnis ist sofort verfügbar.

Gegeben sei die Transferfunktion im Laplace-Formalismus,

$$H(p) = \frac{\sum_{k=0}^{m} a_k \cdot p^k}{\sum_{k=0}^{n} b_k \cdot p^k} ,$$

wobei **num** und **den** zwei Vektoren mit REAL-Komponenten sind,

$$num = (a_0, a_1, a_2, ..., a_m) ,$$
$$den = (b_0, b_1, b_2, ..., b_n) .$$

Es ist zu beachten, dass b_0 ungleich null gelten muss. Das Attribut Q'ltf(num, den) liefert die Antwortfunktion des von der Quantity *Q* angeregten Systems mit der Transferfunktion *num/den*. Das folgende Beispiel zeigt eine Transferfunktion von zweiter Ordnung:

$$H(p) = \frac{H_0 \cdot \omega_p^2}{p^2 + \frac{\omega_p}{Q_p} \cdot p + \omega_p^2}$$

Hier sind H_0, ω_p, und q_p reelle Konstanten, die in den beiden Vektoren „num" bzw. „den" als „Ho", „wp" und „qp" bezeichnet werden:

```
num = (Ho * wp * wp)
den = (wp * wp, wp/qp, 1).
```

Wenn eines der Polynome „num" oder „den" nur einen Term besitzt, muss dieser mit (0 => value) oder (0,0 => value) initialisiert werden. Dies ist eine der Besonderheiten von VHDL, für die es keine logische Erklärung gibt.

Q'ZTF

Mit diesem Attribut kann eine Z-Transformation durchgeführt werden. Der Aufruf erfolgt analog zur Laplace Transformation, lediglich die Abtastperiode *T* und der Zeitversatz bis zur ersten Abtastung (initial_delay) sind zusätzlich zu spezifizieren:

```
Q'ztf(num, den, T[, initialdelay]).
```

3.14 Die Standard Packages und die Werkzeuge

Die Norm legt bestimmte Standard-Packages fest, die Typen, Funktionen, grundlegende Konstanten und Zugriffsoperationen für Dateien definieren. Die beiden wichtigsten Packages heißen STANDARD und TEXTIO und befinden sich in der Bibliothek STD. Jeder VHDL-Quellcode (mit Ausnahme des Packages STANDARD) beginnt implizit mit einem Aufruf dieser Packages über die Anweisungen

```
LIBRARY STD, WORK; USE STD.STANDARD.ALL;
```

Außerdem bietet IEEE noch weitere genormte Packages an, die nicht integrale Bestandteile der genormten Sprache sind. Sie finden sich in der Bibliothek IEEE. Es handelt sich um die Packages STD_LOGIC_1164(MVL9-std_ulogic, std_logic und zugehörige Funktionen), MATH_REAL und MATH_COMPLEX (mathematische Konstanten, Typen und mathematische Funktionen für reelle bzw. komplexe Zahlen).

Die Modellbildung im kontinuierlichen Zeitbereich wird unterstützt durch *Natures*, also Energiedomänen, die in den Packages ELECTROMAGNETIC_SYSTEM, KINEMATIC_SYSTEM, ROTATIONAL_SYSTEM, FLUIDIC_SYSTEM und PHYSICAL_-CONSTANTS definiert sind. Diese Packages sind in der Bibliothek DISCIPLINES enthalten. Unglücklicherweise benennen nicht alle Hersteller diese Packages in gleicher Weise, was die Portierung von Quellcode von einer Entwurfsumgebung in eine andere erschweren kann. Der Simulator SMASH bezeichnet in der Version 4.2 beispielsweise das Package ELECTROMAGNETIC_SYSTEM mit ELECTRONIC_SYSTEM.

Zusätzlich gibt es noch andere Packages, die entweder von Anbietern von EDA-Werkzeugen oder von anderen Organisationen bereitgestellt werden. Deren Verwendung ist nicht ganz einfach, weil diese Packages allen Modellen, die mit anderen Entwicklungspartnern gemeinsam benutzt werden sollen, beigefügt werden müssen, wobei nicht immer klar ist, ob dies rechtlich überhaupt zulässig ist. Sind zum Beispiel bei einem Werkzeug bestimmte Bibliotheken als Intellectual Property (IP) mitgeliefert worden, dann besteht in der Regel keine Möglichkeit auf die entsprechenden Quelltexte zuzugreifen. Wenn Funktionen, die in einem Modell verwendet werden, das Attribut FOREIGN tragen, dann sind diese Modelle ebenfalls nicht portabel.

Die gebräuchlichen Werkzeuge für VHDL'93 und VHDL-AMS verfügen in der Regel nicht über eine Navigatorfunktion, mit der der Inhalt von Packages analysiert werden kann. Daher hat man zwar Zugriff auf hunderte von Typen, Konstanten und Funktionen, aber es ist sehr schwierig, ein bestimmtes Objekt aufzufinden. So kann es beispielsweise passieren, dass man zwei Funktionen mit demselben Namen und gleichem Basistyp (oder zwei verschiedenen Typen) aus zwei verschiedenen Packages vorliegen hat. Ruft man diese Funktion ohne den kompletten Namen (library.name_function) auf, dann ist nicht feststellbar, welche der Funktionen der Compiler verwendet hat. Ebenfalls ist zu beachten, dass zwar ein Package ein anderes Package aufrufen kann, dies aber nicht anzuraten ist, weil so zyklische Abhängigkeiten entstehen können. Ist z.B. ein Typ in zwei Packages definiert und die erste Definition ruft die zweite auf, dann kann sich der Compiler in unvorhersehbarer Art und Weise verhalten. Der gesamte Inhalt der Standard-Packages und der Hilfsmittel von IEEE ist im Internet nachzuschlagen (siehe Literaturhinweise unter [WEB]).

3.15 Wie laufen VHDL-AMS Modelle auf einem Simulator ab?

3.15.1 Kompilation, Elaboration, Simulation, Auswertung

Modelle werden in mehreren Schritten erstellt und dann von einem Simulator aufbereitet und ausgewertet. Zunächst wird der Code in drei Stufen erzeugt und die Simulationsergebnisse interpretiert (*I*). Diese kreativen Schritte werden durch drei mehr technisch orientierte Schritte (*T*) ergänzt. Es handelt sich um die Schritte der Konzeption (*I*), der VHDL-Quellcode-Erstellung (*I*), der Kompilierung (*T*), der Elaborierung (*T*), der Simulation (*T*) und schließlich der Auswertung der Simulationsergebnisse (*I*). Zwischen den Schritten Kompilation und Elaborierung bestehen wichtige Unterschiede. Die Wiederverwertbarkeit von Modellen und die Unterstützung von generischen Konzepten wird durch das Zusammenspiel dieser beiden Schritte stark erleichtert. Diejenigen Schritte, die mit Computer-Werkzeugen ausgeführt werden, sind im Folgenden genauer erläutert:

Kompilation
- syntaktische und semantische Analyse;
- primäre Entwurfseinheiten werden vor sekundären abgearbeitet;
- abspeichern in einer Bibliothek nach erfolgreicher Kompilation.

Elaboration
- Zusammenfügen der verwendeten Modelle (selbst definiert oder *IP*), die in der Konfiguration aufgeführt sind;
- Überprüfen der Zuordnungen von festen Größen zu Generics, Erstellung der Daten-Strukturen für verknüpfte Prozesse und für das System von Gleichungen, das zur Bestimmung der Quantities gelöst werden muss;
- Initialisierung der Simulationszeit und der Objekte.

Simulation
(meist unter Verwendung von zwei Simulationskernen)
- Kontrolle der zeitlichen Nebenbedingungen der Werte;
- Erstellen der Reports und Steuerung der Simulation mit den *Severities* der auftretenden ASSERT-Statements;
- Ermittlung der unendlichen Schleifen in den Prozessen und Prüfung der Konvergenz;
- Berücksichtigung der BREAK-Anweisungen;

Auswertung
- Analyse der Zeitverläufe der zeitkontinuierlichen und zeitdiskreten Größen;
- Selbsttest der Modelle über Testbenches.

3.15.2 Simulationszyklen

Die Modelle werden mit einem oder mehreren Simulationsprogrammen untersucht. Dabei werden mehrere Operationen nacheinander ausgeführt. Dies ist im Folgenden vereinfacht dargestellt. Die genauen Abläufe sind abhängig davon, welches Entwurfswerkzeug Verwendung findet. Die Simulation eines Modells beginnt mit einer Initialisierungsphase, gefolgt von der wiederholten Ausführung aller Prozesse im Modell. Jede Wiederholung stellt einen „Simulationszyklus“ dar. In jedem Zyklus werden alle Signale und Quantities, die im Modell auftreten, neu berechnet.

Vereinfachter Simulationszyklus
Tc = 0,0/Frequenz = 0,0; (Tc ist die aktuelle Simulationszeit, *current time*)

Anfangswerte für Signale und Quantities werden gesetzt;

Alle Prozesse werden ausgeführt;

(1) Mit analogen Lösungsverfahren wird ein Arbeitspunkt berechnet;

Die Signale werden aktualisiert;

Alle Prozesse werden ausgeführt, bei denen Signale in der Sensitivitätsliste oder in einem WAIT-Statement stehen;

Prüfen, ob noch abzuarbeitende Events in der Warteschlange stehen;

Wenn ja: Beginne wieder bei (1);

Ruhezustand: Aktualisiere das Signal DOMAIN;

Wird eine Simulation im Zeit- oder im Frequenzbereich durchgeführt (Time_domain bzw. Frequency_domain)?

Simulation im Zeitbereich:

(2) Entnehme die ersten Events aus der Ereignisliste;

Setze die nächste Simulationszeit Tn (next time) auf einen Wert, der nach bestimmten Regeln [LRM] berechnet wird;

(3) Führe die analoge Simulation bis zu einem Zeitpunkt Tn' nahe bei Tn aus und wähle eine Schrittweite, die zu den vorgegebenen Konvergenzkriterien passt;

Tn' kann kleiner sein als Tn: Wenn irgendeine Quantity Q eine gegebene Schwelle E überschreitet, Q'above(E), wird ein Event ausgelöst und es liegt ein neuer ASP vor, ab dem die Auswertung der analogen Gleichungen neu begonnen werden muss.

Tc = Tn: wenn Tc = time'high oder simulation_time: dann END (Simulationsende)

Aktualisiere die Signale;

Führe die Prozesse aus, die diese Signale in der Sensitivitätsliste oder in einem WAIT-Statement verwenden;

Warte auf Events in der Warteschlange oder auf BREAKs:

Treten solche Ereignisse auf, dann: Tn = Tc, gehe nach (3) [delta_zyklus]

Wenn nicht: gehe nach (2);

Simulation in der Frequenzdomäne:

Betrifft nur den zeitkontinuierlichen Bereich in linearisierter Form

Lösung des linearisierten algebraischen Gleichungssystems für jede vorgegebene Frequenz;

3.15.3 Anfangsbedingungen

Die numerische Lösung eines Differentialgleichungssystems ist schwierig. Ob die Lösungsalgorithmen gegen eine Lösung konvergieren, hängt u.a. davon ab, ob geeignete Anfangsbedingungen für die Gleichungen gesetzt wurden, bevor ein Simulationszyklus vom Simulator erfolgreich ausgeführt werden kann. Die zu lösenden Gleichungen können sich während der Simulation verändern. So kann z.B. in einem gemischt analog-digitalen System ein Event im Digitalbereich die Arbeitsbedingungen im analogen Bereich ändern. Dies führt zu Unstetigkeiten in den zeitlich kontinuierlichen Funktionen. Der Lösungsalgorithmus bei VHDL-AMS kann Modelle mit stückweise stetigem Verhalten verarbeiten. Dazu ist es aber nötig, alle Quantitäten an den Sprungstellen neu zu initialisieren, damit ein neues Simulationsintervall begonnen werden kann. Dies geschieht mit Hilfe der BREAK-Anweisung, die es ermöglicht, Anfangsbedingungen zu modifizieren und die Simulationskerne zu synchronisieren. Deren vollständige Syntax liest sich wie folgt:

```
[label :] BREAK [[FOR Q1] USE Q2 => expression]
          [ON S][WHEN boolean_cond];
```

Soll die Initialisierung vor dem Beginn einer Simulation über die Berechnung eines Arbeitspunktes durchgeführt werden, verwendet man die vereinfachte BREAK-Anweisung

```
BREAK v => 0.0, s => 10.0;
```

Diese Instruktion setzt die zum Zeitpunkt $T = 0{,}0$ unabhängigen Größen v und s auf die Werte 0,0 bzw. 10,0 und berechnet einen Arbeitspunkt. Diese „degenerierte" BREAK-Anweisung hat keine Sensitivitätsliste und wird deshalb nur einmal bei $T = 0{,}0$ ausgeführt und dann bis zum Ende der Simulation deaktiviert.

Nach einer unstetigen Änderung der Quantity Q während der Simulation gilt zunächst implizit Q'dot = 0,0 und Q = Q(t´), wobei $t´$ die Zeit unmittelbar vor der Sprungstelle bezeichnet. Folglich behält Q beim Sprung den unmittelbar vorher liegenden Wert bei und bleibt zunächst auf diesem Wert. Da diese Annahmen in der Regel nicht zutreffen, ist es sinnvoll, eine Anfangsbedingung vorzugeben, damit geeignetere Werte für Q(t) und Q'dot bei der Suche nach einem neuen analogen Simulationspunkt (ASP) verwendet werden.

Wenn sich Quantities und Signale in einem bestimmten Zeitabschnitt nicht ändern, dann verhält sich das System statisch. Dementsprechend nimmt das DOMAIN-Signal den Wert „quiescent_domain" an. Wenn dann ein DC-Arbeitspunkt gesucht werden soll, wird folgende BREAK-Anweisung verwendet:

```
BREAK [FOR selector_quantity] USE quantity_name => expression;
```

Falls eine Diskontinuität vorliegt, werden im Prinzip drei Größen benutzt (BREAK-Triplet), um das Weitere zu bestimmen:

1. die BREAK-Quantity „quantity_name" als Größe, die an der Diskontinuität einen neuen Wert zugewiesen bekommt,

2. die „selector_quantitity“ (Auswahlgröße) als die Größe, für die bei einer Diskontinuität ebenfalls neue Werte berechnet werden müssen
3. und „expression“ als der Ausdruck, der der BREAK-Quantity an der Sprungstelle zugewiesen wird.

Diese verallgemeinerte BREAK-Anweisung hat folgende Form:

```
BREAK [[for selector_quantity]
        USE quantity_name => expression]
        [ON signal_list][WHEN cond];
```

Für die „selector_quantity“ gelten einige Regeln: Wird nach dem Schlüsselwort BREAK keine „selector_quantity“ spezifiziert, dann wird „quantity_name“ also die BREAK-Quantity selbst als Auswahlgröße verwendet. Hat „selector_quantity“ die Form Q'integ, dann wird Q'integ an der Diskontinuität neu berechnet, ist hingegen Q die Auswahlgröße, dann wird Q'dot nach dem Sprung ersetzt.

Mit Einfügen der Selektorquantity können also neue Anfangsbedingungen für Quantities vorgegeben werden, deren Ableitung nicht explizit im Modell auftritt. Über die „FOR selector_quantity USE“-Option ist dies möglich.

Diese Möglichkeiten des BREAK-Statements sind noch nicht alle in den aktuellen Versionen der Simulationsumgebungen umgesetzt. Es ist daher in der Praxis manchmal nicht einfach, die geeignete Form der BREAK-Instruktion zu definieren.

Im Folgenden finden sich Beispiele, die die verschiedenen Möglichkeiten des BREAKs illustrieren:

1. Initialisierung der Spannung eines Kondensators zum Zeitpunkt T = 0,0:

In dieser Architektur setzt das BREAK-Statement die Spannung v auf den Wert Vo und die Ableitung v'dot auf 0,0, wenn der Parameter Vo einen anderen Wert hat als REAL'Low.

```
LIBRARY...; USE...;
ENTITY Capacitor IS
            GENERIC (C : REAL; Vo : REAL := REAL'low); -- Vo Anfangsladung
            PORT (TERMINAL p, m : electrical);
end entity Capacitor;
ARCHITECTURE One OF Capacitor IS
            QUANTITY v ACROSS i THROUGH p TO m;
BEGIN
            i == C * v'dot;
        BREAK v => Vo WHEN Vo /= REAL'low;
END ARCHITECTURE One;
```

Die folgende Architektur beschreibt den Kondensator über den Zusammenhang zwischen der Ableitung q'dot der Ladung „q“ und dem Ladestrom „i“ sowie über die Proportionalität zwischen Spannung „v“ und Kondensatorladung „q“. Deshalb tritt hier die Ableitung der Spannung v'dot nicht explizit auf. Stattdessen hängt die Ladungsquantity indirekt über die Proportionalität vom neuen Wert der Spannung ab. Daher ist hier „q“ als Selektorquantity und „v“ als BREAK-Quantity zu wählen, für die der Anfangswert Vo eingesetzt wird. Das BREAK-Statement setzt wie oben die Spannung v auf den Wert Vo und die Ableitung v'dot auf 0,0, wenn der Parameter Vo von REAL'Low verschieden ist. Nach der Zuweisung der Spannung Vo berechnet der Simulator die neuen Werte für „q" und q'dot.

```
ARCHITECTURE Two OF Capacitor IS
            QUANTITY v ACROSS i THROUGH p TO m;
            QUANTITY q : charge;
BEGIN
            q == c * v;
            i == q'dot;
            BREAK FOR q USE v => Vo WHEN Vo /= REAL'low;
END ARCHITECTURE Two;
```

2. Der springende Ball: In diesem Beispiel wird ein springender Ball beschrieben, der vom Boden elastisch zurückgeworfen wird und in der Luft dem Luftwiderstand unterliegt. Bei jedem Auftreffen auf dem Boden dreht sich das Vorzeichen der Geschwindigkeit „v“ um. Die IF-Anweisung bewirkt, dass je nach Flugrichtung des Balls die korrekte Bewegungsgleichung verwendet wird, denn die Reibungskraft „fric · v^2“, die den Ball bremst, verringert den Betrag der negativen Geschwindigkeit beim Fallen und verkleinert die positive Geschwindigkeit beim Steigen.

Festsetzung der Anfangsbedingungen und Initialisierung nach Unstetigkeiten:

```
LIBRARY disciplines;
USE disciplines.kinematic_system.ALL;
ENTITY ball IS END;
ARCHITECTURE ideal OF ball IS
        QUANTITY v : velocity; -- Geschwindigkeit
        QUANTITY s : displacement;   -- Position des Balls relativ zum Boden
        CONSTANT G : real := 9.81;   -- Gravitationkonstante
        CONSTANT fric : real := 0.1; -- Reibungskoeffizient
BEGIN
        BREAK v => 0.0, s => 10.0;   -- Anfangsbedingungen bei T = 0.0: Ball wird
                                     -- bei s = 10.0 losgelassen
        break v => - v when not s'above(0.0);
        -- Vorzeichenwechsel bei v wenn der Ball den Boden erreicht (s = 0)
        -- s'dot == v; -- v ist die Ableitung der Weges s
```

```
        IF s'above(0.0) USE V'DOT == - G - v ** 2 * fric; -- Auswahl der
                                                          -- Bewegungsgleichung
        ELSE V'DOT == - G + v ** 2 * fric;
        end use;
END ARCHITECTURE ideal;
```

Es gibt in VHDL-AMS auch eine sequentielle Variante der BREAK-Anweisung, die in Prozessen Verwendung findet. Die syntaktischen Regeln entsprechen den Regeln für die oben behandelte nebenläufige BREAK-Anweisung:

```
[label] BREAK [break_list][WHEN cond];
```

3.16 Die interaktive Grammatik im BNF-Format

Wenn man bestimmte syntaktische Details nicht genau weiß oder wenn man sich über den Gebrauch einer selten verwendeten Anweisung informieren möchte, dann sieht man in der Grammatik der Sprache nach.

Die Grammatik ist eine formale Beschreibung der Syntax einer Sprache. Die offizielle Grammatik findet man im BNF-Format (Bacchus-Naur-Format) im Handbuch der Sprache (Language Reference Manual, LRM), das von der IEEE-Organisation herausgegeben wird, und für etwa 150 US $ bei dieser Institution erworben werden kann.

Im LRM finden sich in einem Anhang 284 Regeln mit Verweisen auf die jeweiligen Kapitel, in denen die einzelnen Regeln abgehandelt werden. Da die Verwendung von gedruckten Unterlagen hier beschwerlich ist, findet sich im Internet auch eine interaktive HTML-Version der Grammatik (siehe Anhang B). Öffnet man diese Datei mit einem WEB-Browser, dann lassen sich syntaktische Konstruktionen leicht suchen und nachlesen. Es genügt auf die laufende Nummer der jeweiligen Regel zu klicken und sofort wird man zur gesuchten Definition weitergeleitet. Alle Bestandteile der Regel, außer bei den Terminals, sind über Hypertext-Links zugänglich. Mit der BACK-Taste (ALT + Pfeiltaste nach links) kann man die gesamte Grammatik baumförmig durchsuchen und dies in einfacher, schneller, effizienter und verlässlicher Art und Weise.

Gerade Anfänger finden in dieser interaktiven Möglichkeit eine praktische Stütze, denn die ersten Schritte in einer Sprache, die so viele unterschiedliche Konstruktionen beinhaltet, sind nicht gerade einfach.

Im genannten Anhang finden sich außerdem Listen der 55 Attribute und der 108 Schlüsselwörter. In den Listeneinträgen ist auch die Version der Norm vermerkt, in der Attribute und Schlüsselwörter das erste Mal auftauchen.

3.17 Weiterführende Beispiele

Diese Modelle sind entweder selbst vom Autor entwickelt oder offiziellen Dokumenten der IEEE entnommen worden, bzw. stammen aus wissenschaftlichen Publikationen. Auch Lehrtexte, Vorlesungen von Kollegen, Tutorien und verschiedenen andere Quellen wurden herangezogen. Der primäre Zweck dieser Beispiele ist es, die Möglichkeiten der Sprache vorzuführen.

3.17.1 Modell eines endlichen Zustandsautomaten: Komparator mit Hysterese

Dieses Modell [DAC99] beschreibt ein System, das eine analoge Eingangsspannung mit einem Schwellwert vergleicht und das Ergebnis per digitalem Ausgangssignal anzeigt. Außerdem zeigt das Modell eine Hysterese (Bild 3.1), d.h. für eine fallende Eingangsgröße wird eine tiefere Schaltschwelle verwendet als für eine steigende. Die Abfolge der verschiedenen Zustände des Modells wird über einen Zustandsautomaten (FSM, *Finite State Machine*) gesteuert, siehe Bild 3.2. Das Ausgangssignal vom Typ „std_ulogic“ nimmt den Zustand „X“ an, wenn die Eingangsspannung zu lange im Bereich des Übergangs (zwischen „vlo“ und „vhi“ in Bild 3.1) bleibt („Timeout“).

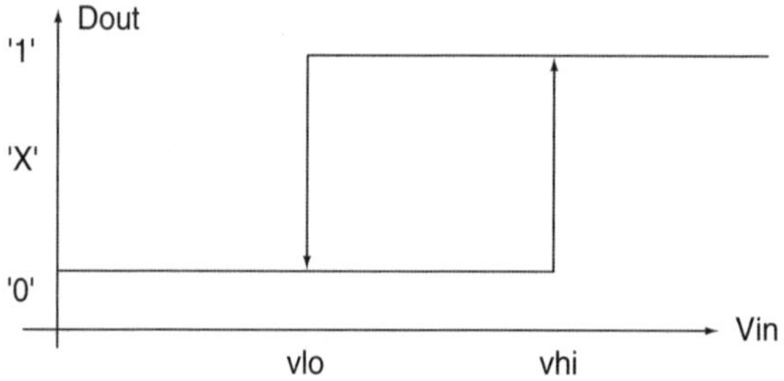

Bild 3.1 Transferkennlinie des Komparators mit Hysterese

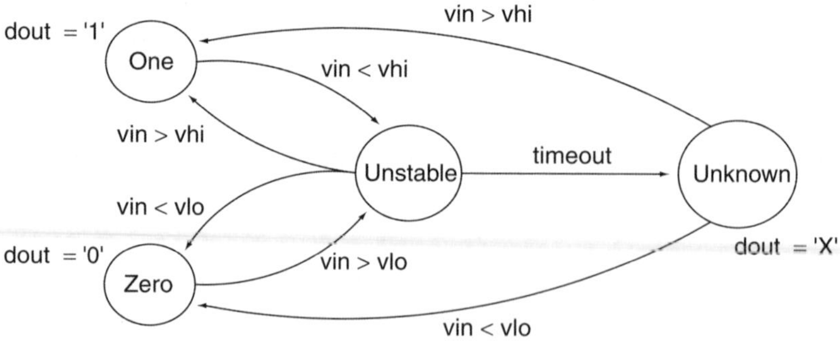

Bild 3.2 Zustandsdiagramm des Komparators mit Hysterese

VHDL-AMS Quellcode des Komparators mit Hysterese:

```
LIBRARY IEEE, Disciplines;
USE IEEE.std_logic_1164.ALL;
USE Disciplines.electromagnetic_system.ALL;
ENTITY ComparatorHyst IS
        GENERIC (vlo, vhi : REAL; -- Thresholds, Schwellwerte
             timeout : DELAY_LENGTH);
        PORT (TERMINAL ain, ref : electrical;
        SIGNAL dout : OUT std_logic);
END ENTITY ComparatorHyst;
ARCHITECTURE Hysteresis OF ComparatorHyst IS
TYPE states IS (unknown, zero, one, unstable); -- 4 Zustände der FSM
QUANTITY vin ACROSS ain TO ref;
FUNCTION level(vin, vlo, vhi : REAL) RETURN states IS
        BEGIN
             IF vin < vlo THEN RETURN zero;
             ELSIF vin > vhi THEN RETURN one;
             ELSE RETURN unknown;
        END IF;
END FUNCTION level;
BEGIN
        BREAK ON vin'ABOVE(vlo), vin'ABOVE(vhi);
        PROCESS
             VARIABLE state : states := level(vin, vlo, vhi);
        BEGIN
             CASE state IS
                  WHEN one => dout <= '1';
                       WAIT ON vin'ABOVE(vhi); -- Wait for change
                       state := unstable;
                  WHEN zero => dout <= '0';
                       WAIT ON vin'ABOVE(vlo); -- Wait for change
                       state := unstable;
                  WHEN unknown => dout <= 'X';
                       WAIT ON vin'ABOVE(vhi), vin'ABOVE(vlo);
                       state := level(vin, vlo, vhi);
                  WHEN unstable => WAIT ON vin'ABOVE(vhi), vin'ABOVE(vlo)
                       FOR timeout;
                       state := level(vin, vlo, vhi);
             END CASE;
        END PROCESS;
END ARCHITECTURE Hysteresis;
```

3.17.2 Analoges Modell mit Diskontinuitäten: idealer Thyristor

Ein Thyristor hat drei Anschlüsse, die Anode und Kathode, sowie den Steuereingang. Dieses Bauelement wird eingeschaltet, wenn eine positive Gleichspannung zwischen Anode und Kathode anliegt und die Spannung am Steuereingang einen bestimmten Pegel „von" überschreitet. Der Thyristor ist abgeschaltet, wenn die Spannung am Steuereingang kleiner ist als „von" und der fließende Strom unter die Mindeststromstärke „ihold" sinkt.

VHDL-AMS Quellcode des idealen Thyristors:

```
LIBRARY IEEE, Disciplines;
USE IEEE.math_real.ALL;
USE Disciplines.electromagnetic_system.ALL;
ENTITY Scr IS
        GENERIC (von : emf := 0.7;          -- Einschaltspannung
             ihold : current := 0.0;        -- Haltestrom
             iss : REAL := 1.0e-12);        -- Sättigungsstrom
        PORT (TERMINAL anode, cathode, gate : electrical);
END ENTITY Scr;
ARCHITECTURE Ideal OF Scr IS
        QUANTITY vscr ACROSS iscr THROUGH anode TO cathode;
        QUANTITY vcntl ACROSS gate TO cathode;
        SIGNAL ison : BOOLEAN;
        CONSTANT vt : REAL := 0.0258; -- Temperaturspannung
BEGIN
        PROCESS
             VARIABLE off : BOOLEAN := true;
        BEGIN
             ison <= NOT off;
             CASE off IS
             WHEN true => WAIT UNTIL vcntl'Above(von)
                  AND vscr'Above(0.0);
                  off := false;
             WHEN false => WAIT UNTIL NOT (vcntl'Above(von)_
                  OR iscr'Above(ihold));
                  off := true;
        END CASE;
END PROCESS;
IF ison USE iscr == iss * (exp(vscr/vt) - 1.0);
ELSE iscr == 0.0;
END USE;
BREAK ON ison;
END ARCHITECTURE Ideal;
```

3.17.3 Übertragungsstrecke

Als Übertragungsstrecke wird das Medium bezeichnet, das elektrische Signale vom Sender zum Empfänger transportiert. In der Regel handelt es sich dabei um elektrische Leitungen. Die Leitungsgleichungen, die die Eigenschaften einer Leitung bei der Signalübertragung beschreiben, können direkt in VHDL-AMS-Code umgesetzt werden.

VHDL-AMS Quellcode der Übertragungsleitung:

```
LIBRARY disciplines;
USE disciplines.electromagnetic_system.all;
ENTITY leitung IS
        GENERIC (td, z0 : real);
        PORT (TERMINAL t1, t1r, t2, t2r : electrical);
END leitung;
ARCHITECTURE t_leitung OF leitung IS
            TERMINAL t1x, t2x : electrical; -- 2 interne Knoten
            QUANTITY v1r ACROSS t1 TO t1r;
            QUANTITY v1x ACROSS i1x THROUGH t1 TO t1x;
            QUANTITY v1xr ACROSS t1x TO t1r;
            QUANTITY v2r ACROSS t2 TO t2r;
            QUANTITY v2x ACROSS i2x THROUGH t2 TO t2x;
            QUANTITY v2xr ACROSS t2x TO t2r;
BEGIN
            v1xr == v2r'DELAYED(td) + z0 * i2x'DELAYED(td);
            v2xr == v1r'DELAYED(td) + z0 * i1x'DELAYED(td);
END t_leitung;
```

3.17.4 Bipolartransistor

Ein bipolarer Transistor [KSW] kann mit Modellen mit verschiedenen Genauigkeitsgraden und Abstraktionsebenen beschrieben werden. Wir beginnen mit einem einfachen Modell, das das Verhalten in den verschiedenen Betriebsbereichen beschreibt (segmentiertes Modell) und modellieren den Transistor danach mit den Gleichungen von Ebers und Moll (Ebers-Moll-Modell).

```
LIBRARY disciplines;
LIBRARY ieee;
USE disciplines.electromagnetic_system.ALL;
USE ieee.math_real.ALL;
ENTITY transistor_NPN IS
            GENERIC (VD0 : real := 0.65; beta : real := 100.0);
            PORT (TERMINAL c, b, e : electrical);
END;
```

```
ARCHITECTURE SEG OF transistor_NPN IS
            QUANTITY vbe ACROSS ib THROUGH b TO e;
            QUANTITY vce ACROSS ic THROUGH c TO e;
            CONSTANT rb : real := 50.0; -- Bahnwiderstand
BEGIN
            BREAK ON vbe'ABOVE(vd0), vce'ABOVE(vd0);
            IF NOT(vbe'ABOVE(vd0)) USE -- Schalte ab für  vbe < vd0
               ib == 0.0;
               ic == 0.0;
            ELSE
               vbe == ib * rb + vd0;
            IF vce'ABOVE(vd0) USE         -- Linearer Bereich
               ic == beta * ib;
            ELSE                          -- Sättigungsbereich
               vce == vd0/(beta * ib) * ic;
            END USE;
        END USE;
END ARCHITECTURE SEG;
```

Das Ebers-Moll-Modell [JAN] beschreibt den bipolaren Transistor durch ein Ersatzschaltbild aus gesteuerten und zu Stromquellen parallel geschalteten Dioden für den Sperrfall. Das Modell benötigt folgende Parameter: Die Verstärkungsfaktoren BetaF und BetaR für den Vorwärts- bzw- Sperrbetrieb, die Basis-Emitteter-Spannung Vbe, den Faktor für die direkte und inverse Emission Nf und Nr, sowie die Temperaturspannung Vth:

```
LIBRARY Disciplines;
USE Disciplines.electromagnetic_system.ALL;
LIBRARY ieee;
USE ieee.math_real.ALL;
ENTITY BJT IS
GENERIC
                Is0 : real;            -- Sättigungstransportstrom
                Bf : real;             -- Vorwärtsverstärkung
                Nf : real;             -- Emissionskoeffizient im Vorwärtsbetrieb
                Br : real;             -- Betafaktor : inverse Verstärkung
                Nr : real;             -- Emissionskoeffizient im Sperrbetrieb
                Temperature : real);   -- Temperatur
        PORT (TERMINAL collector, base, emitter : electrical);
END BJT;
        ARCHITECTURE EBERS_MOLL OF BJT IS
            CONSTANT ElectronCharge : real := 1.6021892E-19;
            CONSTANT Boltzmann : real := 1.380662E-23;
            CONSTANT Vth : real := Boltzmann * Temperature/ElectronCharge;
            QUANTITY Vbc across Ibc through base to collector;
            QUANTITY Vbe across Ibe through base to emitter;
```

```
    QUANTITY Itc through collector to emitter;
BEGIN
        -- Basis Kollektor Strom
        Ibc == Is0/Br * exp(Vbc/(Nr * Vth));
        -- Basis Emitter Strom
        Ibe == Is0/Bf * exp(Vbe/(Nf * Vth));
        -- Kolletor Emitter Strom
        Itc == Ibe * Bf - Ibc * Br;
END EBERS_MOLL;
```

3.17.5 Phasenregelschleife Version 1

Die folgenden beiden Beispiele illustrieren die Anwendung der meisten grundlegenden Konzepte von VHDL_AMS anhand der Modellbildung relativ einfacher gemischt analog-digitaler Systeme. Das erste Beispiel ist eine Phasenregelschleife[1] (*Phase Locked Loop*, PLL), die aus einem analogen Multiplizierer, einem Filter mit Tiefpasscharakteristik und einem spannungsgesteuertem Oszillator (*Voltage Controlled Oscillator*, VCO) besteht. Dieses Beispiel kann mit aktuellen Simulationsumgebungen (z.B. ADV-MS oder SystemVision von Mentor Graphics) kompiliert und simuliert werden.

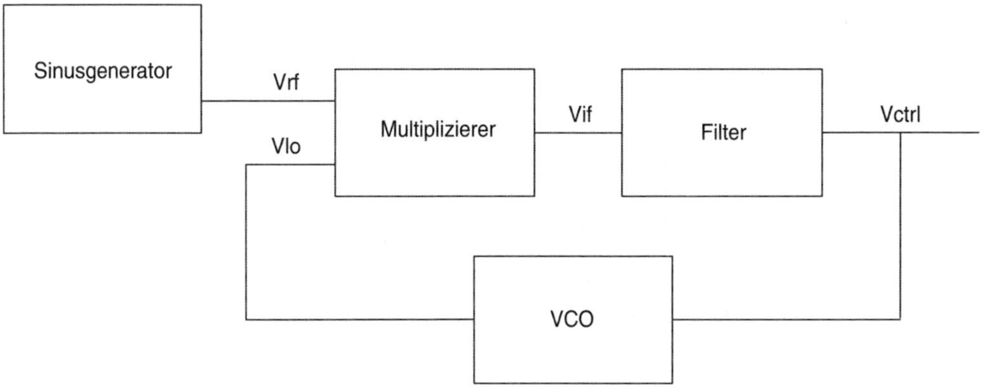

Bild 3.3 Schaltbild einer einfachen PLL

[1] Anmerkung des Herausgebers: In diesem Regelkreis führt man das Signal Vlo des spannungsgesteuerten Oszillators (VCO) und das Signal Vrf des Referenzoszillators dem Phasenvergleicher zu, der hier als Analogmultiplizierer ausgeführt ist. Unterscheiden sich beide Signale, dann wird am Ausgang des Multiplizierers eine Schwingung mit der Summen- und Differenzfrequenz als Signal Vif ausgegeben. Der Tiefpass unterdrückt die Summenfrequenz. Das Differenzsignal Vctrl steuert den Oszillator so, dass die Frequenzen von Vergleichs- und Eingangssignal (Vrf und Vlo) schließlich übereinstimmen. Das Signal des frei schwingenden Oszillators ist mit dem des Referenzoszillators phasenstarr verkoppelt.

Der VCO:

```
LIBRARY Disciplines;
USE Disciplines.electromagnetic_system.ALL;
LIBRARY ieee;
USE ieee.math_real.ALL;
ENTITY vco IS
            GENERIC (Gvco : real := 100.0e3);
            PORT (TERMINAL vin, vout, vm : electrical);
END;
ARCHITECTURE beh OF vco IS
            quantity V across I through vout to vm;
            quantity Ve across vin to vm; -- Eingangsspannung
BEGIN
            V == sin(2.0 * math_pi * (Gvco * Ve + 1.0e6) * now);
              --  die Eingansspannung steuert die Frequenz
END;
```

Der analoge Multiplizierer:

```
LIBRARY Disciplines;
USE Disciplines.electromagnetic_system.ALL;
ENTITY mult IS
            PORT (TERMINAL vpin1, vpin2, vpout, vm : electrical);
END;
ARCHITECTURE beh OF mult IS
            QUANTITY Vout ACROSS Iout THROUGH vpout TO vm;
            QUANTITY Vin1 ACROSS vpin1 TO vm;
            QUANTITY Vin2 ACROSS vpin2 TO vm;
BEGIN
            Vout == 2.5 * Vin1 * Vin2;
END;
```

Der Filter:

```
LIBRARY Disciplines;
USE Disciplines.electromagnetic_system.ALL;
LIBRARY ieee;
USE ieee.math_real.ALL;
ENTITY filtre IS
            PORT (TERMINAL vpin, vpout, vm : electrical);
END;
```

```
ARCHITECTURE beh OF filtre IS
            QUANTITY Vout ACROSS Iout THROUGH vpout TO vm;
            QUANTITY Vin ACROSS vpin TO vm;
            CONSTANT zf : real := 20.0e3;
            CONSTANT pf : real := 1.0e6;
            CONSTANT num : real_vector(1 to 2) := (1.0, 1.0/(2.0 * math_pi * zf));
            CONSTANT den : real_vector(1 to 2) := (1.0, 1.0/(2.0 * math_pi * pf));
BEGIN
            Vout == Vin'ltf(num, den); -- Laplace-Transformation siehe 3.13.2
END;
```

Der Generator des Sinussignals:

```
LIBRARY Disciplines;
USE Disciplines.electromagnetic_system.ALL;
LIBRARY ieee;
USE ieee.math_real.ALL;
ENTITY gene_sinus IS
            GENERIC (Ampl, freq, phase : real := 0.0);
            PORT (TERMINAL vp, vm : electrical);
END;
ARCHITECTURE beh OF gene_sinus IS
            QUANTITY V ACROSS I THROUGH vp TO vm;
            QUANTITY phasor : real spectrum 1.0, 0.0;
BEGIN
            V == Ampl * sin(2.0 * math_pi * freq * now + phase) + phasor;
END;
```

Die Testbench:

Hier wird der Knoten mit der Bezeichnung „gnd" benutzt. Dabei handelt es sich um das Referenzmaterial der Nature „electrical", elektronisch ausgedrückt, um das Massepotential.

```
LIBRARY Disciplines;
USE Disciplines.electromagnetic_system.ALL;
USE work.all;
ENTITY pll IS
END;
ARCHITECTURE beh OF pll IS
        TERMINAL Vrf, Vif, Vctrl, Vlo, gnd : electrical;
        QUANTITY vgnd ACROSS ignd THROUGH gnd;
BEGIN
        vgnd == 0.0;
        V1 : ENTITY gene_sinus GENERIC MAP (1.0, 10.0e5, 0.0)
```

```
            PORT MAP (vp => Vrf, vm => gnd);
        M : ENTITY mult
            PORT MAP (vpin1 => Vrf, vpin2 => Vlo, vpout => Vif, vm => gnd);
        U : ENTITY filtre
            PORT MAP (vpin => Vif, vpout => Vctrl, vm => gnd);
        VC : ENTITY vco GENERIC MAP (100.0e3)
            PORT MAP (vin => Vctrl, vout => Vlo, vm => gnd);
END;
```

3.17.6 Phasenregelschleife Version 2

Die zweite Variante des PLL-Modells ist etwas komplexer und verwendet einen sequentiellen Phasenkomparator. Bei der Kompilation kann es Probleme geben, wenn die verwendeten Simulationsumgebungen keine Port-Quantities zulassen. Gleichwohl kommen alle wichtigen Verfahrensweisen der Modellbildung im Beispiel zum Einsatz.

Der VCO als Verhaltensmodell :

```
LIBRARY disciplines;
USE disciplines.electromagnetic_system.ALL;
LIBRARY ieee;
USE ieee.math_real.ALL;
-- Definition der Funktionen max und mod(real) in folgendem Package
USE work.math_supp.ALL;
ENTITY VCO IS
            GENERIC (fc : real := 1.0E6;  -- Abschneidefrequenz der Spannung Vc
               df : real := 0.5E6;        -- [Hz/V], Verhältnis Frequenz/Spannung
               Vc : emf := 0.0);          -- Spannung für die Mittenfrequenz
            PORT (QUANTITY Vin : in emf;
               TERMINAL OutTerminal : electrical);
END ENTITY VCO;
ARCHITECTURE PhaseIntegrator OF VCO IS
            CONSTANT TwoPi : real := 6.283118530718;    -- 2pi
            QUANTITY Phase : real;                      -- Free quantity :
                      -- Definition eines Anschlusses für die Ausgangsspannung
            QUANTITY Vout ACROSS
            Iout THROUGH OutTerminal TO electrical_ground;
BEGIN
            BREAK Phase => 0.0;
            BREAK Phase => Phase MOD TwoPi ON Phase'above(TwoPi);
            Phase'DOT == TwoPi * max(0.5E6, fc + (Vin - Vc) * df);
            Vout == 2.5 * (1.0 + sin(Phase));
END ARCHITECTURE PhaseIntegrator;
```

Analoger Komparator: Verhaltensbeschreibung:

```
LIBRARY…; use…;
ENTITY AnalogComparator IS
            GENERIC (Vthreshold : emf := 0.0); -- [V] Vergleichsspannung
            PORT (TERMINAL Pve_T, Nve_T : electrical; -- Analogeingang
               SIGNAL Out_T : OUT BIT); -- Digitaler Ausgang
END ENTITY AnalogComparator;
ARCHITECTURE Behavior OF AnalogComparator IS
            QUANTITY DeltaV ACROSS Pve_T TO Nve_T; -- Differenzspannung
BEGIN
            Out <= '1' WHEN DeltaV'ABOVE(0.0)
               ELSE '0' WHEN not DeltaV'ABOVE(0.0);
END ARCHITECTURE Behavior;
```

Phasendetektor

```
LIBRARY…; USE…;
ENTITY RSFF IS
        GENERIC (DelayQ, DelayQB : TIME := 0 ps);
        PORT (SB, RB : IN BIT; Q, QB : OUT BIT);
END ENTITY RSFF;
ARCHITECTURE Behavior OF RSFF IS
        SIGNAL loc_q, loc_qb : bit := '0';
BEGIN
            loc_Q <= SB nand loc_QB after DelayQ;
            loc_QB <= RB nand loc_Q after DelayQB;
            Qb <= loc_qb;
            Q <= loc_q;
END ARCHITECTURE Behavior;
LIBRARY…; USE…;
ENTITY PhaseDetector IS
        PORT (In1, In2 : BIT;
             Up, Down : out BIT);
END ENTITY PhaseDetector;
ARCHITECTURE Structure OF PhaseDetector IS
        SIGNAL UpB, DownB, TQ, SUp, RDown, BQB, M : bit; -- Int. Signale
BEGIN
        -- Definition der benutzten internen Signale
        SUp <= M and TQ;
        RDown <= M and BQB;
        M <= not(TQ and UpB and DownB and BQB);
```

```
        -- Direkte Instanziierung
        RST : RSFF PORT MAP (SB => UpB, RB => M, Q => TQ, QB => open);
        RSB : RSFF PORT MAP (SB => M, RB => DownB, Q => open, QB => BQB);
        RSUp : RSFF PORT MAP (SB => SUp, RB => M, Q => UpB, QB => UpB);
END ARCHITECTURE Structure;
```

Analoger Filter

```
LIBRARY…; USE…;
        ENTITY AnalogFilter IS
        -- [A] Eingangsstrom
        GENERIC (InCurrent : current := 100.0E-6;
             -- Werte der Filterkomponenten
             R1 : REAL := 100.0E3; R2 : REAL := 10.0E3;
             C1 : REAL := 100.0E-12; C2 : REAL := 3.3E-9);
        PORT (SIGNAL Up, Down : bit;
             -- Signale, die die Stromquellen steuern
        TERMINAL Filter_T : electrical);
END ENTITY AnalogFilter;
ARCHITECTURE Circuit OF AnalogFilter IS
        TERMINAL Vc1_T, Vc2_T : electrical; -- Interner Knoten
        QUANTITY Isource THROUGH Vc1_T TO ground; -- Stromquelle
BEGIN
        BREAK ON UP, DOWN;
        -- Gleichungen die die Stromquellen modellieren
        IF Up = '1' and Down = '0' USE
             Isource == 100.0E-6;            -- 100 mA
        ELSIF Up = '0' and Down = '1' USE
             Isource == - 100.0E-6;               -- - 100 mA
        ELSE
             Isource == 0.0;                 -- No current;
        END USE;
        -- Annahme: die folgenden Komponenten wurden bereits definiert.
        C1 : capacitor GENERIC MAP (100.0E-12) PORT MAP (Vc1_T, ground);
        R1 : resistor GENERIC MAP (100.0E3) PORT MAP (Vc1_T, Vfilter);
        R2 : resistor GENERIC MAP (10.0E3) PORT MAP (Filter_T, Vc2_T);
        C2 : capacitor GENERIC MAP (3.3E-9) PORT MAP (Vc2_T, ground);
END ARCHITECTURE Circuit;
```

Digitaler Zähler:

```
LIBRARY…; USE…;
ENTITY Counter IS
        GENERIC (Count : positive := 2 ;-- Voreinstellung Teiler durch 2
             Delay : TIME := 0 ns);         -- Verzögerungszeit
        PORT (Input : in BIT; Output : out BIT);
END ENTITY Counter;
ARCHITECTURE Behavioral OF Counter IS
BEGIN
        PROCESS (Input) -- Input steht in der Sensitivitätsliste
                VARIABLE CurrentCount : natural := 0; -- Zählerstand
            BEGIN
                IF Input = '1' THEN -- Steigende Flanke
                CurrentCount := (CurrentCount + 1) MOD Count;
                -- Der Ausgang schaltet alle Count/2 Pulse
                IF CurrentCount < Count/2 THEN output <= '0' AFTER Delay;
                ELSE Output <= '1' AFTER Delay;
                END IF;
            END IF;
        END PROCESS;
END ARCHITECTURE Behavioral;
```

Strukturelle Beschreibung der PLL

```
LIBRARY…; USE…;
USE work.ALL;
ENTITY PLLFrequencyMultiplier IS
        PORT (TERMINAL InWave_T, OutWave_T : electrical);
END ENTITY PLLFrequencyMultiplier;
ARCHITECTURE MixedSignal OF PLLFrequencyMultiplier IS
            SIGNAL Vcomparator, Up, Down, Vcounter, VCO_D : BIT;
            TERMINAL Filter_T, VCO_T : electrical;
            QUANTITY Filter_V ACROSS FilterT TO electrical_ground;
            QUANTITY VCO_V ACROSS VCO_T TO electrical_ground;
            -- Alle Deklarationen der Komponenten können in einem Package
            -- gespeichert sein
        COMPONENT AnalogComparator IS
        PORT (TERMINAL Pve_T, Nve_T : electrical; SIGNAL Vout : OUT BIT);
        END COMPONENT;
        COMPONENT PhaseDetector IS
                PORT (In1, In2 : BIT; Up, Down : OUT BIT);
        END COMPONENT;
```

```
        COMPONENT AnalogFilter IS
                PORT (SIGNAL Up, Down : bit; -- Eingangssignale
               TERMINAL Filter_T : electrical); -- Analoger Ausgang
        END COMPONENT;
        COMPONENT VCO IS
            PORT (QUANTITY Vin : in voltage; TERMINAL Out_T : electrical);
        END COMPONENT;
        COMPONENT Counter IS
            PORT (Input : IN BIT; Output : OUT BIT);
        END COMPONENT;
BEGIN
Comparator_L : AnalogComparator
        PORT MAP (Pve_T => InWave_T,
            Nve_T => ground,
            Vout => Vcomparator);
PhaseDetector_L : PhaseDetector
        PORT MAP (In1 => Vcomparator,
            In2 => Vcounter,
            Up => Up, Down => Down);
Filter_L : AnalogFilter
        PORT MAP (Up => Up,
            Down => Down,
            Filter_T => Filter_T);
VCO_L : VCO
        PORT MAP (Vin => VCO_V,
            Out_T => VCO_T);
-- Wandlung des analogen Ausgangs des VCO in ein digitales Signal.
VCO_D <= '0' WHEN VCO_V'ABOVE(2.5) -- Schwelle
        ELSE '1' WHEN not VCO_V'ABOVE(2.5);
        Counter_L: Counter PORT MAP (Input => VCO_D, Output => Vcounter);
END ARCHITECTURE MixedSignal;
```

3.18 Übungen

3.18.1 Richtig oder Falsch?

Alias/Attribut/Group

1. Jedes Objekt kann verschiedene Namen tragen.
2. Sobald ein Alias vereinbart wurde, ist der ursprüngliche Name des Objekts nicht mehr zu verwenden.
3. Ein Attribut ist eine unveränderliche Eigenschaft eines Objekts.
4. Die Attribute des Kerns sind überladbar.
5. Die Group-Anweisung dient zur Erstellung virtueller Komponenten.
6. Eine Gruppe von Signalen entspricht einem Vektor aus Signalen.

Block/Generate

1. Ein Block erlaubt es sequentielle Anweisungen umzugruppieren.
2. Man kann in einem Block Port-Statements verwenden.
3. Ein Block kann genauso instanziiert werden, wie eine Komponente.
4. Ein Überwachungssignal ist für jeden Block implizit definiert.
5. Die GUARD-Bedingung ist für jeden Block implizit definiert.
6. Die GENERATE-Anweisung erlaubt es, Testvektoren zu erzeugen.

Unterprogramme

1. Es gibt keine Unterschiede zwischen Funktionen und Prozeduren.
2. Für einen nebenläufigen Aufruf ist notwendig, dass die Prozedur in einem Prozess steht.
3. Wenn das Interface einer Prozedur keine Signale enthält, dann kann sie nicht aus dem nebenläufigen Bereich aufgerufen werden.
4. Man kann eine Differentialgleichung mit einer Prozedur lösen, der man eine Quantity übergibt.

Sonstiges

1. Ein zeitlich verzögerter Prozess (POSTPONED) kann nur Signal-Zuweisungen zur Zeit null vornehmen.
2. Die POSTPONED Anweisung kann man benutzen, um Verzögerungsleitungen zu modellieren.
3. Ein POSTPONED-Prozess wird stets als Letzter in einem Simulationszyklus ausgeführt (bei festgehaltener Simulationszeit).
4. Eine Auflösungsfunktion kann nur benutzt werden, wenn die Signale reellwertig sind.
5. Die Auflösungsfunktion ist für den Anwender nicht zugänglich.
6. Alle Signale müssen aufgelöst werden können, damit es keine Konflikte bei der Simulation gibt.
7. Ein Signal mit der Eigenschaft REGISTER ist nie aufgelöst.

8. Wenn ein aufgelöstes Signal vom Typ BUS ist, dann nimmt es den Wert „Z“ an, wenn alle treibenden Signale abgeschaltet sind.
9. Es ist besser die Default-Konfiguration zu verwenden, weil dies viel einfacher ist.
10. Die in der Architektur eingebettete Konfiguration erlaubt es, alle Möglichkeiten der Sprache VHDL-AMS zu verwenden.
11. Nur die Konfiguration als Entwurfseinheit erlaubt es, den vollen Umfang von VHDL-AMS zu nutzen.
12. Das BREAK-Statement erzwingt einen digitalen Simulationspunkt bei jedem analogen Simulationspunkt.
13. Das BREAK-Statement synchronisiert in einem Modell die beiden Simulationskerne.
14. Im Fall einer Unstetigkeit können die Anfangsbedingungen der gewöhnlichen Differentialgleichungen nicht verändert werden.
15. Sobald ein Modell in VHDL-AMS ausgedrückt werden kann, dann lässt es sich simulieren.
16. Wenn das BREAK-Statement nicht benutzt wird, wenn sich analoge und digitale Signale gegenseitig beeinflussen, gibt es keine Garantie, dass die Modelle simulierbar sind.

3.18.2 JK-Flip-Flop mit Selbsttest und Optimierung im Hinblick auf kurze Simulationszeiten

Erweitern Sie das Modell des JK-Flip-Flops aus Aufgabe 2.15.3 so, dass über einen generischen Parameter (GENERIC) ein Selbsttest ausgelöst werden kann. Dieser Parameter, der z.B. „debug“ heißen und vom Typ BOOLEAN sein könnte, zeigt an, ob der Test auszuführen ist oder nicht. Das Ziel ist dabei, die Simulationszeit zu minimieren, nachdem der erste Test erfolgreich verlaufen ist.

3.18.3 N-Bit Register

Modelliere ein Register mit N Bit Wortbreite auf Verhaltensebene, wobei N ein generischer Parameter sein soll!

3.18.4 Generischer Zähler

Modellieren Sie einen Zähler mit N Bit zunächst auf Verhaltensebene, dann als strukturelles Modell, wobei N zum Zeitpunkt der Kompilation noch unbekannt sein soll!

3.18.5 Schnittstelle mit 1-Bit Breite zwischen digitalem und analogem Bereich (Synchronisation der Simulatorkerne)

a) Erstellen Sie ein Modell mit einem Eingangssignal des Typs BIT und einem Terminal-Port, das als Schnittstelle zwischen dem digitalen Bereich und dem analogen Bereich dienen kann und dessen analoger Ausgangswiderstand über einen GENERIC-Parameter frei gewählt werden kann. Die Ausgangsspannung soll dem Eingangssignal unverzögert folgen, wobei der dynamische Bereich der Ausgangsspannung zwischen 0 und 5 Volt liegen soll.

b) Bei diesem Modell können Probleme während der Simulation auftreten, weil die Zeitkonstante der Ausgangsspannung gleich null ist. Deshalb soll in einem zweiten Schritt das Modell so abgeändert werden, dass der Ausgang ein Zeitverhalten erster Ordnung zeigt, wobei die Zeitkonstante generisch zu wählen ist.

c) Verallgemeinern sie die Beschreibung so, dass die Zahl der bedienten digital/analogen Signale ebenfalls generisch einstellbar wird (alle Schnittstellen sollen dabei das gleiche Zeitverhalten zeigen).

3.18.6 Interface zwischen analogem und digitalem Bereich 1Bit/N Bit

a) Erstellen Sie ein Modell mit einem Ausgangssignal des Typs BIT und einem Terminal-Port, das als Schnittstelle zwischen dem analogen Bereich und dem digitalen Bereich dient. Die gesamte Reaktion sei generisch einstellbar.
b) Erweitern Sie das Modell dergestalt, dass der analoge Eingangswiderstand über einen GENERIC-Parameter frei gewählt werden kann.
c) Verallgemeinern sie die Beschreibung so, dass die Zahl der bedienten analogen Signale ebenfalls generisch einstellbar wird (Schnittstelle für N analoge Signale).

3.18.7 Widerstand mit Rauschen

a) Verändern Sie das Modell aus Übung 2.15.5 so, dass das thermische Rauschen des Widerstands berücksichtigt wird.
b) Verändern Sie das Modell aus Übung 2.15.5 so, dass das 1/f Rauschen des Widerstands berücksichtigt wird (obgleich dies im Prinzip das Rauschen eines pn-Übergangs ist).
c) Fassen sie die beiden Phänomene in einem Modell zusammen.

3.18.8 Frequenz- und Rauschanalyse

Entwickeln Sie ein Modell einer Konstant-Spannungsquelle, die zur Frequenzanalyse (AC-Analyse) eines anderen Modells (hier der Filter aus 3.18.9) dient und mit der man auch das System im Falle einer Rauschanalyse mit einem weißen Rauschen beaufschlagen kann (NOISE Analyse).

3.18.9 Filter

Entwickeln Sie ein Modell eines Filters 2. Ordnung mit einer Abschneidefrequenz von 8 kHz:

a) Beschreibung im Zeitbereich.
b) Beschreibung im Frequenzbereich mit dem Laplace-Formalismus.
c) Strukturelle Beschreibung mit einer Schaltung nach Sallen und Key.
d) Setzen Sie die Filterkomponente in eine Testbench, in der die Quelle aus 3.18.8 den Filter ansteuert.
e) Geben Sie eine Konfiguration an, in der die Architektur generisch bleibt.

3.18.10 Misch-Funktion

a) Definieren Sie einen Typ „Coleur“ als Tabelle von drei reellen Zahlen zwischen 0,0 und 1,0, sodass die euklidische Norm der drei Komponenten stets 1,0 ergibt. Definieren Sie weiterhin auf Basis dieses Typs einen aufgelösten Typ, also einen Typ mit einer Auflösungsfunktion „Mischung“!
b) Geben Sie die Definition einer Auflösungsfunktion an, die es ermöglicht die drei Farben zu mischen (mit A = (a, a’, a’’) und B (b, b’, b’’), $\|A\|$ = Norm von A). Wenn C das Ziel einer Zuweisung der Signale A und B ist, soll gelten: $C = \frac{(A+B)}{\|A+B\|}$.

3.18.11 Spannungsquelle zum Test von Transistoren

a) Beschreiben Sie ein Verhaltensmodell für eine Spannungsquelle, die ein Dreieckssignal erzeugt, das generisch in Bezug auf Zeitverhalten, die zugrunde gelegte Spannung und die Wiederholperiode parametrisiert ist.
b) Erweitern Sie das Modell dahingehend, dass eine kontinuierliche Spannung während jeder Halbperiode des Dreiecks erzeugt wird. Diese Spannung soll nach jeder Halbperiode um einen festen Wert erhöht werden (Treppenfunktion).

Solche Testgeneratoren sind sehr praktisch. wenn man Kennlinien von Modellen mit drei Anschlüssen aufnehmen will, insbesondere von Transistoren. Hier kann man z.B. den Kollektorstrom „Ic“ als Funktion der Kollektor-Emitter-Spannung „Vce“ aufnehmen und dabei schrittweise die Basis-Emitter-Spannung „Vbe“ erhöhen. So entsteht die Ausgangs-Kennlinie des Transistors in der üblichen Darstellung als parametrisierte Kurvenschar.

3.19 Lösungen der Übungen

3.19.1 Richtig oder Falsch?

Alias/Attribut/Group

1. Richtig, wenn ALIAS-Anweisungen verwendet werden.
2. Falsch. Der ursprüngliche Name bleibt gültig.
3. Falsch, denn das ist es, was eine Funktion von einem Attribut unterscheidet.
4. Richtig, denn die Attribute des Kerns sind Funktionen.
5. Falsch. Niemand weiß, wozu die Gruppen in dieser Sprache dienen sollen.
6. Falsch. Eine Gruppe ist nichts anderes als eine Menge von Objekten.

Block/Generate

1. Falsch. Ein Block beinhaltet nur nebenläufige Anweisungen.
2. Richtig. Sie müssen gleich danach zugeordnet werden.
3. Richtig.
4. Richtig. Dieses Signal heißt GUARD.
5. Falsch. Bei Bedarf muss diese nach dem Schlüsselwort BLOCK spezifiziert werden.
6. Falsch. Diese Anweisung erlaubt es, unter bestimmten Bedingungen oder in Schleifen VHDL-AMS-Anweisungen zu generieren.

Unterprogramme

1. Falsch. Eine Funktion liefert einen einzigen Wert, ohne ihre Umgebung zu beeinflussen und ist nur die Quelle einer Zuweisung und kann deshalb als verallgemeinerter Operator aufgefasst werden. Eine Prozedur hingegen kann ihre Umgebung beeinflussen, indem sie die übergebenen Parameter ändert. Eine Prozedur ist eine vollwertige Instruktion.
2. Falsch. Ein nebenläufiger Aufruf lässt sich einfach durch Verwendung des Namens der Prozedur in einer eigenständigen nebenläufigen Anweisung realisieren.
3. Falsch. Sie wird genau einmal zu Beginn der Simulation aufgerufen, auch wenn die Prozedur kein Signal vom Typ IN oder INOUT im Interface enthält. Diese Prozedur kann aber auch eine unendliche Schleife auslösen.
4. Falsch. Bei Verwendung einer Prozedur wird nur der aktuelle Wert einer Quantity übergeben. Um eine Ableitung oder ein Integral einer Größe zu berechnen, benötigt man den zeitlichen Verlauf und damit auch frühere Werte. Es wäre besser, eine prozedurale simultane Instruktion zu verwenden.

Verschiedenes

1. Falsch. Weil ein POSTPONED-Prozess nach dem letzten Delta-Zeitschritt im Simulationszyklus ausgeführt werden muss, wird er zur Zeit null nicht aktiviert, sondern später.
2. Falsch. Ein solcher Prozess wird, wie in Antwort 1 bereits ausgeführt, nach dem letzten Delta-Zeitschritt im Simulationszyklus gestartet. Während eines Simulationszyklus' wird aber die Simulationszeit angehalten. Delta-Schritte sind virtuelle Zeitschritte. Eine Ver-

zögerungsleitung verschleppt das Eintreffen eines Signals am Empfänger aber um eine physikalische Zeit, also um ein „delay". Das verzögerte Signal wird daher erst zu einem späteren Simulationszeitpunkt wirksam.

3. Richtig. Dies kann der Verifikation des restlichen Modells dienen. Diese virtuellen Verzögerungen (siehe 2.) gibt es in echten Schaltungen (Hardware) nicht.
4. Falsch. Diese Funktionen können für alle Typen definiert werden.
5. Falsch. Dies ist gerade eine der wichtigsten Eigenschaften von VHDL.
6. Falsch. Es sind nur für die Signale aufgelöste Typen sinnvoll, die von mehreren Quellen aus beschrieben werden können. Ansonsten wird der Simulator wegen der Prüfung unnötiger Auflösungsbedingungen langsam und kann daher nur einfache Modelle verifizieren.
7. Falsch. REGISTER-Signale sind immer aufgelöst. REGISTER gibt das Verhalten von Signalen für den Fall vor, dass alle treibenden Signale abgeschaltet sind.
8. Falsch. Das Signal nimmt den Wert an, den die Auflösungsfunktion für den Fall abgeschalteter Treiber (leere Eingangssignalmenge) ausgibt.
9. Falsch. Diese Verfahrensweise nimmt eine feste Zuordnung von Instanz und Modell vor und ist in keiner Weise flexibel.
10. Falsch. Um die Konfiguration zu ändern, muss die Architektur, die diese enthält, neu kompiliert werden.
11. Richtig. Dies ist eine der mächtigsten Konstrukte von VHDL, insbesondere weil mit Hilfe dieser Konstruktion das Arbeiten in Teams, die Entwicklung von Mehrfachabstraktionen und das Verwenden von hierarchischen Architekturen erst möglich wird.
12. Falsch. Diese Funktionsweise wäre katastrophal. Typischerweise liegen viele analoge Simulationsschritte zwischen zwei digitalen Schritten. Weiterhin gibt es keinen Grund, warum analoge und digitale Simulationspunkte zeitlich zusammenfallen sollten. Ein BREAK erzwingt vielmehr die Berechnung eines analogen Simulationspunktes (ASP) genau in dem Moment, in dem ein Event im digitalen Bereich (Logischer Simulationspunkt) stattfindet.
13. Richtig.
14. Falsch. Es reicht, ein BREAK-Statement einzufügen, um die neuen Anfangsbedingungen zu setzen.
15. Falsch. Dies trifft nicht immer zu! Man kann beispielsweise ein mathematisch nicht lösbares System von Differentialgleichungen als syntaktisch korrektes VHDL-AMS-Modell eingeben. Die Simulation kann dann selbstverständlich nicht konvergieren. Die Lösbarkeitsbedingungen innerhalb von VHDL-AMS sind nur notwendige aber nicht hinreichende Bedingungen. Sind die Lösbarkeitsbedingungen erfüllt, folgt daraus nicht sofort die tatsächliche Lösbarkeit! Die in der Norm angesprochenen gewöhnlichen DGLs (Differentialgleichungen) haben zwar theoretisch immer eine Lösung, falls man die Anfangsbedingungen kennt, aber über VHDL-AMS können auch algebraische Differentialgleichungen (ADGLs) vorgegeben werden, die nicht notwendigerweise eine berechenbare Lösung besitzen.
16. Richtig. Die Ergebnisse können leicht abweichen oder sogar falsch sein.

3.19.2 JK-Flip-Flop mit Selbsttest und Optimierung im Hinblick auf kurze Simulationszeiten

Es genügt, dem Modell aus Übungsaufgabe 2.15.3 die folgenden Zeilen hinzuzufügen:

```
IF debug GENERATE
        -- Prozesse zum Selbsttest
END GENERATE;
```

Wenn während der Elaboration die Größe „debug" den Wert „wahr" aufweist, dann werden die Testprozesse eingeschlossen, andernfalls sind sie nicht Bestandteil des zu simulierenden Modells.

3.19.3 N-Bit Register

Bei diesem Modell verwenden wir unter anderem die GENERIC-Anweisung, einen überwachten Block (guarded block) und eine bedingte nebenläufige Zuweisung:

```
LIBRARY IEEE;
USE ieee.std_logic_1164.ALL;
ENTITY REG_N IS
          GENERIC (Size : positive := 1);        -- Breite des Registers,
                                                 -- voreingestellt auf "1"
             PORT (SIGNAL CLK : IN std_ulogic;   -- Takt
             SIGNAL D : IN bit_vector(1 to Size);
             SIGNAL Q : OUT bit_vector(1 to Size));
END;
ARCHITECTURE beh1 OF REG_N IS
BEGIN
          Lbl : BLOCK (clk'event and clk = '1')
          BEGIN
             Q <= GUARDED D; -- D wird Q nur dann zugewiesen, wenn eine
                             -- steigende Taktflanke vorliegt
          END BLOCK;
END;
ARCHITECTURE beh2 OF REG_N IS
BEGIN
          Q <= D WHEN clk = '1';
     -- statt eines Blocks, direkte Signalzuweisung, aber nicht flanken- sondern
     -- pegelgesteuert!
END;
```

3.19.4 Generischer Zähler

Unter der Annahme, dass eine Funktion zur Konversion von ganzen Zahlen (Integer) in Bit-Vektoren zur Verfügung steht (siehe Packages z.B. std_logic_arith in der IEEE-Library) ergibt sich folgendes Verhaltensmodell:

```
LIBRARY IEEE;
USE ieee.std_logic_1164.ALL;
USE ieee.std_logic_arith.ALL;
        -- Hier findet sich die Konversionsfunktion to_stdulogicvector, die weiter
        -- unten die Zahl Qloc in einen Std_ulogic_vector der Breite N umformt
             GENERIC (N : natural := 1);
             PORT (SIGNAL CLK : IN std_ulogic;
             SIGNAL Q : OUT std_ulogic_vector ((N - 1) DOWNTO 0));
END;
ARCHITECTURE first_try OF Count_int_N IS
BEGIN
             Count : PROCESS
                VARIABLE Qloc : integer := 0;
             BEGIN
                WAIT UNTIL clk = '1' AND clk = '1';
                Qloc := Qloc + 1 MOD 2 ** N;
                Q <= to_stdulogicvector(Qloc, N));
             END PROCESS;
END;
```

Die strukturelle Variante des Modells zeigt die Vorteile eines GENERATE-Statements. Die Verschachtelung einer bedingten und einer iterativen (schleifenförmigen) Generate-Anweisung ermöglicht es, evtl. auftretende Probleme mit der Indizierung innerhalb der Struktur zu lösen[1]. Es werden nur die Modelle instanziiert, die auch tatsächlich gebraucht werden.

```
LIBRARY IEEE;
USE ieee.std_logic_1164.ALL;
ENTITY Count_bit_N IS
        GENERIC (N : positive := 1);
        PORT (SIGNAL CLK : IN std_ulogic;
             SIGNAL Q : OUT std_ulogic_vector(0 TO (N - 1)));
                -- LSB zuerst
END;
USE work.ALL;
```

[1] Anmerkung des Herausgebers: Um dieses Modell verwenden zu können, muss das JK-Flip-Flop-Modell aus Aufgabe 2.15.3 in kompilierter Form in der WORK-Library vorhanden sein.

```
ARCHITECTURE struct OF Count_bit_N IS
        -- Lokale Signale für interne Zustände
        SIGNAL Qloc, Qet : std_ulogic_vector(0 TO N - 1);
        SIGNAL one : std_ulogic := '1';
BEGIN
        lbl1 : FOR i IN 0 TO N - 1 GENERATE
             lbl2 : IF i = 0 GENERATE
                JKfirst : ENTITY JKedge(beh) PORT MAP (one, one, CLK, Qloc(0));
                Qet(0) <= Qloc(0);
             END GENERATE;
             Lbl3 : IF not(i = 0) GENERATE
                JKother : ENTITY JKedge(beh)
                  PORT MAP (Qet(i - 1), Qet(i - 1), CLK, Qloc(i));
                       Qet(i) <= Qloc(i) and Qet(i - 1);
             END GENERATE;
        END GENERATE;
        Q <= Qloc;
END;
```

3.19.5 Schnittstelle mit 1-Bit Breite zwischen digitalem und analogem Bereich (Synchronisation der Simulatorkerne)

a)

```
LIBRARY DISCIPLINES;
USE DISCIPLINES.electromagnetic_system.ALL;
LIBRARY IEEE;
USE ieee.std_logic_1164.ALL;
ENTITY D2A IS
             GENERIC (Rout : real := 1_000.0); -- Ausgangswiderstand
             PORT (SIGNAL input : IN BIT;
             TERMINAL outp, outm : electrical);
END;
ARCHITECTURE simple OF D2A IS
             QUANTITY Vout ACROSS Iout THROUGH outp TO outm;
BEGIN
             BREAK ON input; -- Erzwingt die Berechnung eines analogen
                             -- Arbeitspunktes
             IF input = '0' USE
                Vout == 5.0 + Rout * Iout;
             ELSE
                Vout == Rout * Iout;
             END USE;
END;
```

Im hier verwendeten Verbraucherzählpfeilsystem wird ein Strom genau dann positiv gezählt, wenn er in einen positiven Anschluss hineinfließt (d.h. in den Anschluss „outp", der in der Terminal-Definition als Erster genannt wird). Folglich muss die Gleichung für die Ausgangsspannung „Vout" als Spannung zwischen „outp" und „outm" ein positives Vorzeichen aufweisen. Wenn der Ausgang mit einer Stromquelle verbunden wird, dann entsteht bei input = 1 aufgrund des Spannungsabfalls am Ausgangswiderstand „Rout" eine positive Ausgangsspannung. Liegt als digitales Eingangssignal der Wert „input = 0" an, dann wird „Vout" wieder aus dem Spannungsabfall am Ausgangswiderstand berechnet und dann um 5 Volt nach oben verschoben.

b)

```
LIBRARY DISCIPLINES;
USE DISCIPLINES.electromagnetic_system.ALL;
LIBRARY IEEE;
USE ieee.std_logic_1164.ALL;
ENTITY D2A_2 IS
            GENERIC (Rout : real := 1_000.0; tau : real := 0.001);
            PORT (SIGNAL input : IN BIT;
            TERMINAL outp, outm : electrical);
END;
ARCHITECTURE simple OF D2A_2 IS
            QUANTITY Vout ACROSS Iout THROUGH outp TO outm;
BEGIN
            BREAK ON input; -- Erzwingt die Berechnung eines analogen
                            -- Arbeitspunktes
            IF input = '0' USE
               Vout + tau * Vout'dot == 5.0 + Rout * Iout;
            ELSE
               Vout + tau * Vout'dot == Rout * Iout;
            END USE;
END;
```

Das Zeitverhalten erster Ordnung mit der Zeitkonstanten „tau" wird durch die Zeitableitung der Ausgangsspannung Vout'dot nachgebildet. Die Ausgangsspannung folgt einer Stromänderung nicht unmittelbar, sondern um „tau" verzögert.

c)

Die Verallgemeinerung ist einfach, wenn man vektorwertige Terminals benutzen darf, was aber nicht bei allen Simulationsumgebungen möglich ist. Man beachte, dass die Architektur die gleiche ist. Die in „MYLIB" definierten Operatoren, die auch vektorielle Größen verknüpfen können, verhalten sich analog zu ihren skalaren Prototypen. Zum Beispiel, wenn eine skalare Größe mit einem Vektor multipliziert wird, dann wird jede Vektorkomponente mit dem Skalar multipliziert.

```
LIBRARY DISCIPLINES, MYLIB;
-- MYLIB enthält eine Überladung der Multiplikation '*' für Vektoren
USE DISCIPLINES.electromagnetic_system.all MYLIB.MULT.ALL;
LIBRARY IEEE;
USE ieee.std_logic_1164.all;
ENTITY D2A_3 IS
        GENERIC (N : positive := 1;
        Rout : real := 1_000.0;
        tau : real := 0.001);
        PORT (SIGNAL input : IN BIT_vector (1 TO N);
        TERMINAL outp, outm : electrical_vector(1 TO N));
END;
ARCHITECTURE simple OF D2A_3 IS
        QUANTITY Vout ACROSS Iout THROUGH outp TO outm;
        CONSTANT ZERO : BIT_VECTOR (INPUT'RANGE) := (OTHERS => '0');
BEGIN
        BREAK ON input; -- Implizite Definition von N verschiedenen Instruktionen
            IF input = ZERO use
            Vout + Tau * Vout'dot == 5.0 + Rout * Iout;
        ELSE
            Vout + tau * Vout'dot == Rout * Iout;
        END USE;
END;
```

3.19.6 Interface zwischen analogem und digitalem Bereich 1Bit/N Bit

a)

```
LIBRARY DISCIPLINES;
USE DISCIPLINES.electromagnetic_system.ALL;
LIBRARY IEEE;
USE ieee.std_logic_1164.ALL;
ENTITY A2D IS
        GENERIC (Seuil : real := 2.5); -- Schaltschwelle voreingestellt auf 2,5V
        PORT (SIGNAL output : OUT BIT;
        TERMINAL inp, inm : electrical);
END;
ARCHITECTURE simple OF A2D IS
        QUANTITY Vin ACROSS inp TO inm;
BEGIN
            Output <= '1' WHEN vin'above(seuil) ELSE '0';
END;
```

Vin'above(seuil) erzeugt ein Ereignis (Event), das die nebenläufige Zuweisung von '0' oder '1' auslöst, je nachdem in welchem Verhältnis „Vin“ zur Schwellspannung „seuil“ steht.

Dieses Modell ist für beliebige Innenwiderstände der an den Eingang angeschlossenen Spannungsquelle brauchbar. Das bedeutet, dass der Eingangswiderstand des Modells als unendlich groß angenommen wird.

b)

```
LIBRARY DISCIPLINES;
USE DISCIPLINES.electromagnetic_system.ALL;
LIBRARY IEEE;
USE ieee.std_logic_1164.ALL;
ENTITY A2D_R IS
            GENERIC (Seuil : real := 2.5;
            Rin : real := 1_000.0);
            PORT (SIGNAL output : OUT BIT;
            TERMINAL inp, inm : electrical);
END;
ARCHITECTURE simple OF A2D_R IS
            QUANTITY Vin ACROSS Iin THROUGH inp TO inm;
BEGIN
            Vin == Rin * Iin;
            Output <= '1' WHEN vin'above(seuil) ELSE '0';
END;
```

Das Verhalten hängt hier vom Verhältnis zwischen dem Eingangswiderstand „Rin“ des Wandlers zu dem Ausgangswiderstand der Komponente ab, die in einem strukturellen Modell später mit dem Eingang des Wandlers verbunden ist.

c)[1]

```
LIBRARY DISCIPLINES;
USE DISCIPLINES.electromagnetic_system.ALL;
LIBRARY IEEE;
USE ieee.std_logic_1164.ALL;
ENTITY A2D_R_N IS
            GENERIC (Seuil : real := 2.5;
            Rin : real := 1_000.0;
            N : positive := 1);
```

[1] Anmerkung des Herausgebers: Das Modell ist zwar genau in dieser Form lauffähig, wenn aber die Breite N des digitalen Ausgangswortes nicht den Default-Wert $N = 1$ sondern sinnvollerweise einen größeren Wert aufweist (bei einem 8-Bit-Wandler z.B. $N = 8$), dann muss die Architektur-Beschreibung angepasst werden. In der dem Buch beiliegenden CD findet sich in der SystemVision-Laboranleitung eine Wandlerarchitektur mit generischer Wortbreite für einen Wandler nach dem Wägeprinzip (SAR-Verfahren).

```
PORT (SIGNAL output : OUT BIT_vector(1 TO N);
            TERMINAL inp, inm : electrical_vector(1 TO N));
END;
ARCHITECTURE simple OF A2D_R_N IS
            QUANTITY Vin ACROSS Iin THROUGH inp TO inm;
BEGIN
            Vin == Rin * Iin;
            Output <= '1' WHEN vin'above(seuil) ELSE '0';
END;
```

3.19.7 Widerstand mit Rauschen

a)

Es wird angenommen, dass in diesem Beispiel die Umgebungstemperatur über die geteilte Variable (Shared Variable) „amb_temp“ zur Verfügung steht. Die Boltzmannkonstante „physical_k“ wird dem Package „DISCIPLINES.physical_constants” mit physikalischen Konstanten entnommen.

```
LIBRARY DISCIPLINES;
USE DISCIPLINES.electromagnetic_system.ALL;
USE DISCIPLINES.physical_constants.ALL;
ENTITY R_noise_therm IS
            GENERIC (R_value : real := 1_000.0);
            PORT (TERMINAL a, b : electrical);
END;
ARCHITECTURE equ OF R_noise_therm IS
            QUANTITY V ACROSS I THROUGH a TO b;
            QUANTITY therm_noise : real NOISE 4.0 * amb_temp * physical_K/R_value;
BEGIN
            V == R_value * I + therm_noise; -- Ohmscher Spannungsabfall plus
                                            -- Rauschspannung
END;
```

b)

```
LIBRARY DISCIPLINES;
USE DISCIPLINES.electromagnetic_system.all;
ENTITY R_noise_f IS
            GENERIC (R_value : real := 1_000.0;
            Kf : real := 1.0);
            PORT (TERMINAL a, b : electrical);
END;
```

```
ARCHITECTURE equ OF R_noise_f IS
            QUANTITY V ACROSS I THROUGH a TO b;
            QUANTITY f_noise : real NOISE Kf/frequency;
BEGIN
            V == R_value * I + f_noise;
END;
```

c)

```
LIBRARY DISCIPLINES;
USE DISCIPLINES.electromagnetic_system.all;
USE DISCIPLINES.physical_constants.ALL;
ENTITY R_noise IS
            GENERIC (R_value : real := 1_000.0;
               Kf : real := 1.0);
            PORT (TERMINAL a, b : electrical);
END;
ARCHITECTURE equ OF R_noise IS
            QUANTITY V ACROSS I THROUGH a TO b;
            QUANTITY f_noise : real NOISE Kf/frequency;
            QUANTITY therm_noise : real NOISE 4.0 * amb_temp * physical_K/R_value;
BEGIN
            V == R_value * I + f_noise + therm_noise;
END;
```

3.19.8 Frequenz- und Rauschanalyse

Wenn man eine Konstantspannungsquelle modelliert, kann man mit Hilfe dieser Quelle eine Frequenzanalyse (AC-Analysis) des Modells durchführen, das mit dieser Quelle verbunden ist. Gleiches gilt für die Rauchanalyse (NOISE-Analysis) mit weißem Rauschen.

```
LIBRARY Disciplines;
USE Disciplines.electromagnetic_system.ALL;
ENTITY gene_ac_noise IS
            GENERIC (V_value : real := 5.0);
            PORT (TERMINAL vp, vm : electrical);
END;
ARCHITECTURE beh OF gene_ac_noise IS
            QUANTITY V ACROSS I THROUGH vp TO vm;
            QUANTITY Vnoise : real NOISE 1.0;  -- weißes Rauschen
            QUANTITY Vac : real SPECTRUM 1.0, 0.0; -- Sinusquelle mit konstanter
                                                  -- Amplitude
BEGIN
            V == V_value + Vnoise + Vac;
END;
```

3.19.9 Filter

a) Zeitbeschreibung

```
LIBRARY disciplines;
USE disciplines.electromagnetic_system.ALL;
LIBRARY ieee;
USE ieee.math_real.ALL;
USE work.ALL;
ENTITY filtre IS
            PORT (TERMINAL Ei, Eo : electrical);
END;
ARCHITECTURE behavior OF filtre IS
            CONSTANT wc : real := 50.165e3;
            CONSTANT qp : real := 0.70710678;
            QUANTITY Vi ACROSS Ii THROUGH Ei TO electrical_ground;
            QUANTITY Vo ACROSS Eo TO electrical_ground;
BEGIN
            Wc ** 2 * Vo + wc/qp * Vo'dot + Vo'dot'dot == wc ** 2 * Vi;
END;
```

b) Beschreibung mit dem Laplace-Formalismus

```
ARCHITECTURE laplace OF filtre IS
            CONSTANT wc : real := 50.165e3;
            CONSTANT qp : real := 0.70710678;
            CONSTANT num : real_vector (2 DOWNTO 0) := (wc * wc, 0.0, 0.0);
            CONSTANT den : real_vector (2 DOWNTO 0) := (wc * wc, wc/qp, 1.0);
            QUANTITY Vi ACROSS Ii THROUGH Ei TO electrical_ground;
            QUANTITY Vo ACROSS Eo TO electrical_ground;
BEGIN
            Vo == Vi'ltf(num, den);
END;
```

c) Strukturelle Beschreibung mit einer Architektur nach Sallen und Key.

Wir verwenden eine direkte Instanziierung der Basismodelle, von denen vorausgesetzt wird, dass sie sich in der WORK-Library befinden.

```
ARCHITECTURE structural OF filtre IS
            TERMINAL alim_p, alim_m, t1, t2, t3 : ELECTRICAL;
            QUANTITY Valim ACROSS Ialim THROUGH alim_p TO alim_m;
BEGIN
            Valim == 30.0;
            r1 : ENTITY R GENERIC MAP (2000.0) -- Widerstände r1, r2 und r3, r4
                 PORT MAP (Ei, t1);
            r2 : ENTITY R GENERIC MAP (2000.0)
                 PORT MAP (t1, t2);
            c1 : ENTITY C GENERIC MAP (10.0e-9) – Kondensatoren c1 und c2
                 PORT MAP (t1, Eo);
            c2 : ENTITY C GENERIC MAP (10.0e-9)
                 PORT MAP (t2, electrical_ground);
            ao1 : ENTITY ampliop -- Operationsverstärker
                  PORT MAP (vplus => t2,
                  vmoins => t3,
                  tout => Eo,
                  alim_p => alim_p,
                  alim_m => alim_m);
            r3 : ENTITY R GENERIC MAP (1000.0)
                 PORT MAP (t3, electrical_ground);
            r4 : ENTITY R GENERIC MAP (585.78)
                 PORT MAP (t3, Eo);
END ARCHITECTURE structural;
```

d) Filter in der Testbench

```
LIBRARY disciplines;
USE disciplines.electromagnetic_system.ALL;
LIBRARY ieee;
USE ieee.math_real.ALL;
USE WORK.ALL;
ENTITY filtre_testbench IS
END;
ARCHITECTURE generic_arch OF filtre_testbench IS
            TERMINAL t1, t2 : electrical;
            COMPONENT A
            PORT (TERMINAL x, y : electrical);
        END COMPONENT;
BEGIN
            gene : ENTITY gene_ac_noise(beh)
               PORT MAP (t1, electrical_ground);
            filter : A PORT MAP (x => t1, y => t2);
END ARCHITECTURE generic_arch;
```

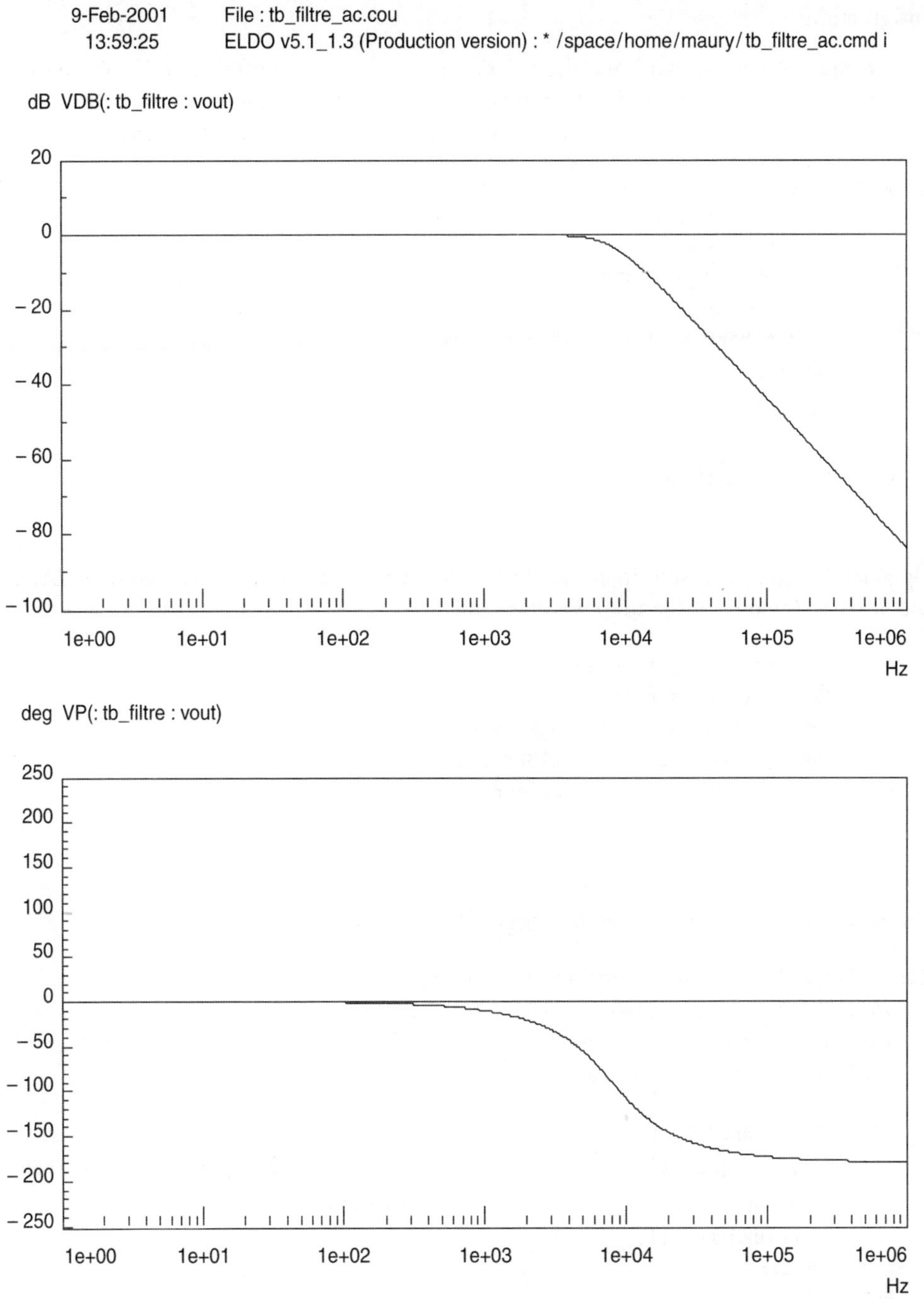

Bild 3.4 Ausgangsfunktion des Filters. Die Kurven der Verhaltensbeschreibung, der Laplacebeschreibung und des strukturellen Modells sind übereinander gelegt.

e) Konfiguration

Wenn die Komponenten einmal kompiliert vorliegen, genügt es, die folgende Konfiguration zu übersetzen und zu elaborieren. Man kann auch die Zusammenstellung der Modelle verändern, ohne dass dazu die Modelle oder die Testbench abgeändert werden müssten.

```
CONFIGURATION test_structural OF filtre_testbench IS
            FOR generic_arch
               FOR filter : A
                USE ENTITY WORK.filtre(structural)
                PORT MAP (Ei => x, Eo => y);
               END FOR;
            END FOR;
END test_structural;
```

3.19.10 Misch-Funktion

a)

Die folgenden Definitionen sind in ein Package einzufügen, das mit den geeigneten LIBRARY- und USE-Statements aufgerufen werden kann.

```
TYPE primaire IS (rouge, vert, bleu);
TYPE couleur IS array(primaire)of real;
TYPE couleur_vec IS array(natural range <>)of couleur;
FUNCTION melange (s : couleur_vec) RETURN couleur;
SUBTYPE melange_couleur IS melange couleur;
```

b)

Diese Funktion sollte sich im Körper des obigen Packages befinden.

```
FUNCTION melange (s : couleur_vec) RETURN couleur IS
        VARIABLE result : couleur := (0.0, 0.0, 0.0);
        VARIABLE count : integer := 0;
        VARIABLE norme : real := 0.0;
BEGIN
        FOR i IN s'RANGE LOOP
          IF sqrt(s(i)(rouge) ** 2 + s(i)(vert) ** 2 + s(i)(bleu) ** 2)/= 1.0 THEN
              REPORT "couleur nicht normiert" SEVERITY error;
              RETURN result;
           END IF;
        END LOOP;
```

```
        FOR i IN s'RANGE LOOP
            FOR j IN result'RANGE LOOP
                result(j) := result(j) + s(i)(j);
            END LOOP;
        END LOOP;
        norme := sqrt(result(rouge) ** 2 + result(vert) ** 2 + result(bleu) ** 2);
        IF norme/= 0.0 THEN
            FOR j IN result'RANGE LOOP
                result(j) := result(j)/norme;
            END LOOP;
        END IF;
        RETURN result;
END melange;
```

Hier geht die Annahme ein, dass die Operatoren '/' und '+' für den Typ „coleur" überladen wurden. Ist dies nicht der Fall, dann müssen die Indizes im Rahmen einer Schleife durchlaufen werden und die Operatoren in ihrer ursprünglichen Bedeutung auf die reellen Komponenten der Farbvektoren vom Typ „coleur" angewendet werden.

Dieses Beispiel zeigt, dass der abstrakte Gebrauch von VHDL-AMS möglich ist und dass eine Auflösungsfunktion ein wichtiges Hilfsmittel sein kann.

3.19.11 Spannungsquelle zum Test von Transistoren

a) Verhaltensmodell für eine Quelle, die eine Dreiecksspannung erzeugt;

```
LIBRARY disciplines;
USE disciplines.electromagnetic_system.ALL;
LIBRARY ieee;
USE ieee.math_real.ALL;
ENTITY rampe2 IS
            GENERIC (amplitude : real := 5.0;
                dem_periode : time := 20 ns);
            PORT (TERMINAL t_ramp, tlm : electrical);
END;
ARCHITECTURE equ OF rampe2 IS
            QUANTITY v_ramp ACROSS i_ramp THROUGH t_ramp TO tlm;
            SIGNAL clkr : REAL := 0.0;
            CONSTANT dem_periode_real : real := dem_periode/ns * 1.0e-9;
BEGIN
            p0 : PROCESS
               BEGIN
                 clkr <= 1.0 - clkr;
                 WAIT FOR dem_periode;
```

```
            END PROCESS;
    v_ramp == amplitude * clkr'ramp(dem_periode_real, dem_periode_real);
END;
```

b) Dreiecksspannung und Stufenspannungsquelle

```
LIBRARY disciplines;
USE disciplines.electromagnetic_system.ALL;
LIBRARY ieee;
USE ieee.math_real.ALL;
ENTITY escalier_plus_rampe IS
            GENERIC (v_offset_esc : real := 0.0;
               dem_T : time := 50 ns;
               v_incre : real := 0.5;
               amplitude : real := 2.5;
               v_offset_ramp : real := 0.0;
               n_steps : integer := 2);
            PORT (TERMINAL t_esc, t_ramp, tlm : electrical);
END;
ARCHITECTURE equ OF escalier_plus_rampe IS
            QUANTITY v_esc ACROSS i_esc THROUGH t_esc TO tlm;
            QUANTITY v_ramp ACROSS i_ramp THROUGH t_ramp TO tlm;
            SIGNAL clkr : real := 1.0;
            SIGNAL v_step : real := 0.0;
            CONSTANT dem_T_real : real := dem_T/ns * 1.0e-9;
BEGIN
            p0 : PROCESS -- Génération d'horloge pilote
                BEGIN
                    clkr <= 1.0 - clkr;
                    WAIT FOR dem_T;
               END PROCESS;
            p1 : PROCESS
                VARIABLE count : integer := 0;
               BEGIN
                    v_step <= real(count) * v_incre;
                    count := count + 1 MOD n_steps;
                    WAIT ON clkr;
               END PROCESS;
               BREAK ON v_step, clkr;
               v_esc == v_step + v_offset_esc;
    v_ramp == amplitude * clkr'ramp(dem_T_real, dem_T_real) + v_offset_ramp;
END;
```

4 Industrielle Anwendungen

Informationen im Internet

Man kann sich aus dem Internet fertige VHDL-AMS-Modelle und Beschreibungen der Sprache herunterladen. Es genügt, die entsprechenden Schlüsselworte in eine Suchmaschine einzutippen. Die Schwierigkeit besteht darin, die Fundstellen nach ihrer Aktualität zu sichten, denn es existieren im Internet viele veraltete Dokumente und Dateien, die aus der Zeit vor der Normung stammen. Auch unfertige Arbeiten finden sich im Netz. Ein zuverlässiger Link ist www.eda.org/vhdl-ams.

Steht einem keine Simulationsumgebung zur Verfügung, kann man für die ersten Versuche sog. *Parser* aus dem Internet verwenden, mit denen man Modelle – wie beim Kompilieren – analysieren kann und Syntaxfehler angezeigt bekommt. Ein solches Werkzeug findet sich zum Beispiel unter: http://www.syssim.ecs.soton.ac.uk/vhdl-ams/web-parser/web-parser.html.

4.1 Erprobte Methoden und Verfahren

VHDL-AMS ist eine modulare Sprache, in der die Objekte explizit und daher eindeutig benannt werden können. In geschriebenen Sprachen (wie der menschlichen) sind hingegen zahlreiche Erklärungen und Kommentare nötig, um die Interpretation eindeutig zu gestalten. VHDL-AMS ist sogar schon beim Lesen weitgehend verständlich. Daher werden in der Regel nur wenige Kommentarzeilen benötigt, um die Funktion eines Modells zu erklären. Natürlich ist es auch möglich, unverständliche Beschreibungen in VHDL-AMS zu erzeugen. Es ist daher immer wichtig, besondere Sorgfalt bei der Gestaltung des Quellcodes walten zu lassen und die Objekte in sinnvoller Art und Weise zu benennen. Die folgenden beiden Beispiele stellen Source-Codes für dasselbe Modell dar. Die erste Version bleibt ohne ausreichende Kommentierung unverständlich, während die zweite Variante selbsterklärend ist. Es reicht im Übrigen auch nicht mehr aus, den Quellcode nur geeignet mit Einrückungen zu formatieren, um für alle zukünftigen Anwendungen gerüstet zu sein. Heute gibt es sogar spezielle Werkzeuge, die den Entwickler dabei unterstützen, seine Modelle korrekt darzustellen: Farb-Editoren, direkte Syntax-Prüfer, die Fehler schon beim Eintippen anzeigen, spezielle Druckformate etc.

In den folgenden Beispielen sind die Schlüsselwörter der Einfachheit halber nicht immer fett gedruckt, wie in den vorherigen Beispielen, denn die Grundlagen von VHDL-AMS sind gelegt.

Beispiel für schlechte Code-Gestaltung:

```
LIBRARY IEEE; use ieee.std_logic_1164.all; use ieee.math_real.all;
entity x is port (a, b : std_ulogic; c : out std_ulogic); end;
architecture z of x is
begin c <= a after 3 ns when (b'event and b = '1') else unaffected; end;
architecture z2 of x is
begin
process
begin
wait until b = '1';
c <= a after 3 ns;
end process;
end;
architecture z3 of x is
begin
process
begin
wait until b = '1';
c <= a after 3 ns;
end process;
end;
```

Beispiel für eine verbesserte Darstellung des obigen Quellcodes:

```
LIBRARY IEEE;
use ieee.std_logic_1164.all;
use ieee.math_real.all;
ENTITY bascd IS
        GENERIC (tpd : time := 10 ns);
        PORT (SIGNAL d, clk : IN std_ulogic;
             SIGNAL q : OUT std_ulogic);
END ENTITY bascd;
LIBRARY ieee;
USE ieee.math_real.all;
ARCHITECTURE beh1 OF bascd IS
BEGIN
        q <= d after tpd when (clk'EVENT and clk = '1') else UNAFFECTED;
END ARCHITECTURE beh1;
ARCHITECTURE beh2 OF bascd IS
BEGIN
        bascp : PROCESS
        BEGIN
             WAIT UNTIL CLK = '1';
```

```
        Q <= D AFTER tpd;
    END PROCESS bascp;
END ARCHITECTURE beh2;
```

4.1.1 Modularisierung

Unter *Modularisierung* versteht man die Unterteilung des Entwurfs in kleinere und damit einfacher erfassbare und zu handhabende Einheiten. Die Norm unterscheidet zwischen fünf verschiedenen Entwurfseinheiten, *Design Units*. Wird eine Entwurfseinheit erneut kompiliert, bleiben alle Dateien unberührt, die nicht betroffen sind. Dies reduziert die Fehleranfälligkeit und den Zeitaufwand. Jede Entwurfseinheit sollte deshalb in einer eigenen Datei abgespeichert sein und die notwendigen LIBRARY- und USE-Anweisungen enthalten. Obwohl diese Vorgehensweise die Entwurfsdaten in viele Dateien aufteilt, gibt es doch zahlreiche Vorteile. So lässt sich beispielsweise eine neue Konfiguration ohne neue Übersetzung der Source-Codes der Komponenten erstellen. Die Werkzeuge zur Simulation prüfen aber die Kohärenz der Kompilationszeitpunkte[1]. Es besteht nämlich die Gefahr, dass man die Ordnung der Design Units durcheinander bringt, wenn man eine Unit ändert und die entsprechende Datei rekompiliert, falls in dieser Datei noch andere Entwurfseinheiten enthalten sind, die dann mit übersetzt werden. Die versehentlich mit kompilierten Modelle erhalten dann den aktuellen Kompilationszeitpunkt zugewiesen und der wird später sein als derjenige der Modelle, die diese Design Units wieder als Komponenten verwenden. Die hierarchische Ordnung der Design Units in einer Datei wird im Übrigen von den USE-Statements und den Instanziierungen in den Modellen vorgegeben. Ein weiterer Vorteil der Partitionierung in kleine (und verifizierte) Entwurfsdateien besteht darin, dass diese dann leicht mit anderen Ingenieuren ausgetauscht werden können.

Packages ermöglichen es, Unterprogramme, selbst definierte Typen und Komponenten-Deklarationen zusammenzufassen. Dies ist sehr praktisch und vereinfacht die Datenstruktur der Modell-Beschreibungen. Weiterhin ist es sinnvoll, statt eigener Definitionen bei Bedarf die Konstanten und Unterprogramme aus den genormten Packages (z.B. std_logic_1164) zu verwenden.

Die Praxis hat gezeigt, dass es günstiger ist, auf die WAIT-Anweisung in Unterprogrammen zu verzichten. Im Falle von rekursiven oder iterativen Aufrufen kann es nämlich sein, dass das Verhalten bei WAIT-Statements in Prozeduren und Funktionen schwierig vorherzusehen ist. Wenn eine Funktion ein WAIT-Statement enthält und zudem schlecht dokumentiert ist, kann der Entwickler, der diese Funktion einsetzt, u.U. viel Zeit benötigen, bis er herausgefunden hat, warum sein Modell nicht funktioniert, insbesondere wenn er keinen Zugriff auf den Quellcode der Funktion hat, denn bei Funktionen in kompilierten Packages bleibt der *Body* der Funktion und damit auch ihre Funktionalität verborgen.

---

[1] Anmerkung der Herausgebers: Generell sind zuerst die Design Units eines Modells zu kompilieren, die in anderen Units auftreten („bottom up“).

4.1.2 Testungen

Der Entwurfsablauf unterteilt sich in verschiedene Phasen, beginnend mit der globalen Definition (Lastenheft), gefolgt von der Entwicklung der Untermodelle, deren Zuordnung und schließlich der Auswertung der Simulationsergebnisse als Test der Modelleigenschaften. Die Testphasen müssen bei der Projektplanung vorgesehen werden, denn sie sind unbedingt nötig und unverzichtbar. Die Tests können langwierig und sehr anspruchsvoll werden und müssen konsequent durchgeführt werden. Dabei ist es sinnvoll, einem standardisierten, firmenweit einheitlichen Ablauf zu folgen. Man sollte die Testberichte (Kurvenzüge, Ergebnislisten) aufheben, um die Funktionalität der Modelle gut zu dokumentieren. Simulative Tests zeigen auch die Grenzen der Modellgültigkeit auf.

Je einfacher ein Modell zu sein scheint, umso mehr werden die nötigen Tests aus den Augen verloren. Dies ist ein schwerer Fehler, der u.U. sehr viel Zeit kosten kann. Ein Fehler kann nämlich in einem komplexen System, in dem dann später das fehlerhafte Modell als Komponente instanziiert sein kann, kaum noch gefunden werden. Deshalb ist Fehlersuche im Vorfeld die Vorraussetzung, damit komplexe Konstrukte gebildet werden können.

Es gilt stets der folgende Merksatz: Ein Modul, ein Modell oder eine Komponente darf nicht ausgeliefert oder benutzt werden, ohne zuvor gründlich getestet und validiert worden zu sein.

4.1.3 Generics, Konfigurationen, Generate-Anweisung

VHLD-AMS stellt Konstrukte zur Verfügung, die die Modellbildung wirkungsvoll unterstützen. Diese werden nicht immer von den aktuellen Simulationsumgebungen in vollem Umfang zur Verfügung gestellt, sind deshalb auch nicht alle bekannt und werden entsprechend nur selten von den Entwicklern verwendet. Es ist klar, dass man die Sprache nur dann effizient anwenden kann, wenn man sie und das benutzte Simulations-Tool genau kennt. Diskussionen mit Entwicklungsteams aus der Industrie haben aber gezeigt, das dies selten der Fall ist.

VHDL-AMS unterstützt *generisches Verhalten* bei Modellen. Diese nützliche Eigenschaft erleichtert die Entwicklung von Modellen und deren Wiederverwendbarkeit. Generische Modelle können unter geänderten Randbedingungen und mit anderen Eigenschaften eingesetzt werden als diejenigen, die bei der Modelldefinition Gültigkeit hatten. Der erhöhte Zeitaufwand beim Erstellen generischer statt spezifischer Modelle kann leicht wieder im Laufe des gesamten bearbeiteten Entwicklungsprojekts hereingeholt werden!

Man sollte sich also stets bemühen generische Modelle zu schreiben!

```
a <= b AFTER 3 ns;                -- nicht wiederverwendbar
......
GENERIC (tpd : time := 3 ns);     -- wiederverwendbar
...
a <= b AFTER tpd;
```

Eine *Konfiguration* (CONFIGURATION) als unabhängige Design Unit ermöglicht die Ausarbeitung (Elaboration) großer struktureller Modelle, ohne dass die einzelnen Komponenten in jedem Fall neu zu übersetzen wären. Bei der direkten Instanziierung oder bei der in die Architektur eingebetteten Konfiguration besteht diese Möglichkeiten nur eingeschränkt.

Wenn bei einer Modellierung mit Vielfach-Abstraktion auf Konfigurationen zurückgegriffen wird, können komplexe Modelle auch inkremental entwickelt werden und dies mit großer Zuverlässigkeit und Effizienz. Nehmen wir an, das ein System, das funktional modelliert werden soll, sich aus drei Blöcken (B_{10}, B_{20}, B_{30}) in Verhaltensbeschreibung zusammensetzt, die von drei Entwurfsteams (E_1, E_2, E_3) bearbeitet werden.

Das Team E_1 soll z.B. den Block B_1 in den Abstraktionsstufen B_{10} bis B_{1n} entwickeln. Mit Multiabstraktion kann das Team seine Modelle durch Simulationen der Strukturen $B_{1X}/B_{20}/B_{30}$ verifizieren, also stets auf die höchste Abstraktionsebene und die am einfachsten zu simulierende Version der anderen Blöcke zurückgreifen. Die anderen beiden Entwicklungsteams gehen natürlich entsprechend vor. Wenn die Beschreibungen externe Konfigurationen verwenden, dann sind die Netzlisten $B_{1X}/B_{2Y}/B_{3Z}$ ohne neue Übersetzung simulierbar. Nach Abschluss der Arbeiten lässt sich die Struktur $B_{1n}/B_{2n}/B_{3n}$ für die abschließende Verifikation leicht konfigurieren.

Mit den herkömmlichen Entwicklungsmethoden hätte man die einzelnen Objekte bis zur letzten Verfeinerung unabhängig voneinander entwickelt und erst beim Zusammensetzen des Gesamtsystems (z.B. beim Design eines Prototyps) verschaltet. Wenn dann ein Fehler auftritt, dann findet sich dieser erfahrungsgemäß mit 90% Wahrscheinlichkeit in den Verbindungen zwischen den einzelnen Blöcken. Diese Verbindungsstrukturen werden aber auch schon erfasst, wenn man die Funktion der Blöcke der anderen Teams auf der höchsten Abstraktionsebene einsetzt. Da dann die Modelle übersichtlich bleiben und mit geringerem Aufwand simulierbar sind, versteht man leicht, welche Vorteile ein Entwickler aus den neuen Methoden ziehen kann. Je größer der Anteil der Beschreibung auf hohem Abstraktionsniveau bei einem Modell ausfällt, desto effektiver wird die Rechenzeit genutzt, allerdings auf Kosten der Genauigkeit der Simulationsergebnisse. Die Untermodelle mit der genauesten Architektur werden nur gewählt, wenn die abschließende Testung des Gesamtmodells durchgeführt wird oder wenn es aus anderen Gründe nötig ist.

Dank dieser effizienten Simulationsmethoden sind ASIC-Hersteller bei digitalen Schaltungen heute in der Lage, auf Anhieb fehlerfreie Designs zu garantieren, d.h. es besteht keine Notwendigkeit zuerst Prototypen zu produzieren, damit später mit einem einwandfreien Endprodukt die Fertigung aufgenommen werden kann.

Obwohl zunächst mit der Konfiguration verknüpft, unterstützen GENERICs auch die *Backannotation* (Rückschreibung) von Entwurfsdaten aus dem Bereich des *Back-end** in den Bereich des *Front-ends**. Im folgenden Entwurfsbeispiel gehen wir davon aus, dass alle Modelle generisch modelliert worden sind. Nach dem Abschluss der Back-end Phase, bei der der Entwurf auf eine Zieltechnologie umgesetzt wird, werden mit geeigneten CAE-Tools alle charakteristischen Verzögerungszeiten für die einzelnen Komponenten extrahiert und über GENERICs den einzelnen Modellen zugeordnet. So kann per Simulation überprüft werden, ob die Gesamtschaltung alle globalen Randbedingungen aus der Spezifikation erfüllt, ohne dass das Gesamtmodell neu kompiliert werden müsste. Es genügt die Konfiguration so zu erweitern, dass die entsprechenden Parameterwerte den GENERICs zugeordnet werden.

Ein Beispiel für eine Konfiguration mit rückgeschriebenen Parameterwerten im GENERIC MAP-Statement sieht folgendermaßen aus:

```
CONFIGURATION test_adder4 OF adder4 IS
FOR structural
        FOR ALL : compo1
             USE ENTITY WORK.adder(rtl)
                GENERIC MAP (td => 12 ns, tr => 22 ns);
                PORT MAP (a => x, b => y, cin => z, sum => v, cout => t);
        END FOR;
END test_adder4;
```

Die Norm VITAL (IEEE 1076.4-1995) legt eine Datenstruktur für Modelle fest, die die Verwendung von rückgeschriebenen Entwurfsdaten im SDF-Format (Standard-Delay-Format) in VHDL-AMS-Modellen unterstützt. Die Bibliotheken der Halbleiterhersteller richten sich in der Regel nach dieser Norm.

Ein weiterer wichtiger Gesichtspunkt bei der Verwendung der GENERATE-Anweisung ist die sehr interessante Möglichkeit, das Modell selbst während der Elaboration iterativ oder bedingt Instruktionen erzeugen zu lassen. Zusammen mit GENERICs unterstützen deshalb GENERATE-Anweisungen die Modellierung von Systemen mit flexibler „Größe" (d.h. zum Beispiel digitaler Wortbreite). Dabei sind vektorielle Ports, also Ports im Wortformat günstiger als einzelne Ports für Signale, Quantitäten oder Terminals.

4.2 Testbenches für Fortgeschrittene

Eine *Testbench* [BER] (engl. Prüftstand) ist ein Modell, welches ein anderes Modell automatisch testet. Üblicherweise enthalten Testbench-Modelle weder Ports noch Generics. Zum Test wird das zu untersuchende Modell in die Testbench instanziiert. Dabei werden die Eingänge des zu testenden Modells (EUT, *Entity under Test*) mit den Eingangsmuster-Generatoren des Testbench-Modells verschaltet, während die Ausgänge der EUT mit den Konstrukten der Testbench verbunden werden, die die Signale rücklesen, speichern oder sogar bewerten.

In der Praxis haben sich flexible Testumgebungen bewährt, die an die jeweils zu testende EUT angepasst werden, damit nicht für jedes Modell komplett neue Testbenches entwickelt werden müssen. Es ist auch sinnvoll, alle Objekte der Testumgebung in eine eigene Bibliothek zu kompilieren, die auch anderen Designteams zur Verfügung gestellt werden kann.

Die Struktur einer Testbench orientiert sich am Aufbau von elektronischen Prüfautomaten für den Warenausgangstest in einer Chipfabrik. Dieser Fertigungstest wird nach Maßgabe einer Testspezifikation durchgeführt. Der Tester (ATE, Automatic Test Equipment) besteht aus programmierbaren Signalgeneratoren sowie aus Vorrichtungen zur Signalerfassung und wird von einem Prozessrechner gesteuert. Testautomaten können im Rahmen der Entwicklung einen Testbericht für Prototypen erstellen oder bei der Serienfertigung entscheiden, welche Schaltkreise korrekt funktionieren und ausgeliefert werden können.

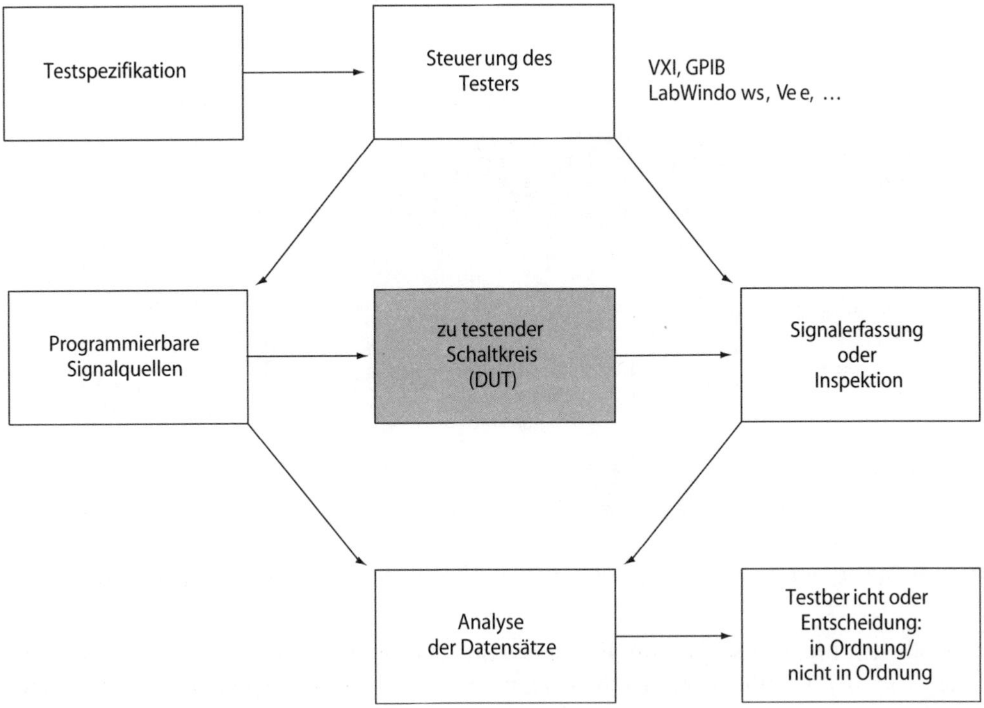

Bild 4.1 Ablaufdiagramm des Hardwaretests (DUT: Device under Test, zu testender Schaltkreis)

Bei einer Testbench für ein VHDL-Modell sollten beim Test die gleichen Verfahrensweisen zum Einsatz kommen. Statt eines Testautomaten werden hier aber Simulations-Umgebungen verwendet, die die gleichen Funktionalitäten (Testsignalgenerierung, Signalerfassung und -bewertung) nachbilden.

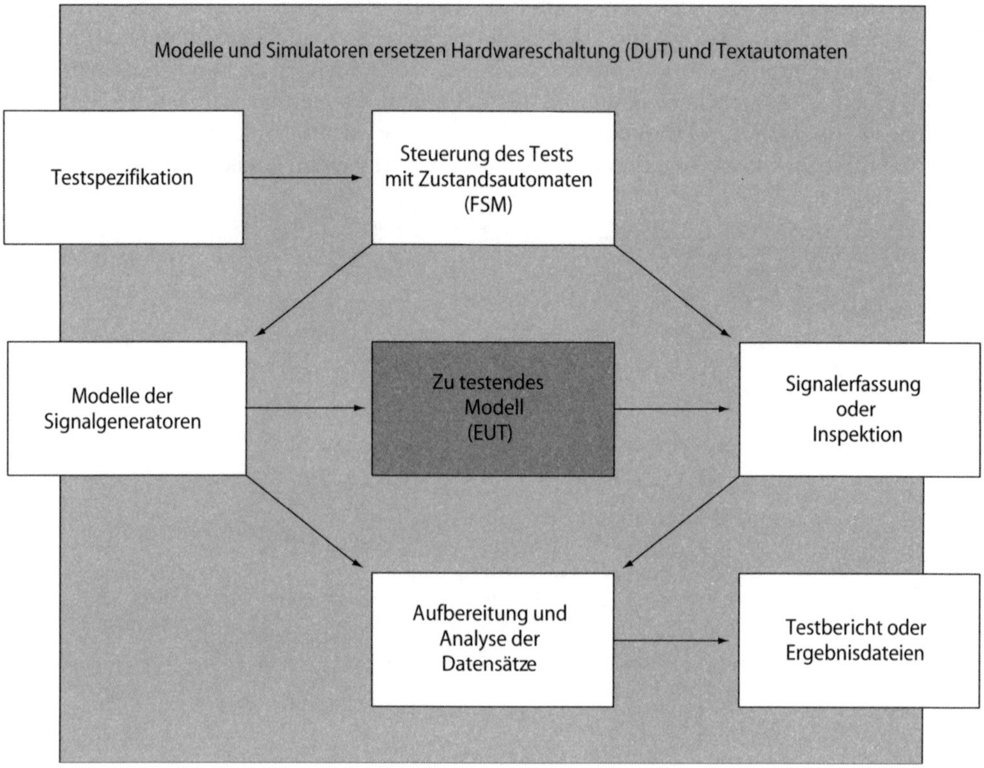

Bild 4.2 Ablaufdiagramm des Tests eines VHDL-AMS-Modells (EUT: Entity under Test, zu testendes Modell)

Die Testbench-Modelle sollten alle Feinheiten und alle Möglichkeiten der Arbeitsumgebung nutzen. Um den Testablauf zu beschleunigen sind sog. „selbst testende Testbenches“ hilfreich, die ohne Eingriffe des Benutzers den gesamten Test abwickeln und eine Entscheidung darüber treffen, ob die Testspezifikation erfüllt ist oder nicht (*go/nogo-decision*). Im Fehlerfall sollten die Modelle Reports ausgeben, mit deren Hilfe der insuffiziente Modellteil lokalisiert werden kann. Die Modelle, die den Test durchführen, sind zweckmäßigerweise auf Verhaltensebene angelegt und mit generischen Eigenschaften versehen. Man kann analoge oder digitale Generatoren vorgeben (Analoge Quellen bzw. digitale Mustergeneratoren), Analysatoren definieren, die bestimmte Bedingungen abprüfen (z.B. parametrische Tests für Laufzeiten etc.) oder weitere nützliche Testkomponenten entwickeln (VCO etc.).

Im Folgenden ist ein Modell für einen modulierten Sinusgenerator gezeigt:

```
LIBRARY disciplines;
USE disciplines.electromagnetic_system.ALL;
        LIBRARY ieee;
        USE ieee.math_real.ALL;
        ENTITY S_sine IS
             GENERIC (InitDelay, StartFreq, SweepRate, Ampl : real);
             PORT (quantity S_out : out emf);
        END entity S_sine;
        ARCHITECTURE bhv OF S_sine IS
             QUANTITY freq, phi : real;
        BEGIN
             IF NOW > InitDelay USE
                Freq == StartFreq + SweepRate * (Now - InitDelay);
             ELSE
                Freq == StartFreq;
             END USE;
             phi'dot == Freq;
             S_out == Ampl * SIN(2.0 * Math_pi * phi);
        END ARCHITECTURE bhv;
```

Das nächste Modell kann einen Eingangsport eines anderen Modells ansteuern und gleichzeitig den resultierenden Ausgangswert erfassen. Der Prozess (PROCESS) in diesem Beispiel berechnet die Anstiegszeit der Ausgangsgröße. Eine Verallgemeinerung auf andere Parameter ist leicht möglich.

```
LIBRARY...; USE...;
ENTITY Step_meas IS
        GENERIC (Tbeg, Tlow, Thigh, Trt, Tend, DUTgain : real);
        PORT (QUANTITY T_in : IN emf; QUANTITY T_out : OUT emf;
        SIGNAL rt_val : OUT real := - 1.0);
BEGIN
        ASSERT Tbeg > 0.0 REPORT "Die Anfangszeit muss positiv sein > 0";
        -- Das Gleiche kann für andere Parameter definiert werden
END ENTITY Step_meas;
ARCHITECTURE bhv OF Step_meas IS
        SIGNAL stim_val : real := Tlow;
        SIGNAL rt_10 : real := - 1.0; -- Zeit für 10 %
        CONSTANT Tstep : real := Thigh - Tlow;
        CONSTANT Th0_1 : real := DUTgain * (Tlow + 0.1 * Tstep);
        CONSTANT Th0_9 : real := DUTgain * (Tlow + 0.9 * Tstep);
        stim_val <= Thigh AFTER Tbeg/1.0e-9 * ns; -- Umrechnung in Zeiten
        T_out == Stim_val'RAMP(Trt, Trt);
        measure_rt : PROCESS  -- Signalverlauf zwischen 10 %- und 90 %-Pegel
        BEGIN
             WAIT UNTIL DOMAIN = time_domain;
```

```
            WAIT UNTIL T_in'ABOVE(Th0_1) AND NOW <= Tend;
               rt_10 <= NOW;
            WAIT UNTIL T_in'ABOVE(Th0_9) AND NOW <= Tend;
               rt_val <= NOW - rt_10;
        END PROCESS measure_rt;
END ARCHITECTURE bhv;
```

Damit aus den Testmustern der Testbench später automatisch mit geeigneten Werkzeugen Testvektoren für den Hardware-Tester (ATE) erzeugt werden können, definiert die Norm 1029.1-1998 IEEE Standard für „VHDL Waveform and Vector exchange to Support Design and Test Verification (WAVES)“ ein Format für Testvektoren, die sowohl beim Test der fertigen Elektronik als auch in Testbenches für die zugehörigen Modelle Verwendung finden können.

4.3 Anwendungen aus der industriellen Praxis

4.3.1 Intellectual Property

Sobald es Normen für Hardware-Beschreibungssprachen gab, sind immer mehr Firmen gegründet worden, die sich mit der Entwicklung von Modellen und deren Verkauf oder Vermietung beschäftigen. Dieses neue Geschäftsfeld profitiert davon, dass viele Firmen es für günstiger und schneller halten, externe Entwicklungsleistungen zu kaufen, statt selbst Designarbeiten durchzuführen.

Man findet daher bei zahlreichen kommerziellen Anbietern und auf dem freien Markt (*Open Source*) verschiedenste Bibliotheken für allgemein benötigte Designkomponenten sowie auch komplexere Modelle wie Mikroprozessorkerne, Speichermodule, USB-Schnittstellen, CAN-Controller usw.

Die Firma Mentor Graphics vertreibt z.B. die Bibliothek „Comm_lib“. Diese enthält Digital-Analog-Umsetzer und Analog-Digital-Umsetzer, Verstärker, Komparatoren, Operationsverstärker als Bausteine für analoge Regelungen, Delta-Sigma-Wandler, arithmetische Komponenten, Modelle für Untersysteme, die in Laplace- oder Z-transformierter Form beschrieben sind, Modelle und Algorithmen für mathematische Algorithmen, Modulatoren und Demodulatoren, Phasenregelschleifen und digitale Quellen.

4.3.2 Verbindung mit Herstellverfahren

Während VHDL im digitalen Bereich zu einem Standardverfahren für die Schaltungseingabe als Grundlage für die Logiksynthese geworden ist, steht VHDL-AMS erst am Anfang der Einbettung in den industriellen Entwurfsablauf. Die gemischt analog-digitale Sprache wird deshalb von den zukünftigen Entwicklungen in diesem Bereich profitieren.

4.3.3 Logiksynthese und VHDL'93

Bei der Logiksynthese wird ein in einer HDL auf hohem Niveau geschriebenes Modell in eine Schaltung überführt, die direkt in Hardware umgesetzt werden kann. Nur der digitale Anteil von VHDL-AMS, d.h. VHDL'93, kann Ausgangspunkt für die Logiksynthese sein, da die analoge Synthese zurzeit noch unmöglich ist. Komplette Entwicklungen von analog-digitalen Systemen sind zwar in VHDL-AMS möglich, aber nur der digitale Teil kann synthetisiert werden und das auch nur, wenn die digitalen Modellteile bestimmten Anforderungen genügen [WEB], [VHDL4]. Der gesamte Sprachumfang des digitalen VHDL-Teils ist nämlich nicht synthetisierbar. Außerdem hat jedes Synthesewerkzeug eigene Einschränkungen und spezifische Verfahrensweisen. Um VHDL für die Synthese einzusetzen, bedarf es neben der Norm noch zusätzlich gewisser Richtlinien (*Guidelines*) für den zu erstellenden VHDL-Code, die vom verwendeten Synthesetool abhängen. Der große Nachteil dieser Ungleichheit unter den Werkzeugen für die Logiksynthese liegt darin, dass die mit einem Tool (z.B. *Design Compiler* von der Fa. Synopsys) synthetisierbaren HDL-Beschreibungen nicht notwendigerweise mit einer anderen Synthesesoftware in (die gleichen) Schaltungen umgesetzt werden können. Man erinnere sich daran, dass die Portierbarkeit von Modellen ohne Einschränkungen eines der wichtigsten Ziele der Normierung von Hardwarebeschreibungssprachen war!

Um den Zugang zu vereinheitlichen, hat IEEE den Standard 1076.3-1997 „IEEE Standard VHDL Synthesis Package" definiert, der Typen und zugehörige Operatoren sowie Konversionsfunktionen festlegt. Wenn ein Design mit Hilfe dieses Packages erstellt wird und sich das eingesetzte Werkzeug an diese Norm hält, bleibt die gewünschte Portabilität und Wiederverwendbarkeit erhalten.

4.4 Grenzen, Fallen und Irrtümer

So groß die sprachlichen Möglichkeiten von VHDL-AMS und die Flexibilität bei der Anwendung auch sein mögen, so hat diese Sprache doch ihre Grenzen. Der sprachliche Reichtum führt dazu, dass das Lernen der Sprache nur langsam erfolgt und dass der Anfänger immer in die gleichen Fallen tappt. Dieser Abschnitt soll helfen, diese Fehler rasch zu erkennen und sich in effektiver Weise die Sprache zu erschließen.

4.4.1 Gleichungen mit Dimensionen

In VHDL-AMS kann man physikalische Größen definieren, die aus einem Zahlenwert und einer Einheit bestehen. Es ist schade, dass es keine Mechanismen zur formalen Manipulation der Einheiten gibt, mit denen beispielsweise Gleichungen mit physikalischen Größen auf Übereinstimmung der Dimensionen auf beiden Seiten geprüft werden könnten, denn dies würde die Verifikationsmöglichkeiten von VHDL-AMS deutlich verbessern.

4.4.2 Gleichungen mit partiellen Ableitungen

Partielle Ableitungen (nach Ortsvariablen) sind in Modellgleichungen im Rahmen von VHDL-AMS nicht vorgesehen. Deshalb existieren auch keine Möglichkeiten, solche Gleichungen zu lösen. Es ist klar, dass die Komplexität der Algorithmen, die zur Lösung von partiellen Differentialgleichungen benötigt werden, weit über die Verfahren zur Behandlung gewöhnlicher Differentialgleichungen mit zeitlichen Ableitungen hinausgehen, denn bei räumlichen Ableitungen werden diskretisierte Varianten der Gleichungen auf Raumgittern näherungsweise ausgewertet. Dies erhöht den numerischen Aufwand erheblich.

Trotzdem wird versucht, die Semantik der Sprache zu erweitern, um auch solche Problemstellungen formulieren zu können. Ortsableitungen spielen gerade in den zunehmend wichtiger werdenden nicht rein elektrischen Mikrosystemen (MOEMS: *Micro-Optical-Electrical-Mechanical-Systems*) eine Rolle. Die Erweiterung ist zwar nach der Norm möglich, aber die Einschränkung, dass die Modelle dann u.U. nicht vom Simulator behandelt werden können, bleibt bestehen. Einen gewissen Ausweg bieten hier Unterprogramme, die ein FOREIGN-Attribut tragen.

4.4.3 Sprachvorgaben für Verbindungen

Im Gegensatz zu der neuen Sprache MHDL (MMIC HDL) [MHDL], deren Normung noch nicht abgeschlossen ist, sind die syntaktischen Vorgaben für die analogen Verbindungsstellen eindeutig festgelegt und sogar doppelt vorhanden, wenn man an die Signalfluss- und die konservative Beschreibung denkt. Neue vom Anwender nach dem Vorbild der Auflösungsfunktionen definierten Verbindungsregeln könnten die Anwendungsmöglichkeiten der Sprache stark erweitern.

4.4.4 Fehlerquellen

Transaktionen statt Ereignisse

Der folgende Fehler ist typisch und rührt daher, dass der Unterschied zwischen einer Transaktion und einem Ereignis (von Anfängern) nicht richtig verstanden wird. Im Beispiel ist das Signal *A* vom Typ „character“ mit einer Rechnertastatur verbunden und das Drücken einer Taste („Anschlag“) führt zu einem Event. Der Prozess „count“ soll die Zahl der Anschläge feststellen.

```
...
Count : PROCESS
BEGIN
        WAIT ON A;
        Compteur := compteur + 1;
END PROCESS Count;
...
```

Am Ende der Simulation entspricht der Zählerstand aber in der Regel nicht der korrekten Zahl der Anschläge, denn wenn die gleiche Taste zweimal bedient wird, wird eine Transaktion im Treiber des Signals eingetragen und da sich der Signalwert nicht ändert, wird diese Transaktion wieder gelöscht und führt nicht zu einem Ereignis. Da VHDL von Ereignissen gesteuert wird, kann eine Transaktion den Prozess nicht auslösen und folglich wird der Zählerstand nicht erhöht. Falls man es mit zwei voneinander abhängigen Prozessen zu hat, kann dieser Fehler zu einer Blockade des Simulators führen (*deadlock*), wenn jeder Prozess darauf wartet, dass der andere seine Resultate ausgibt.

Eine einfache Lösung des Problems bietet das TRANSACTION-Attribut, das eine Transaktion in ein Ereignis umwandelt:

```
...
Count : PROCESS
BEGIN
        WAIT ON A'TRANSACTION;
        Compteur := compteur + 1;
END PROCESS Count;
...
```

Schlecht verstandenes Zeitverhalten
Bestimmte digitale Modelle erzeugen kein Ausgangssignal. Im Grunde führen hier die Konzepte der Filterung und des Weglassens die Anfänger in die Irre.

Der Anwender will beispielsweise eine digitale Folge (basierend auf einem Signal des Typs X01Z) aus vier Abfolgen der Zustände X, 0, 1, Z erzeugen, wobei zwischen zwei Werten jeweils 5 ns liegen sollen. Mit den Konstanten r = 5 ns und d = 5 ns wird folgendes VHDL-Modell konzipiert:

```
PROCESS
BEGIN
        FOR i IN 0 TO 3 LOOP;
            S <= 'X' AFTER (4 * i * d + r),
               '0' AFTER ((4 * i + 1) * d + r),
               '1' AFTER ((4 * i + 2) * d + r),
               'Z' AFTER ((4 * i + 3) * d + r);
        END LOOP;
        WAIT;
END PROCESS;
```

Unglücklicherweise fällt das Simulationsresultat anders aus als erwartet. Zuerst erscheint der Zustand „X“ für 60 ns und erst danach X, 0, 1, Z im gewünschten Abstand von 5 ns.

Da der grundlegende Mechanismus der Zuweisung bei der Signalverzögerung auf Trägheit beruht (Inertial delay) werden nach der ersten Zuweisung Transaktionen bei S zu den Zeitpunkten 5 ns, 10 ns, 15 ns und 20 ns gesetzt. Die zweite Zuweisung erfolgt beim zweiten Schleifendurchlauf zum gleichen Simulationszeitpunkt und bewirkt Transaktionen bei 25 ns, 30 ns, 35 ns und 40 ns. Die Zuweisung bei 25 ns löscht alle Transaktionen, die zu vorherigen Zeitpunkten für den Treiber eingetragen waren (wie für einen Prozess gefordert). Die Einträge, die während des ersten Schleifendurchlaufs erfolgten, werden komplett gelöscht. Das Gleiche wiederholt sich dreimal und nur die letzte Sequenz bleibt übrig.

Korrigieren lässt sich dies mit folgendem Modell:

```
PROCESS
BEGIN
        FOR i IN 0 TO 3 loop;
             S <= TRANSPORT
                 'X' AFTER (4 * i * d + r),
                 '0' AFTER ((4 * i + 1) * d + r),
                 '1' AFTER ((4 * i + 2) * d + r),
                 'Z' AFTER ((4 * i + 3) * d + r);
        END LOOP;
        WAIT;
END PROCESS;
```

Eine andere mögliche Lösung besteht darin, in die Schleife ein WAIT 20 ns-Statement einzufügen. Da jede neue Transaktion erst wirksam wird, wenn der Inhalt des Treibers vollständig abgearbeitet ist, gibt es keine Probleme mehr.

Unterschiede zwischen Variablen und Signalen

Eine Signalzuweisung ändert das betroffene Signal nicht, sondern trägt zunächst nur eine Transaktion im Treiber des Signals ein. Das folgende Beispiel verdeutlicht, dass Signale bei der Zuweisung nicht sofort geändert werden:

```
PROCESS
BEGIN
        A <= B;
        IF A = WERT THEN
             ...
        END IF;
        WAIT ON B;
END PROCESS;
```

Nachdem das Signal B den Zustand „WERT“ zugewiesen bekommen hat, wird das zugehörige Ereignis (Event) den Prozess starten. Der Zustand von *A* nach der Zuweisung *A* <= *B* ändert sich aber erst in der nächsten Iteration. Deshalb kann der Fall *A* = *WERT* nie auftreten und die Anweisungen, die nach dem IF-Statement ausgeführt werden sollen, werden nicht aktiviert. Man kann den Prozess aber auf folgende Weise abändern, obwohl dies nicht natürlich ist, um die Ausführung zu erzwingen:

```
PROCESS
BEGIN
        A <= B;
        WAIT ON A;
        IF A = valeur THEN
        ...
        END IF;
        WAIT ON B;
END PROCESS;
```

Da die Zuweisung auf *A* ohne Verzögerung erfolgen soll, kann „WAIT on A“ auch durch „WAIT for 0 ns“ ersetzt werden. Diese Besonderheit der Signalzuweisung erlaubt kompakte Schreibweisen. Wenn sich in einem Prozess die Anweisungen

```
A <= B;
B <= A;
```

finden, werden die Werte von *A* und *B* direkt ausgetauscht, ohne dass eine Zwischenspeicherung der alten Zustände nötig wäre.

Überladungsprobleme

Angenommen wir definieren einen Typ X01Z (‘X’, ‘0’, ‘1’, ‘Z’) und wollen die Gleichheit zweier Signale dieses Typs feststellen. Dazu überladen wir den Gleichheitsoperator „=“ wie folgt:

```
PACKAGE MVL4 IS
TYPE X01Z IS ('X', '0', '1', 'Z');
FUNCTION "=" (A, B : X01Z) RETURN boolean;
END;
PACKAGE BODY MVL4 IS
        FUNCTION "=" (A, B : X01Z) RETURN boolean IS
        BEGIN
            IF A = B THEN return true;
            ELSE RETURN false;
            END IF;
        END;
END PACKAGE BODY;
```

Nach dem Aufruf der überladenen „=“-Funktion passiert während der Simulation zunächst nichts. Schließlich bricht die Simulation ab und es wird eine Fehlermeldung ausgegeben, die sinngemäß lautet: „Speicherüberschreitung“ (oder bei anderen Tools „Zeitüberschreitung“).

Dies liegt daran, dass Funktionen rekursiv aufgerufen werden können. Deshalb bewirkt der Aufruf des Operators „=“ im Körper der Funktion nicht anderes als einen erneuten Aufruf der Funktion selbst. Da es kein Abbruchkriterium gibt, wird die Funktion so oft durchlaufen bis es zu einer Speicherbereichsüberschreitung kommt.

Auch wenn man eine erweiterte Beschreibung verwendet, um die Funktion aufzurufen, nützt das nichts, weil der zu überladende Operator im gleichen Package (MVL4) definiert ist. "=" oder "="[X01Z, X01Z return boolean] bleibt mehrdeutig.

Eine Lösung wäre es, die „=“-Funktion in einem anderen Package zu definieren als den Typ X01Z oder die Funktion ohne Verwendung des Gleichheitsoperators „=“ auszudrücken, wie im folgenden Beispiel:

```
PACKAGE BODY MVL4 IS
        "=" (A, B : X01Z) RETURN boolean IS
        TYPE table IS ARRAY (X01Z, X01Z) OF boolean;
        CONSTANT tdv : table := ((true, false, false, false),
            (false, true, false, false),
            (false, false, true, false),
            (false, false, false, true));
        BEGIN
            RETURN tdv(A, B);
        END;
END PACKAGE BODY;
```

4.4.5 Beziehungen zu den Simulationsalgorithmen

Anfangs geht man davon aus, dass sich bei VHDL-AMS-Modellen die Ergebnisse der Analogsimulation immer so einstellen wie man das erwartet. Das ist ein schwerer Fehler, der zu sich wiederholenden und komplexen Problemen führen kann.

Ein analoges Simulationswerkzeug ist ein kompliziertes Computerprogramm, welches von vielen und verschiedenartigen Parametern gesteuert wird. Es ist eine minimale und maximale Schrittweite zu wählen, dazu der Analysemodus, das anzuwendende numerische Integrationsverfahren und weiterhin ist die Genauigkeit der Auflösung (TOLERANCE) vorzugeben, die benötigt wird, um die Konvergenz des Verfahrens zu erreichen. Konvergiert die Simulation, dann ist die Genauigkeit festzulegen, mit der der Simulator Ergebnisse liefern soll. Allerdings ist bei einem Simulator mit deterministischem Verhalten die Genauigkeit meist bei Konvergenz de facto gegeben.

Aus den Zeitkonstanten des zu untersuchenden Systems lassen sich die Schrittweiten für die Integration der Differentialgleichungen ableiten. Der geeignete Analysemodus hängt von den gesuchten Resultaten ab. Der Toleranzwert hängt mit dem Absolutwert der betragsmäßig kleinsten gesuchten Größe und vom Verhältnis zwischen dem größten und kleinsten Wert ab, der im System auftreten kann.

Die Modellierung des Systems kann darüber hinaus anders als im digitalen Bereich nicht ohne Kenntnisse der (geheimen) internen Eigenschaften des Analogsimulators erfolgen. Die inneren Beschränkungen des verwendeten Algorithmus beeinflussen hier die Möglichkeiten und können zu eigenartigen Ergebnissen führen:

Bei der Modellierung eines *N*-Körper-Problems mit VHDL-AMS, das *N* feste Körper beschreibt, die sich gegenseitig per Gravitation anziehen, waren z.B. *N* Differentialgleichungen mit *N* Unbekannten zu lösen, wobei jede Unbekannte ein Vektor ist, der für jeden Körper aus den Beschleunigungen, den Geschwindigkeiten und Positionen für die drei kartesischen Raumrichtungen besteht. Bei der Simulation erschien die Meldung „der Widerstand zwischen den Knoten und der Masse ist nicht definiert, der Arbeitspunkt ist nicht angegeben, Ende der Simulation". Der Simulator war für elektrische System eingestellt und hatte die Lösungsverfahren für solche Systeme zu Grunde gelegt.

Das Verhalten eines Simulators und die benötigte Rechenzeit für ein bestimmtes Problem hängen stark von den unsichtbar vorhandenen, werkzeugspezifischen Algorithmen ab. Obwohl die beiden folgenden Anweisungen formal identisch sind, können die beiden Anweisungen, je nach verwendetem Werkzeug, stark variierende Rechenzeiten zur Folge haben:

```
V == Q'DOT;
v'INTEG == Q;
```

4.4.6 Fehlende WAIT-Statements

In die mit diesen Anweisungen verbundenen Probleme gerät man leicht und oft. Als Anfänger ist man beim Aufbau eines Prozesses derartig mit den Details der einzelnen Anweisungen beschäftigt und wird von den verschiedenen offensichtlichen Schwierigkeiten bei der Deklaration der verschiedenen Datentypen (Signale, Variable, Quantities) in den jeweils geeigneten Deklarationszonen absorbiert, dass es schon vorkommen kann, dass das WAIT im Prozess vergessen wird. Der Compiler bemerkt das Fehlen nicht und der Simulator tut, was von ihm verlangt wird, er führt den Prozess ohne Unterlass aus. Dies führt zu Rechenzeitverschwendung und im günstigsten Fall wird ein Fehler erzeugt vom Typus: „Der PROCESS P00234 wurde 1 Million Mal durchlaufen" was im ungünstigsten Fall zu einem Absturz des Systems führt.

4.4.7 Die Unstetigkeit: Falle an der Schwelle

Es gibt viele Modelle, besonders im Internet, die als Beispiele für die Probleme mit Unstetigkeiten in VHDL-AMS dienen sollen. Die meisten dieser Beispiele sind leider nicht auf realen Simulationswerkzeugen ablauffähig, denn viele dieser Beispiele wurden geschrieben, bevor kommerzielle Simulatoren zur Verfügung standen und konnten demzufolge auch nicht vor der Veröffentlichung getestet werden. Fehler, die dann von Simulatoren gemeldet werden, hängen damit zusammen, dass häufig der Kontrollparameter für die Veränderung der Gleichungen konstant gehalten wird.

Das folgenden Beispiel ist ein Modell einer idealen Diode. Es lässt sich fehlerlos kompilieren, kann aber nicht simuliert werden, weil hier eine Anweisung der Form

```
BREAK ON Q'ABOVE(X)
```

verwendet wird und anschließend die zu überwachende Quantity Q gleich dem Schwellwert X gesetzt wird ($Q == X$). Dies kann zu einer Instabilität des Simulators führen, weil Rundungsfehler zu Oszillationen von Q um X führen können und so eine Vielzahl von BREAKs ausgelöst werden. Die Architekturen „level_0" und „level_1" im folgenden Beispiel sind folglich nicht funktionsfähig.

```
LIBRARY IEEE;
USE IEEE.MATH_REAL.ALL;
LIBRARY DISCIPLINES;
USE DISCIPLINES.electromagnetic_system.ALL;
ENTITY diode IS
        GENERIC (rd : real := 0.1;        -- Vorwärtswiderstand
            ri : real := 1.0E6;           -- Rückwärtswiderstand
            vs : real := 0.6);            -- Schwellspannung
        PORT (TERMINAL vp, vm : electrical);
END DIODE;

ARCHITECTURE level_0 OF diode IS
        QUANTITY v ACROSS i THROUGH vp TO vm;
BEGIN
        BREAK ON v'ABOVE(0.0);
        IF v'ABOVE(0.0) USE
            v == 0.0;
        ELSE
            i == 0.0;
        END USE;
END;

ARCHITECTURE level_1 OF diode IS
        QUANTITY v ACROSS i THROUGH vp TO vm;
BEGIN
        BREAK ON v'ABOVE(vs);
        IF v'ABOVE(vs) USE
            v == vs;
        ELSE
            i == 0.0;
        END USE;
END;
```

Das nächste Modell ist hingegen funktionsfähig, weil die Rücksetzung auf einen abweichenden aber sinnvollen Wert erfolgt:

```
ARCHITECTURE level_2 OF DIODE IS
        QUANTITY v ACROSS i THROUGH vp TO vm;
BEGIN
        BREAK ON v'ABOVE(vs);
        IF v'ABOVE(vs) USE
             v == vs + rd * I;
        ELSE
             v == Ri * I;
        END USE;
END;
```

Das folgende Modell wird ebenfalls in zwei Varianten diskutiert. Die erste enthält einen charakteristischen Fehler. Hier ist vergessen worden, die Unstetigkeit über ein BREAK zu steuern. Ohne diese Anweisung wird der analoge Lösungsalgorithmus nach Erreichen der Schwelle „limit“ nicht neu initialisiert, was zu Konvergenzproblemen führt.

```
LIBRARY...; USE...;
ENTITY limiter IS
        GENERIC (gain : Real := 1.0; limit : Real);
        PORT (TERMINAL inp, inm, outp, outm : Electrical);
END ENTITY LIMITER;
        -- Diese Architektur kann nicht mit dem Werkzeug ADV-MS 1.1 simuliert
        -- werden
ARCHITECTURE Bad OF limiter IS
        QUANTITY vin ACROSS inp TO inm;
        QUANTITY vout ACROSS iout THROUGH outp TO outm;
BEGIN
        IF vout > limit USE
             vout == limit;
        ELSIF vout < - limit USE
             vout == - limit;
        ELSE
             vout == gain * vin;
        END USE;
END ARCHITECTURE Bad;
```

Die zweite Architektur ist hingegen funktionsfähig:

```
ARCHITECTURE Good OF limiter IS
        QUANTITY vin ACROSS inp TO inm;
        QUANTITY vout ACROSS iout THROUGH outp TO outm;
BEGIN
        BREAK ON vin'ABOVE(limit/gain), vin'ABOVE(-limit/gain);
        IF vin'ABOVE(limit/gain) USE
             vout == limit;
        ELSIF NOT vin'ABOVE(- limit/gain) USE
             vout == - limit;
        ELSE
             vout == gain * vin;
        END USE;
END ARCHITECTURE good;
```

In bestimmten Fällen ist es schwierig, solche Fehler zu entdecken und bestimmte Modelle erzwingen ein realistisches Verhalten durch zusätzliche Vorgaben. In Modellen für Operationsverstärker, die die Nichtlinearität des Ausgangs berücksichtigen, muss der Ausgangswert mit der Versorgungsspannung verglichen werden, um festzustellen, ob der Ausgang in Sättigung ist oder nicht. Dies zeigen folgende Beispiele:

```
LIBRARY...; USE...;
ENTITY aop IS
        GENERIC (model : AOPmodell := (gain => 100000.0,
                vmin => - 15.0, vmax => 15.0));
        PORT (TERMINAL vout, vp, vn : electrical);
END ENTITY aop;
```

Dieses Modell lässt sich nicht kompilieren:

```
ARCHITECTURE BASIC_1 OF aop IS
        QUANTITY vs ACROSS vout TO ground;
        QUANTITY vepsilon ACROSS vp TO vn;
BEGIN
        vs == model.gain * vepsilon;
        -- Begrenzungen des Ausgangswertes werden überprüft
        IF (vs >= model.vmax) USE
             vs == model.vmax;
        END USE;
        IF (vs <= model.vmin) USE
             vs == model.vmin;
        END USE;
END basic_1;
```

Dieses Modell funktioniert nicht, weil eine Schwelle ohne BREAK vorgegeben wird:

```
ARCHITECTURE basic_2 OF aop IS
        QUANTITY vs ACROSS i THROUGH vout TO ground;
        QUANTITY vepsilon ACROSS vp TO vn;
BEGIN
        -- Begrenzung des Ausgangs auf die Werte der Versorgungsspannung
        IF (vs >= model.vmax) USE vs == model.vmax;
        ELSEIF (vs <= model.vmin) USE vs == model.vmin;
        ELSE vs == model.gain * vepsilon;
        END USE;
END basic_2;
```

Dieses Modell funktioniert, obwohl es konzeptionell falsch ist, weil „vloc“ unrealistische Werte annehmen kann:

```
architecture basic_good of aop is
        QUANTITY vs ACROSS i THROUGH vout to ground;
        QUANTITY vepsilon ACROSS vp TO vn;
        QUANTITY vloc : real;
BEGIN
        vloc == model.gain * vepsilon;
        -- Begrenzung der Ausgangsspannung auf die Versorgungspegel
        BREAK ON vloc'ABOVE(model.vmax), vloc'ABOVE(model.vmin);
        IF vloc'ABOVE(model.vmax) USE vs == model.vmax;
        ELSEIF NOT vloc'ABOVE(model.vmin) USE vs == model.vmin;
        ELSE vs == vloc;
        end use;
END basic_good;
```

4.4.8 Quantitäten und BREAK-Statements

Im Prinzip ist es nahe liegend, in einem Modell Konstrukte zu verwenden, die den Wert von Quantities mit bestimmten Vorgaben vergleichen. Da aber eine Quantity eine reelle Zahl mit vielen Dezimalstellen darstellt, sind solche Vergleiche nicht sinnvoll und ein Test der Form

```
IF Q = 0.0 THEN
        ...
END IF;
```

liefert kein reproduzierbares Ergebnis. Aus dem gleichem Grund produziert eine Sprungstelle, die nicht von einer BREAK-Anweisung kontrolliert wird, nach der Norm einen Fehler. Deshalb sind nur Vergleiche mit Schwellwerten (x'ABOVE(0.0)) möglich.

Es darf auch nicht vergessen werden, die reellen Signale am Anfang auf den Wert 0.0 zu setzen. Im Zusammenhang mit dem 'RAMP-Attribut kann es sonst zu Problemen kommen.

4.5 Methodische Fehler und scheinbare Zeitersparnis

Der Gebrauch einer leistungsfähigen Hochsprache wirft zwangsläufig Fragen bzgl. der anzuwendenden Methodik auf. Inadäquate Vereinfachungen zur Zeitersparnis bei der Modellierung können in so einer komplexen Umgebung nur sehr schwer korrigiert werden. Eine ungünstige Wahl am Anfang eines Designprojekts kann am Ende nur schwer wieder gut gemacht werden.

Verschiedene methodische Fehler sind geläufig und die Gewohnheit (mache sagen die Erfahrung) zeigt, dass die folgenden Beispiele ungeeignete Methoden aufzeigen, die nur zu einer scheinbaren Zeitersparnisse führen.

Entwicklung ohne Nachdenken
Sich mit gesenktem Kopf auf das Modellierungswerkzeug zu stürzen, ohne vorheriges gründliches Nachdenken, führt oft dazu, dass die ersten Entwicklungen in den Papierkorb wandern müssen, damit man auf vernünftiger Grundlage neu beginnen kann.

Gerade Anfänger sind oft überwältigt von der Neuheit und den Möglichkeiten, die VHDL-AMS und die zugehörigen Simulationswerkzeuge bieten, und vergessen oft vorab darüber nachzudenken, welche Anforderungen tatsächlich vorliegen. Sie wägen auch nicht die verschiedenen Alternativen ab, bevor die Modelle in Quellcode umgesetzt werden.

Die Abhängigkeiten zwischen den verschiedenen Aufgaben im Rahmen einer zeitlich parallelen ingenieurmäßigen Entwicklungstätigkeit können dazu führen, dass ungünstige Entscheidungen in einem Teilprojekt sehr schädlich für die gesamte Entwicklung sein können. Dies trifft insbesondere dann zu, wenn Projekte Abschnitte haben, die erst in späteren Phasen abgearbeitet werden. Das Leiterplattenlayout muss bspw. ein weiteres Mal erneut generiert werden, wenn man am Anfang für einen Chip ein ungeeignetes Gehäuse mit zu wenig Anschlüssen gewählt hat!

Pfuscharbeit und Flickschusterei
Funktioniert ein Modell nicht oder nur unzureichend, weil nicht ausreichend nachgedacht wurde oder die Werkzeuge nicht ausreichend beherrscht werden, dann ist es falsch, die Fehler mit kleineren Änderungen behelfsmäßig zu „reparieren“. Es ist günstiger, mit gründlichen Überlegungen den Problemen auf den Grund zu gehen und die Modellbildung auf klaren Grundlagen neu zu beginnen.

Der Mangel an Allgemeingültigkeit
Wird Schritt für Schritt nach den gegebenen Anforderungen entwickelt, ohne zu prüfen, ob sich bestimmte Parameter als generische Größen fassen ließen (und sich zu sagen „Ich verallgemeinere mein Modell später“ – was nie (!) der Fall sein wird), spart man nur die Zeit, die man später wieder verliert, wenn man das gleiche oder ein eng verwandtes Problem erneut angehen muss. Alle Möglichkeiten, die die Sprache bietet, sollten bei der Modellbildung

so genutzt werden, dass man stets nicht nur die aktuelle Aufgabe sieht, sondern auch zukünftige Anwendungen im Auge behält.

Fehlende Auseinandersetzung mit der Realität
Nur dem Simulator zu vertrauen (insbesondere bei analogen Simulationen), ohne das Modell mit der Realität zu konfrontieren, ist eine weitere Quelle vieler Fehler. Wir orientieren uns gerne am Virtuellen. Die Systeme, die mit Hilfe von Beschreibungssprachen entwickelt werden, sind aber sehr wohl reale Systeme und ihre Modelle müssen dies berücksichtigen. Ein Physiker, der bei der Simulation einer seiner Theorien ein Ergebnis findet, das weit von der Wirklichkeit entfernt ist, schließt daraus ja auch nicht, dass die Welt einen „Designfehler" hat!

Fehlende Ausnutzung der Möglichkeiten der Werkzeuge
Bei vielen Gelegenheiten stellt man fest, dass die zur Verfügung stehenden Werkzeuge nur eingeschränkt von den Entwicklern beherrscht werden. Es ist aber deren Verantwortlichkeit, alle Möglichkeiten, die ein CAE-Werkzeug bietet, gründlich vorab zu analysieren.

Studiert man den Ablauf von realen Projekten, stellt man fest, dass Vorstudien und Testung der Modelle (die mit intensiver Nutzung der Simulatoren einhergehen) einen immer größeren Anteil an der Entwicklungszeit beanspruchen, obwohl man die Neigung hat, die meiste Zeit der Modellierung zu widmen.

4.6 Weiterführende Anwendungen

4.6.1 Physikalischer Photonendetektor mit Auswerteelektronik

Entwurfsziel
Energiereiche Partikel (Photonen) können mit Halbleitermaterial nachgewiesen werden, das einem starken elektrischen Feld ausgesetzt ist. Durch Wechselwirkung mit den Licht-Partikeln entstehen im Halbleiter Elektron-Loch-Paare. Das Feld trennt diese Ladungen und daher fließt ein Strom. Im Grunde erzeugt das Feld eine Ladungsverschiebung und deshalb ist ein Strom an den Anschlüssen feststellbar (Gesetz von Ramo und Shockley). Während ihrer Bewegung durch den Halbleiterkristall werden die Ladungsträger zum Teil von Kristalldefekten eingefangen und folglich nimmt ihre Dichte ab. Die Stromimpulse an den Elektroden sind zu verstärken und in bestimmte Formen zu bringen, damit sie leichter elektronisch ausgewertet werden können (Ladungsverstärker, *Shaper*). Die Energiemessung erfolgt für jedes Ereignis anhand der Amplitude oder anhand des Mittelpegels des geformten Signals. Das Spektrum der Quelle wird dadurch bestimmt, dass man die Zahl der Ereignisse (Strompulse = Zahl der eingefangenen Photonen) bei jeder Energie zählt.

Das primäre Ziel der im Folgenden dargestellten Arbeit ist die Bereitstellung eines realistischen Modells für einen Detektor im Hinblick auf eine Optimierung der nachfolgenden Auswerteelektronik. In vorangehenden Arbeiten wurden die Detektoren in der Regel als elektrisches Ersatzschaltbild über einen Pulsgenerator mit resistiver Last für einen Schaltkreissimulator vom SPICE-Typ modelliert. Das im Folgenden vorgestellte Modell orientiert sich hingegen an den physikalischen Abläufen. Es ist über GENERICS in Bezug auf das verwendete Halbleitermaterial und die Abmessungen des Detektors parametrisierbar. Der Quellcode ist leicht verständlich und verwendet Hochsprachenkonzepte.

Der Detektor und seine Umgebung

Die folgende Tabelle listet auf, welche physikalischen Effekte im Modell Berücksichtigung fanden und welche nicht.

Tabelle 4.1 Tragweite des Modells

In diesem Modell erfasst	Was nicht berücksichtigt wurde
Materialeigenschaften (Bandlücke)	3D-Effekte
Dicke des Detektors (1D-Effekt)	Paarerzeugung von Ladungsträgern
Konstantes elektrisches Feld	Einflüsse der erzeugten Ladungen auf die Feldstärke
Statistische Effekte bei der Absorption	Variationen des elektrischen Feldes
Verteilung der Compton- und Photo-Elektronen	Bahnen der Sekundärelektronen
Sekundäre Photonen (Energie und Anzahl)	Wechselwirkungen 2. Ordnung
Konstante Temperatur	Einfangrate für generierte Ladungsträger als Funktion der Feldstärke
Gesetz von Ramo und Schockley (unendlich ausgedehnte Elektroden)	Diffusionseffekte
Rekombination ohne Generation von Ladungsträgern	Ladungsträgeranhäufung im Detektor
Keine Ladungsträgeranhäufung im Detektor	Intrinsisches Rauschen des Detektors

Der VHDL-Code des Modells

Modell des Detektors:

```
ENTITY detector IS
   GENERIC (sizeX : real;      -- Dicke in cm
      w : real := 3.0);        -- Bandlücke in eV
   PORT (energy_in : IN real; energy_out : OUT real := 0.0;
   TERMINAL anode, cathode : electrical);
END;

LIBRARY ieee; USE ieee.math_real.ALL;
LIBRARY disciplines; USE disciplines.physical_constants.ALL;
ARCHITECTURE archi1 OF detector IS
   QUANTITY vbias ACROSS in_e, in_t THROUGH anode TO cathode;
   QUANTITY N_e, N_t : real := 0.0;   -- Zahl der erzeugten Ladungsträger
   QUANTITY Pos_e : real := 0.0;      -- aktuelle Position der Elektronen
   QUANTITY Pos_t : real := 0.0;      -- aktuelle Position der Löcher
   QUANTITY Champ : real := 0.0;      -- elektrisches Feld
   SIGNAL N: real := 0.0;             -- Zahl der erzeugten Ladungen
   SIGNAL Pos_part: real := 0.0;      -- Ort der Erzeugung
   CONSTANT v_e: real := 1.0e7;
   CONSTANT v_t: real := 6.0e5;
   CONSTANT tau_e: real := 300.0e-9;
   CONSTANT tau_t: real := 150.0e-9;

BEGIN
Detection : PROCESS
   VARIABLE seed1 : integer := 3456;  -- Für den Zufallsgenerator
   VARIABLE seed2 : integer := 4563;
   VARIABLE unf, x : real;
   VARIABLE alpha_p : real := 10.0  -- [1/cm] photelektrischer Absorbtionskoeff.
   VARIABLE alpha_c : real := 2.0;  -- [1/cm] Compton-Absorbtionskoeff.
BEGIN
   WAIT UNTIL energy_in/= 0.0;       -- Warte auf ein Photon
   Uniform(seed1, seed2, unf);
   X := - log(unf)/(alpha_p + alpha_c);     -- exponentielle Absorption
   IF x < sizex THEN                        -- Absorption ?
      Pos_part <= x;
      Uniform(seed1, seed2, unf);
      IF unf < (alpha_c/(alpha_c + alpha_p)) THEN
         Uniform(seed1, seed2, unf);
         N <= energy_in * unf/w, 0.0 AFTER 1 ps;
         Energy_out <= (1.0 - unf) * energy_in, 0.0 AFTER 1 ps;
```

```
      ELSE
         N <= energy_in/w, 0.0 AFTER 1 ps;  -- übertragene Gesamtenergie
      END IF;
   ELSE
      energy_out <= energy_in, 0.0 AFTER 1 ps; -- Pass through
   END IF;
END PROCESS;

BREAK ON N;  -- Synchronisation der Kerne

-- Verschiebung der Elektronen durch das Feld und Absorption der Ladungsträger

   IF n/= 0.0 USE
      Pos_e == Pos_part; Pos_t == Pos_part; -- Ladungsträgererzeugung
      N_e == N; N_t == N;
   ELSE                                     -- Flugbahn
      IF Pos_e < sizex USE
         Pos_e'dot == v_e;                  -- konstante Geschwindigkeit
         N_e'dot == - N_e/tau_e;            -- Rekombination der Elektronen
      ELSE
         Pos_e == sizex; N_e == 0.0;
      END USE;
      IF pos_t > 0.0 USE
         Pos_t'dot == - v_t;
         N_t'dot == - N_t/tau_t;    -- Rekombination der Löcher
      ELSE
         Pos_t == 0.0; N_t == 0.0;
      END USE;
   END USE;
   -- Ramo-Shockley-Gesetz: Strom = Ladungsträgerzahl x Ladung pro Länge x
   -- Ladungsträgergeschwindigkeit
   in_e == N_e * physical_q/sizex * v_e;
   in_t == N_t * physical_q/sizex * v_t;
END;
```

Tabelle 4.2 Struktur des Modells des Detektors

Zeilen	Erklärungen
1-6	**ENTITY**: Deklarationen und **PORTS**
2-3	generische Parameter
4-5	**PORTS**
8-9	Deklaration der Bibliotheken
10-74	**ARCHITECTURE**
11-21	Konstanten, Signale und lokale Quantities
23-74	Auszuführender Teil
24-47	**PROCESS**
25-29	lokale Variablen des Prozesses
30-47	sequentielle Instruktionen
31	Warten auf ein Ereignis
32-47	Berechnung der Wahrscheinlichkeiten, dass ein Photon absorbiert und dass der Comptoneffekt auftritt. Die Zahl der Ladungsträger wird aus der Menge der absorbierten Energie berechnet.
49	Synchronisation des analogen und des digitalen Simulationsalgorithmus
53-69	Diese Gleichungen definieren die mechanischen Eigenschaften der Ladungsträger im elektrischen Feld (Flugbahn und Rekombination).
70	Gesetz von Ramo und Shockley.
72-73	Hinweis: Die Addition des Elektronen- und Löcherstroms erfolgt implizit (Zeile 25)

Die Testumgebung (Testbench)

Um das Modell des Detektors zu überprüfen wird eine Testumgebung auf hohem Abstraktionsniveau geschrieben, die eine Partikelquelle (Laser), die Signalformung und das Spektrometer nachbildet.

Die Photonenquelle sei monochromatisch und strahle in alle Richtungen. Die Photonenenergie (in eV) wird generisch berücksichtigt und die Strahlungsintensität ebenfalls (in µCurie). Die Statistik der Photonen genügt der Poisson-Verteilung und die Richtung der abgestrahlten Photonen ist gleichverteilt.

Modell der monochromatischen Photonenquelle mit gleichverteilter Abstrahlungsrichtung und Poisson-Verteilung:

```
ENTITY source IS
GENERIC (energy : real := 100.0e3;   -- eV
activity : real := 50.0);            -- Micro-Curie
PORT (event_out, teta, phi : OUT real := 0.0);
END;

LIBRARY ieee;
USE ieee.math_real.all;
ARCHITECTURE pulse_proba OF source IS
BEGIN

   PROCESS
      VARIABLE seed1 : integer := 2345;
      VARIABLE seed2 : integer := 123;
      VARIABLE unf : real;
      -- Tau in Nanosekunden
      CONSTANT tau : real := 1.0e6/(activity * 3.7);
   BEGIN
      uniform(seed1, seed2, unf);
      WAIT FOR  Tau * log(unf) * ns;
      uniform(seed1, seed2, unf);
      teta <= 360.0 * unf;
      uniform(seed1, seed2, unf);
      phi <= 180.0 * unf;
      event_out <= energy, 0.0 AFTER 1 ps;
   END PROCESS;
END;
```

Der Signalformer wird über eine gewöhnliche Differentialgleichung dargestellt, die die Charakteristik eines Filters 2. Ordnung nachbildet. Dieses Modell kann später durch ein Modell der konkreten elektronischen Implementierung ersetzt werden, die mit Hilfe des vorgestellten Detektor-Modells optimiert werden soll.

Modell des Signalformers auf Verhaltensebene:

```
LIBRARY disciplines; USE disciplines.Electromagnetic_system.ALL;
ENTITY shaper IS
   GENERIC (tau : real := 1.0e-6);
   PORT (TERMINAL inpinp, inpinm, outpin : electrical);
END;

LIBRARY disciplines; USE disciplines.Electromagnetic_system.ALL;
```

```
LIBRARY ieee; USE ieee.math_real.ALL;
ARCHITECTURE archi1 OF shaper IS
   QUANTITY iin THROUGH inpinp TO inpinm;
   QUANTITY vout ACROSS outpin;
BEGIN
   -- Erzeugung der gefilterten Pulse
   1000.0 * iin == (tau * tau) * vout'dot'dot + 2.0 * tau * vout'dot + vout;
END;
```

Das Spektrometer stellt den Nulldurchgang der Ableitung des Pulses fest und inkrementiert einen Kanal eines mehrkanaligen Zählers. Der geeignete Kanal wird von der Pulsamplitude im Zeitpunkt des Nulldurchgangs der Ableitung des Pulses bestimmt und nach jedem Durchgang wird der Zählerstand um 1 erhöht. So entsteht ein energieaufgelöstes Spektrum.

Algorithmisches Modell des Spektrometers:

```
LIBRARY disciplines; USE disciplines.Electromagnetic_system.ALL;
LIBRARY ieee; USE ieee.math_real.ALL;
ENTITY spectro IS
   GENERIC (analysis_time : time := 100 ms;
            Channel_nb : integer := 100;
            Ampl_max : real := 1.0);
   PORT (TERMINAL inpin : electrical;
   SIGNAL spectre : OUT real := 0.0);
END;

LIBRARY disciplines; USE disciplines.Electromagnetic_system.ALL;
LIBRARY ieee; USE ieee.math_real.ALL;
ARCHITECTURE algo OF spectro IS
   SIGNAL watchdog : boolean := false;
   QUANTITY vtest ACROSS inpin;
   TYPE integer_vector IS ARRAY (natural RANGE <>) OF integer;
BEGIN
   PROCESS
   BEGIN
      WAIT FOR analysis_time;
      watchdog <= NOT watchdog;
   END PROCESS;

   PROCESS
   VARIABLE spectre_res : integer_vector(0 TO channel_nb - 1)
            := (OTHERS => 0);
   VARIABLE index_tab : integer;
   BEGIN
      WAIT ON vtest'DOT'ABOVE(0.0), watchdog;
```

```
      IF watchdog'EVENT THEN
         -- Sortieren
         FOR i IN 0 TO channel_nb - 1 LOOP
            spectre <= real(spectre_res(i));
            WAIT FOR 1 us;
         END LOOP;
         spectre <= 0.0;
      ELSIF vtest'DOT'ABOVE(0.0) · false THEN
         -- Auf den neuesten Stand bringen
         IF vtest < ampl_max and vtest > 0.0 THEN
            index_tab := integer(real(channel_nb) * vtest/ampl_max);
            spectre_res(index_tab) := spectre_res(index_tab) + 1;
         END IF;
      END IF;
   END PROCESS;
END;
```

Die vorgestellten Modelle können nun in einer strukturellen Testbench zusammengefasst werden:

```
ENTITY testdetector IS
END;

LIBRARY disciplines; USE disciplines.Electromagnetic_system.ALL;
USE work.ALL;
ARCHITECTURE shaped OF testdetector IS
   SIGNAL photonin, photonout, teta, phi : real;
   TERMINAL alim, comm, gnd, shape_out : electrical;
   QUANTITY tension_alim ACROSS alim TO gnd;
   QUANTITY ibias THROUGH alim TO gnd;
   QUANTITY tension_shap_out ACROSS shape_out TO gnd;
   SIGNAL spectre : real := 0.0;
   CONSTANT sizex : real := 0.1; -- Dicke in cm
   CONSTANT tau : real := 1.0e-6;
BEGIN
   u1 :  ENTITY source(pulse_proba) GENERIC MAP (100.0e3, 15.0)
         PORT MAP (photonin, teta, phi);
   u2 :  ENTITY detector(archi1) GENERIC MAP (sizex, 0.3)
         PORT MAP (photonin, photonout, comm, gnd);
   u3 :  ENTITY shaper(archi1) PORT MAP (alim, comm, shape_out);
   u4 :  ENTITY spectro(algo) GENERIC MAP (100 ms, 100, 4.0e-5)
         PORT MAP (shape_out, spectre);
   tension_alim == 10.0e3 * sizex;
END;
```

Resultate

Das Verhalten des Modells ist sehr nahe an den theoretischen Erwartungen und an den Messergebnissen. Die folgenden Kurven zeigen die Strompulse, die überlagerten Pulse und die Rekombinationsverluste.

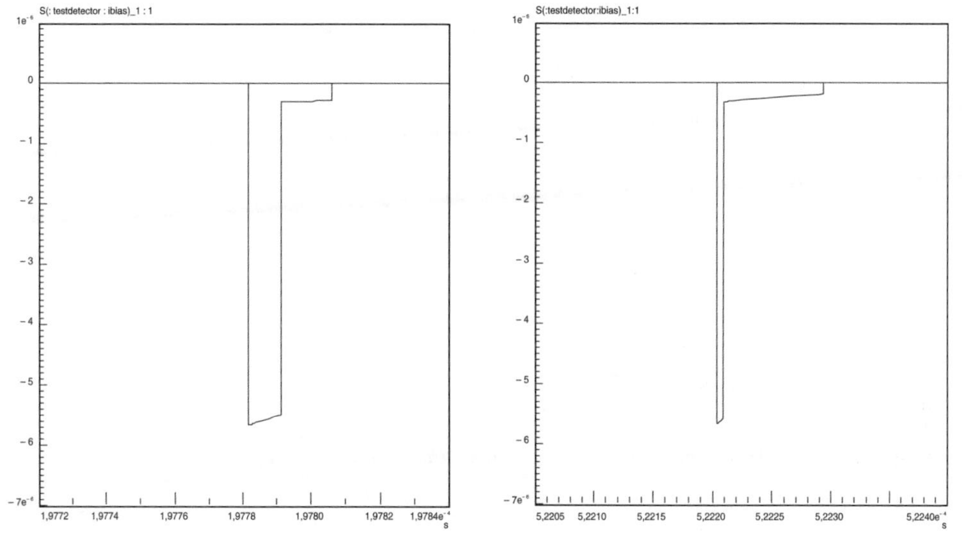

Bild 4.3 Zwei verschiedene Pulse, abhängig von der Stärke der Wechselwirkung zwischen Photonen und Kristall. Die Abnahme resultiert aus Rekombinationsverlusten bei den generierten Ladungsträgern.

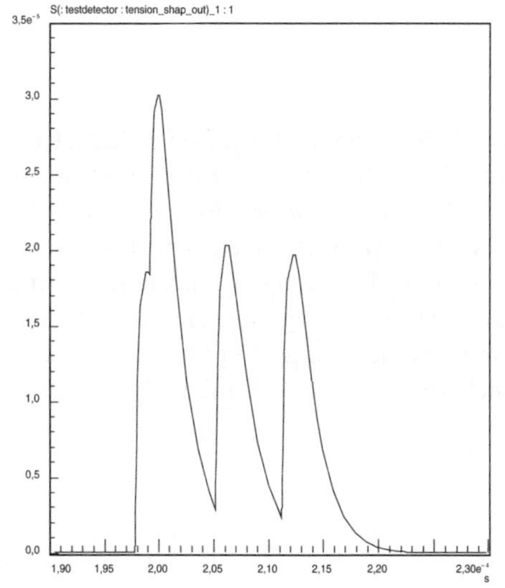

Bild 4.4 Puls nach der Signalformung (mit Überlagerungseffekten).

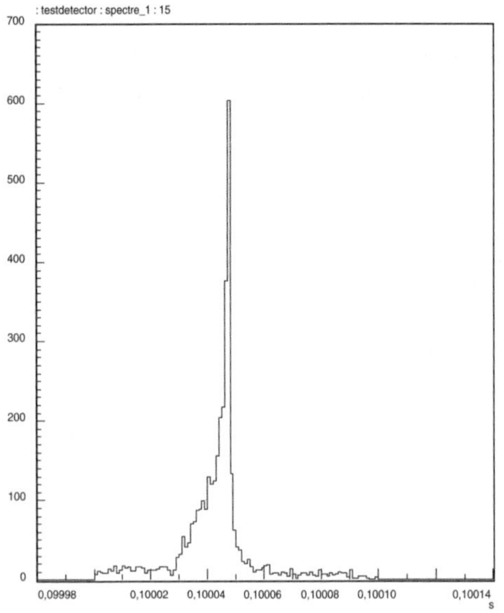

Bild 4.5 Ausgangswerte des Spektrometers für eine monochromatische Quelle.

4.6.2 N-Körper-Problem

Das folgende Modell kann von den existierenden Werkzeugen nicht kompiliert werden, obwohl es der Norm entspricht. Es dient daher mehr zur Veranschaulichung der semantischen Möglichkeiten der Sprache.

Ziel

Das Problem, das behandelt werden soll, kommt aus der Mechanik. Wir haben *N* feste Körper, die sich über die Gravitationswechselwirkung anziehen. Nur bei zwei Körpern kann das Problem analytisch gelöst werden und eine allgemeine Gleichung für den Aufenthaltsort der beiden Körper zu allen Zeiten angegeben werden. Nach dem Hinzufügen weiterer Körper sind keine Aussagen ohne numerische Simulation möglich. Die nötigen Gleichungen sind leicht aufzustellen. Es gehen die Anfangsbedingungen (Massen, Lage und Geschwindigkeit der einzelnen Körper) ein und die Newtonsche Bewegungsgleichungen werden für Schwerpunkt- und Relativkoordinaten aufgestellt. Alle Berechnungen sind in den drei Raumdimensionen auszuführen.

Quell-Code des Modells

Das Package „N_corps_pak“ enthält die Definition eines Typs „Vector_3D“ der drei reelle Komponenten besitzt. Aus diesem Vektor kann ein übergeordneter Vektor aufgebaut werden, der aus den Orts- oder Geschwindigkeitskomponenten der einzelnen Körper besteht („V_vector_3D“). Ein Vektor dieses Typs ermöglicht es, das System in vollem Umfang zu behandeln. Im Package sind außerdem noch verschiedene arithmetische Funktionen definiert, die auf diese Vektoren wirken.

Package Declaration:

```
PACKAGE N_corps_pak IS
        TYPE Vector_3D RECORD
             x : real;
             y : real;
             z : real;
        END RECORD;
        TYPE V_vector_3D IS ARRAY (RANGE <>) OF Vector_3D;
        -- Berechnung der Gesamtmasse
        FUNCTION sigma(a : real_vector) RETURN real;
        -- Arithmetische Operationen
        FUNCTION "*" (a : real_vector, b : V_Vector_3D) RETURN Vector_3D;
        FUNCTION "*" (a : real, b : real_vector) RETURN real_Vector;
        FUNCTION "*" (a : real_vector, b : real_vector)
             RETURN real_Vector;
        FUNCTION "*" (a : real, b : Vector_3D) RETURN Vector_3D;
        FUNCTION "+" (a : V_Vector_3D, b : V_Vector_3D) RETURN V_Vector_3D;
        FUNCTION "+" (a : Vector_3D, b : Vector_3D) RETURN Vector_3D;
        FUNCTION "-" (a : Vector_3D, b : Vector_3D) RETURN Vector_3D;
        FUNCTION "/" (a : Vector_3D, b : real) RETURN Vector_3D;
        FUNCTION "/" (a : real_vector, b : real) RETURN real_Vector;
        FUNCTION force(M_T : real, Mass : real_vector, Loc : V_Vector_3D)
             RETURN V_vector_3D;
END PACKAGE;
```

Der Körper (Body) dieses Packages mit den Beschreibungen des Verhaltens der Funktionen findet sich im Anhang.

Das Modell selbst arbeitet auf der Grundlage von generischen Größen (Zahl der Körper, deren Masse, Anfangspositionen und -geschwindigkeiten). In der Architektur sind freie Quantitäten definiert, die die Beschleunigungen sowie die aktuellen Geschwindigkeiten und Positionen erfassen. Das Modell besteht aus drei vektorwertigen Gleichungen in Matrizenschreibweise.

```
-- ***************************************************************
-- **   Modell der N Körper       **      N-bodies simulation     **
-- **   Y.HERVÉ herve@erm1.u-strasbg.fr      **      09/10/2000   **
-- ***************************************************************
USE work.N_corps_pak.ALL;
ENTITY N_corps IS
   GENERIC (N : integer := 3;
            M : real_vector(1 TO N);
            XYY0 : V_vector_3D(M'RANGE);
            V0 : V_vector_3D(M'RANGE));
END;
USE work.N_corps_pak.ALL;
ARCHITECTURE one OF N_corps IS
   CONSTANT M_T : real := sigma(M);
   QUANTITY XYZ : V_Vector_3D(M'RANGE) := XYZ0;
   QUANTITY V : V_Vector_3D(M'RANGE) := V0;
   QUANTITY Gamma : V_Vector_3D(M'RANGE);
BEGIN
   Force(M_T, M, XYZ) == M * Gamma;
   V == Gamma'DOT + V0;
   XYZ == V'DOT + XYZ0;
END;
```

Das Modell kann wie erwähnt leider nicht mit den Werkzeugen, die zur Verfügung stehen, kompiliert werden, weil diese weder PORTs noch freie Quantities in zusammengesetzter Form akzeptieren (Vektoren, Matrizen, Records oder, noch schlimmer, Kombinationen dieser Möglichkeiten).

4.6.3 Zellulärer Automat

Ein zellulärer Automat ist ein Netzwerk von verbundenen Zellen. Der Wert, den eine bestimmte Zelle annimmt, wird zu regelmäßigen Zeitpunkten aktualisiert. Die zeitliche Entwicklung der Zustände hängt vom jeweiligen Anfangszustand der Zelle und den Zuständen der jeweiligen benachbarten Zellen ab. Falls die Struktur offen gehalten ist, lassen sich Bedingungen in unbeschränkter Weise angeben.

Diese Automaten sind von John von Neumann eingeführt worden, um sich selbst replizierende Maschinen zu beschreiben. Zelluläre Automaten wurden weithin bekannt, als Conway das *Spiel des Lebens* in dieser Form darstellte. Mit diesen Strukturen können auch diskretisierte partielle Differentialgleichungen aufgelöst werden (Strömungen in Flüssigkeiten, in der Aerodynamik, Druckverteilungen...).

Da diese Automaten explizit zeitlich synchronisiert werden, ist es einfach eine solche Struktur in VHDL-AMS darzustellen:

```
ENTITY Space_2D_NUM IS
   GENERIC (N, M : natural;
            k : real := 10.0);
END;
-- Zellulärer Automat
ARCHITECTURE Cellular_automata OF Space_2D_NUM IS
   SIGNAL XY real_vector(1 TO N, 1 TO M);
   SIGNAL clock : bit;
BEGIN
   clock <= not clock AFTER 1 ms;
   BLOCK (clock'EVENT and clock = '1')
   BEGIN
      -- Anregung vom Rand der Struktur
      FOR j IN 1 TO M GENERATE
         xy(0, j) <= K;
      END GENERATE;
      -- Grenzbedingungen
      FOR i IN 1 TO N GENERATE
         xy(i, 0) <= 0.0;
         xy(i, M) <= 0.0;
      END GENERATE;
      FOR j IN 1 to M GENERATE
         xy(N, j) <= 0.0;
         xy(N, j) <= 0.0;
      END GENERATE;
      -- Funktionsbeschreibung durch ein logisches Netzwerk
      FOR i IN 1 to N - 1 GENERATE
         FOR j IN 1 to M - 1 GENERATE
            -- Diese Zeile legt die Funktion des Automaten fest.
            -- Im Beispiel berechnen wir einen Mittelwert.
            XY(i, j) <= (xy(i-1, j) + xy(i+1, j) + xy(i, j-1) + xy(i, j+1))/4.0;
            -- Diese Zeile kann z.B. auch durch einen Prozess ersetzt werden, der
            -- die interne Logik der Zellen vorgibt (siehe „Spiel des Lebens").
         END GENERATE;
      END GENERATE;
   END;
END;
```

4.6.4 Vernetzte Nanostrukturen

Bestimmte elektronische Nano-Systeme bestehen aus Netzwerken von Metallkontakten in einer isolierenden Matrix. Die Kontakte haben nur einen Durchmesser von einigen Nanometern und auch ihr Abstand bewegt sich in diesen Längenbereichen. Aufgrund der sog. Coulomb-Blockade [WAUT] kann der mikroskopische Stromfluss in solchen Anordnungen über eine makroskopische Spannung gesteuert werden, die an diese Nanostrukturen angelegt wird. Allerdings funktioniert dies nur bei sehr niedrigen Temperaturen, bei denen der quantenmechanische Tunneleffekt hinreichend stark ausgeprägt ist.

Zur Herstellung derartiger Systeme (derzeit noch im Stadium der Forschung) wird beispielsweise eine Wolframspitze mit Hilfe eines elektrischen Feldes zerstäubt. Die sich bildenden Widerstandsanordnungen sind in starkem Maße vom Zufall abhängig. Deshalb wurde der Autor im Rahmen eines Forschungsprojekts aufgefordert, die statistische Verteilung des Gesamtwiderstands (also des minimalen Widerstandswertes, der sich entlang der verschiedenen Verbindungsstrukturen im Netwerk ausbilden kann) aus den statistischen Daten des Herstellprozesses (Verteilungen des Durchmessers der Kontakte und der Kontaktabstände) zu ermitteln. Nachdem die Physiker im Labor die Kontaktwiderstände als Funktion der Kontaktdurchmesser und -abstände modelliert hatten, wurde ein einfaches elektrisches Modell erstellt, das die möglichen Widerstandswerte eines zweidimensionalen Netzes mit einer Dynamik von 10^{30} auf Grundlage einer Monte-Carlo-Analyse ermittelt. Dazu wurden Werkzeuge benutzt, die eine SPICE-Netzliste generieren, das System mit einem modifizierten SPICE-Simulator simulieren und anschließend die Ergebnisse statistisch auswerten.

Die Modellierung des Problems wurde nach der VHDL-AMS-Standardisierung wieder aufgenommen und konnte aufgrund der effizienten Sprachkonstrukte in einfacher Weise und expliziter Form mit generischer Parametrierung neu erstellt werden.

```
USE Disciplines.electromagnetical.ALL;
ENTITY N-plots IS
   GENERIC (N, M : integer := 2);
   PORT (TERMINAL vp, vm : electrical); -- Die 2 Anschlusselektroden
END;
ARCHITECTURE Struct OF N-plots IS
   TERMINAL V : electrical vector(1 TO n, 1 TO m); -- Interne Anschlüsse
BEGIN
   FOR i IN 1 TO m GENERATE -- Horizontale Widerstände
      R_H : ENTITY R(equ) GENERIC MAP (Alea_r) PORT MAP (vp, v(1, i));
      R_H : ENTITY R(equ) GENERIC MAP (Alea_r) PORT MAP (v(n, i), vm);
   END GENERATE;
   FOR i IN 1 TO m GENERATE -- Interne horizontale Widerstände
      FOR j IN 1 TO n GENERATE
         R_H : ENTITY R(equ) GENERIC MAP (Alea_r)
         PORT MAP (v(j, i), v(j, i + 1));
      END GENERATE;
```

```
   END GENERATE;
   FOR i IN 1 TO n GENERATE -- Vertikale Widerstände
      FOR j IN 0 TO m - 1 GENERATE
         R_V : ENTITY R(equ) GENERIC MAP (Alea_r)
         PORT MAP (v(i, j), v(i, j + 1));
      END GENERATE;
   END GENERATE;
END;
```

Dieses Modell kann in eine Testbench instanziiert werden, die die Zufallswerte der Widerstände nach einer bekannten Verteilung vorgibt, die Ergebnisse zusammenfasst und selbsttätig die statistischen Analysen ausführt. Die Testbench kann direkt die Histogramme der Serienwiderstände der produzierten Systeme liefern, um die Ausbeute zu ermitteln ($R < 10^{11}\ \Omega$ war die fest gesetzte Schwelle für unsere Anwendung).

4.6.5 Auflösung von Gleichungen mit partiellen Ableitungen

Das folgende Modell kann ebenfalls nicht von den zur Verfügung stehenden Simulationsumgebungen kompiliert werden, obwohl es normgerecht ist.

VHDL-AMS erlaubt weder Gleichungen mit partiellen Differentialen aufzustellen, noch diese zu verarbeiten. Das folgende Modell ermöglicht es, einen gewissen Raumbereich mit einem zugehörigen regelmäßigem Gitternetz zu definieren. Mit einer Matrix-Quantity wird dem Netz ein Feld von Werten zugeordnet. Jedem Raumpunkt kann in Abhängigkeit von den Nachbarpunkten zu jeder Zeit ein entsprechender Wert zugeordnet werden.

```
ENTITY Space_2D_time IS
   GENERIC (N, M as natural;
            k : real := 10.0);
END;
ARCHITECTURE PDE OF Space_2D_time IS
   QUANTITY XY, dXY_dx, dXY_dy real_vector(1 to N, 1 TO M);
BEGIN
   -- Anregung
   FOR j IN 1 TO M GENERATE
      XY(0, j) == f(now);
   END GENERATE;
   -- Randbedingungen
   FOR i IN 1 TO N GENERATE
      XY(i, 0) == 0.0;
      XY(i, M) == 0.0;
   END GENERATE;
```

```
   FOR j IN 1 TO M GENERATE
      XY(N, j) == 0.0;
      XY(N, j) == 0.0;
   END GENERATE;
   -- Netzwerk aus analogen Größen (räumliche Diskretisierung)
   FOR i IN 1 to N - 1 GENERATE
      FOR j IN 1 TO M - 1 GENERATE
         dXY_dx == DERIV_x(XY);
         dXY_dy == DERIV_y(XY);
         XY(i, j) == PDE(XY, dXY_dx, dXY_dy);
      END GENERATE;
   END GENERATE;
END;
```

4.6.6 Analog-Digital-Umsetzer nach dem Sigma-Delta-Prinzip

Systeme, die analoge Signale in digitale wandeln (Analog-Digital-Umsetzer, ADU), werden durch zwei Größen gekennzeichnet:

1. die **Zeitdauer**, die für eine Umsetzung benötigt wird (angegeben in Form der Frequenz, mit welcher analoge Daten angelegt werden können, in MHz), und
2. die **Genauigkeit**, mit der die analogen Werte digital dargestellt werden sollen (Auflösung in Bits).

Die Hardware-Kosten für die Wandlung sind direkt mit dem Produkt aus Wandelgeschwindigkeit und Auflösung verknüpft. Eine neuere Wandlerarchitektur ermöglicht einen interessanten Kompromiss zwischen den gegenläufigen Entwurfszielen Wandelrate und Genauigkeit. Das Verfahren beruht darauf, dass das Integral (*Sigma*) über die Abweichung (*Delta*) zwischen gewandelter Größe und Eingangsgröße unter Kontrolle der Taktfrequenz minimiert wird (Sigma-Delta-Wandler).

Als Ergebnis liefert die Sigma-Delta-Stufe eine Pulsfolge mit viel höherer Frequenz als nach dem Shannon'schen Abtasttheorem eigentlich nötig wäre, wobei der (digitale) Mittelwert der Pulsfolge dem (analogen) Eingangssignal entspricht. Ein Sigma-Delta-Modulator erzeugt einen Bitstrom, der sofort einem Digitalfilter zugeführt wird. Die Filterung senkt die Ausgangsfrequenz per Mittelwertbildung ab (Dezimierung).

Der prinzipielle Aufbau ist in folgender Abbildung gezeigt (Sigmal-Delta-Stufe 1. Ordnung). In praktischen Anwendungen werden Sigma-Delta-Wandler höherer Ordnung (also mit mehreren Sigma- und Delta-Gliedern) verwendet, weil diese stabiler arbeiten.

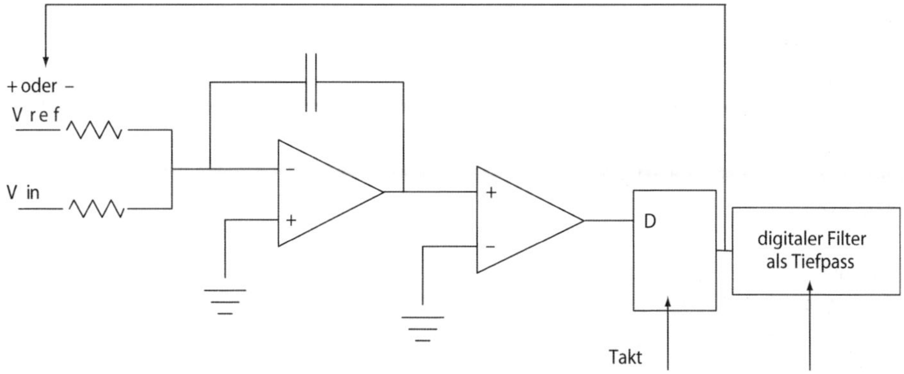

Bild 4.6 Prinzipieller Aufbau eines Sigma-Delta-Modulators mit Dezimierungsfilter

Das Interessante an diesem Wandlerprinzip ist, dass das Rauschen bei der Wandlung in hohe Frequenzbereiche verschoben wird, die dann durch Filterung am Ende wieder abgeschnitten werden. Das Signal-Rausch-Verhältnis von Sigma-Delta-Wandlern kann daher leicht 120dB erreichen, was, wie in Büchern über digitale Signalverarbeitung dargelegt, digitalen Auflösung von 20 Bit und mehr entspricht.

Die Problematik beim Entwurf dieser Systeme besteht darin, dass sie nur schwer zu simulieren sind. Die stark unterschiedlichen Zeitkonstanten, die hier eine Rolle spielen, machen es notwendig, dass eine praktisch kaum zugängliche Zahl von Simulationspunkten berechnet werden muss, um verlässliche Aussagen über die Funktion des Wandlers zu gewinnen. Der analoge Teil muss z.B. mit einer sehr kleinen Zeitschrittweite simuliert werden, die eine hinreichend genaue Integration zulässt. Während der erzeugte digitale Bitstrom mit einer hohen Taktfrequenz (typischerweise im MHz-Bereich) an den Filter gelegt wird, wird dieser mit einer gegenüber der Systemtaktfrequenz stark herabgesetzten Ausgabefrequenz betrieben. Die Verwendung von VHDL-AMS ist die natürliche Lösung dieser Probleme. Der analoge Teil (der Modulator) kann alleine zunächst technologienah auf Transistorniveau behandelt werden. Während der Simulation des Modellteils, der die Dezimierung nachbildet, wird der Modulator durch ein Verhaltensmodell ersetzt, das die analoge Integration auf Bauelementebene durch eine numerische Integration ersetzt. So kann die Simulation stark beschleunigt werden. Vergleicht man die Simulationszeiten, die für eine Verhaltens- bzw. für eine Schaltkreissimulation nötig sind, dann zeigt sich, dass die Modellierung auf hohem Niveau die Simulationsdauer um einen Faktor 15 reduziert.

```
LIBRARY disciplines;
USE disciplines.electromagnetic_system.ALL;
LIBRARY ieee;
USE ieee.std_logic_1164.ALL;
USE ieee.math_real.ALL;
USE work.ALL;
ENTITY modulator IS
   GENERIC (K : real := 1.0;
            vref : real := 5.0);
   PORT (TERMINAL T_in : electrical;
      SIGNAL S_out : OUT std_ulogic;
      SIGNAL clock : IN std_ulogic);
END ENTITY;
ARCHITECTURE num OF modulator IS
   QUANTITY vin ACROSS T_in;
   SIGNAL SS_int : real := 0.0;
BEGIN
   DeltSig : PROCESS
      VARIABLE S_mem, S_int : real := 0.0;
   BEGIN
      WAIT UNTIL clock = '1';              -- Steigende Flanke?
      S_int := S_int + K * (vin - S_mem); -- numerische Integration
      SS_int <= S_int;
      S_mem := sign(S_int) * vref;         -- Summierung
      IF S_int > 0.0 THEN S_out <= '1';    -- Komparator
      ELSE S_out <= '0'; END IF;
   END PROCESS;
END;
ARCHITECTURE beh_anal OF modulator IS
   QUANTITY vin ACROSS T_in;
   QUANTITY vmem, vint : real;
   SIGNAL LocQ : boolean;
BEGIN
   vint'DOT == K * (vin - vmem);     -- direkte Integration der Differenz
   LocQ <= (vint > 0.0) WHEN clock = '1';
   S_out <= '1' WHEN LocQ ELSE '0';
   BREAK ON LocQ;
   IF LocQ USE
      vmem == vref;
   ELSE
      vmem == - vref;
   END USE;
END;
```

4.6.7 Beispiel eines integrierten Systems

Dieses Beispiel wird im Lehrbetrieb am Institut für Integrierte Elektronik der Louis-Pasteur-Universität und an der Ecole National Superieur für Physik in Straßburg als Grundlage der Vermittlung der Prinzipien von rechnergestützten Entwurfswerkzeugen verwendet. Entwickelt wurde das Modell, dessen Blockdiagram in Bild 4.7 gezeigt ist, in Zusammenarbeit mit Luc Hebrard und Freddy Abstotz.

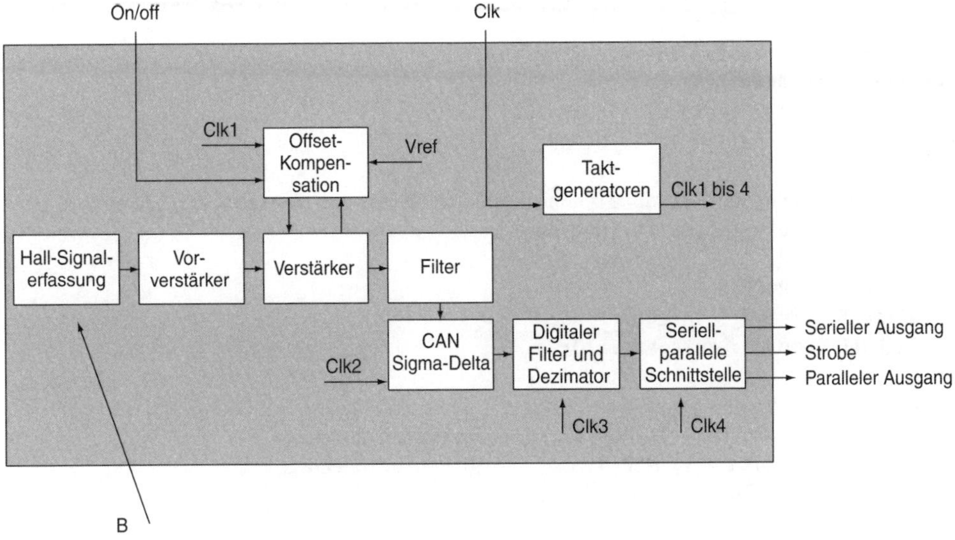

Bild 4.7 Blockschaltbild einer Messelektronik

Das Ziel des Projekts ist das Design eines integrierten Schaltkreises, der ein lokales Magnetfeld messen kann. Der Hall-Sensor ist on-chip als *n*-dotiertes Gebiet im Silizium realisiert, das mit 4 Kontakten angeschlossen ist. Nach konzeptionellen Untersuchungen wurde der in der Abbildung dargestellte Datenpfad als Architektur gewählt. Wir präsentieren hier die zwei ersten Entwurfsabschnitte: das Lastenheft (ausführbare Spezifikation als Verhaltensmodell in VHDL-AMS) und eine strukturelle Modellierung des Systems auf der Grundlage von Verhaltensmodellen von jedem in 4.7 abgebildeten Funktionsblock. Die Spezifikation hat folgende Gestalt:

```
LIBRARY IEEE;
USE IEEE.Math_real.all;
USE IEEE.STD_LOGIC_1164.ALL;
USE IEEE.STD_LOGIC_ARITH.ALL;
USE IEEE.STD_LOGIC_UNSIGNED.ALL;
USE IEEE.STD_LOGIC_SIGNED.ALL;
USE IEEE.STD_LOGIC_ARITH.ALL;
LIBRARY Disciplines;
USE Disciplines.Electromagnetic_system.ALL;
```

```
ENTITY System IS
   PORT (TERMINAL B : magnetic;
      TERMINAL alim_p, alim_m, alim_gnd, vref : electrical;
      SIGNAL clk128, on_off : IN std_ulogic;
      SIGNAL serial_out, clk2_out, strobe : OUT std_ulogic;
      SIGNAL parallel_out : OUT signed(7 DOWNTO 0));
END;
-- Rein funktionale Architektur
-- In der Testbench wird die Orientierung des Sensors in Bezug auf das
-- Magnetfeld berücksichtigt.
ARCHITECTURE CdC OF system IS
   QUANTITY champ ACROSS B;
   SIGNAL clk16, clk2 : std_ulogic := '0';
   CONSTANT gain : real := 127.0/0.005;
BEGIN
   -- Ohne Begrenzung der Bandbreite auf 500 Hz in dieser Version
   -- champ_limited == champ'ltf(num/den)
   clk2_out <= clk2;
   div_horloge : PROCESS
      VARIABLE compt64 : integer := 0;
      VARIABLE compt8 : integer := 0;
   BEGIN
      WAIT ON clk128;
      compt64 := (compt64 + 1) MOD 32;    -- Division durch 64
      compt8 := (compt8 + 1) MOD 4;       -- Division durch 8
      IF compt64 = 0 THEN
         clk2 <= not clk2;
      END IF;
      IF compt8 = 0 THEN
         clk16 <= NOT clk16;
      END IF;
   END PROCESS;
   -- Die zeitliche Verzögerung zwischen Ein- und Ausgang aufgrund der Signal-
   -- Laufzeiten in den digitalen Komponenten (Sigma-Delta und Filter) werden nicht
   -- berücksichtigt
   system : PROCESS
      VARIABLE loc_para : signed(parallel_out'RANGE);
   BEGIN
      WAIT UNTIL clk2 = '1';
      loc_para := conv_signed(integer(Gain * Champ), loc_para'length);
      parallel_out <= loc_para;
      serial_out <= loc_para(7);
      strobe <= '1';
      WAIT UNTIL clk16 = '1';
      strobe <= '0';
      serial_out <= loc_para(6);
      FOR i IN 5 DOWNTO 0 LOOP
         WAIT UNTIL clk16 = '1';
```

```
      serial_out <= loc_para(i);
    END LOOP;
  END PROCESS;
END;
```

Sobald diese als Lastenheft dienende Funktionsbeschreibung validiert worden ist, kann man mit der Untersuchung der Untersysteme (Blöcke) fortfahren. Ein strukturelles Modell der verschiedenen Objekte in ihrer Verhaltensform kann dann folgendermaßen aussehen:

```
-- Die Architektur CDC_STRUCT setzt sich aus den einzelnen Modellen der Blöcke
-- zusammen, die möglichst einfach modelliert sein sollen
USE work.ALL;
ARCHITECTURE CdC_struct of System is
  -- Verbindungen zwischen den beteiligten Blöcken
  TERMINAL t1, t2, t3, t4, t5 : electrical;
  SIGNAL s1 : std_ulogic_vector(7 DOWNTO 0);
  SIGNAL s2 : signed(7 DOWNTO 0);
  SIGNAL clk16, clk2 : std_ulogic;
  QUANTITY v ACROSS i THROUGH alim_gnd;
BEGIN
  v == 0.0; -- Massepotential
  gck :  ENTITY gene_clock(cdc)
         PORT MAP (clk128, clk16, clk2);
  Cpt :  ENTITY capteur(cdc)
         PORT MAP (B, T1);
  Cmp :  ENTITY compens(cdc)
         PORT MAP (clk128, on_off, t2, t4, vref);
  Pre :  ENTITY preampli(cdc)
         PORT MAP (t1, gnd, t2);
  Amp :  ENTITY ampli(cdc)
         PORT MAP (t2, t3, t4);
  Flt :  ENTITY filtre(cdc)
         PORT MAP (t4, t5);
  CAN :  ENTITY delta_sigma(cdc)
         PORT MAP (t5, s1, clk128);
  S2U :  ENTITY conversion(cdc)
         PORT MAP (clk2, s1, s2);
  P2S :  ENTITY para2serie(cdc)
         PORT MAP (clk16, s2, serial_out, clk2_out, strobe);
  parallel_out <= s2;
END;
```

In diesem Beispiel kann man viel verbessern, wenn man eine VHDL-Configuration verwendet, um Untersuchungen auf unterschiedlichen Abstraktionsebenen durchzuführen, obwohl die Multiabstraktion vom hier eingesetzten Werkzeug nicht unterstützt wird. Jede einzelne Komponente kann so technologienah oder auf Verhaltensebene untersucht werden, wobei alle anderen Komponenten mit einbezogen werden können.

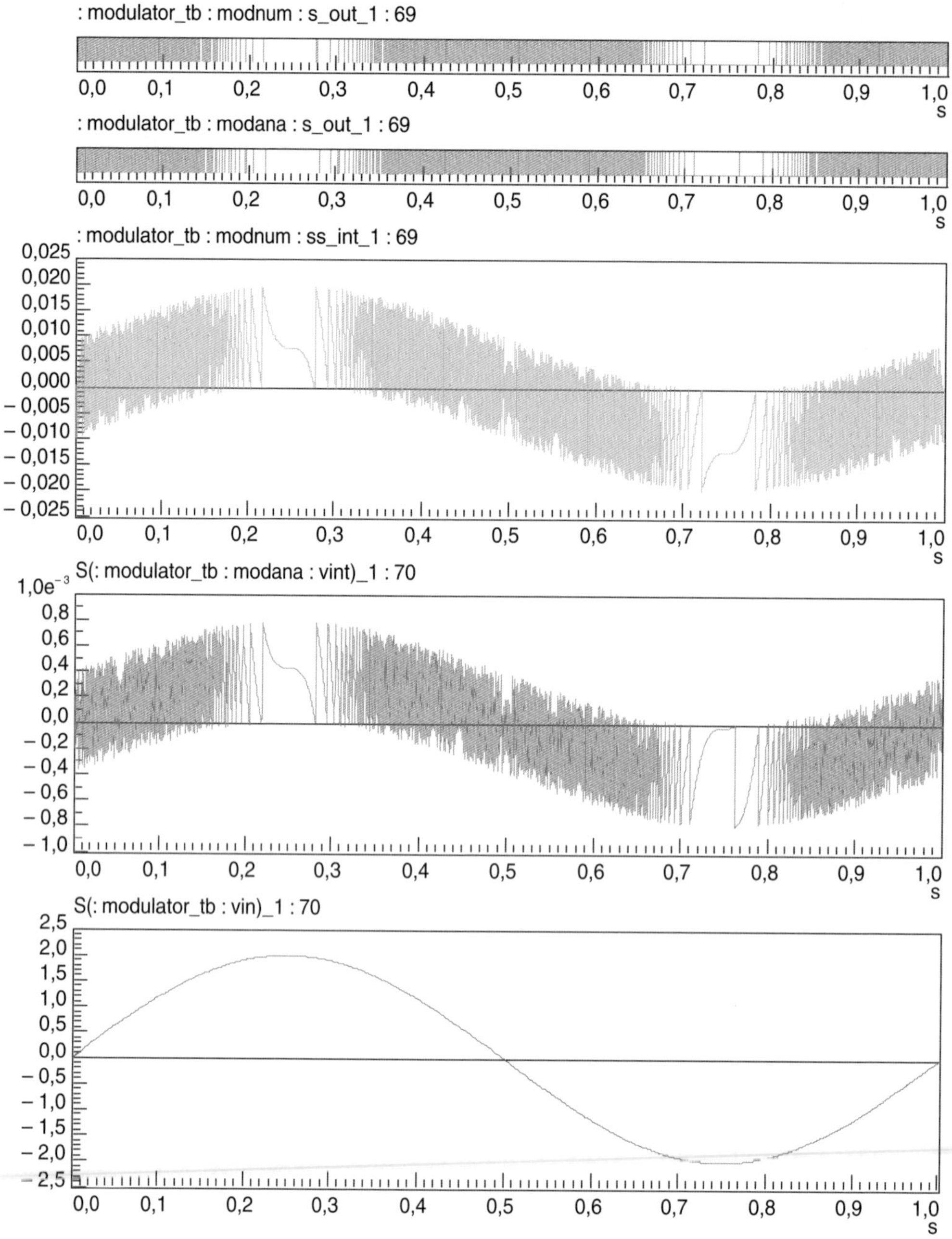

Bild 4.8 Vergleich der Ausgangssignale eines Delta-Sigma-Wandlers. Das 2. und 4 Bild von oben zeigen analoge und das 1. und 3. digitale Ausgangssignale (Bitstrom und aufintegrierter Fehler), bei sinusförmiger Anregung (unten)

5 Schluss

Zukünftige Entwicklungen
Eine erneute Normierung des VHDL-AMS Standards sollte schon 2004 stattfinden, wurde aber bisher (Oktober 2005) nicht abgeschlossen. Die einzelnen Arbeitsgruppen des Normierungsausschusses untersuchen immer noch verschiedene Entwicklungsmöglichkeiten. Einige wollen bestimmte Teile der Sprache MHDL [MHDL] integrieren, um die Modellierung von Hochfrequenzsystemen zu ermöglichen, andere wollen den Sprachaufbau in Richtung Objektorientierung verändern. Verschiedene Einschränkungen sollen zudem im Rahmen der Vorbereitung auf die neue Norm beseitigt oder aufgelöst werden (Manipulation von Einheiten, Gleichungen mit partiellen Differentialen, Semantik der Verknüpfungen).

Weiterentwicklungen, die ebenfalls zur Steigerung der Designproduktivität und zur Unterstützung der Sprache zu wünschen wären, beziehen sich vor allem auf die Simulatoren. Es fehlen immer noch Tools, die den gesamten Sprachumfang abdecken und gleichzeitig eine grafische Schnittstelle auf hohem Niveau bieten, wie man sie schon von den digitalen Werkzeugen kennt. Außerdem könnten wesentlich komplexere Modelle simuliert werden, wenn Algorithmen eingeführt würden, die auf parallelen oder verteilten Rechnern ablauffähig wären.

Die generellen zukünftigen Anforderungen an Technologie und Designwerkzeuge, ohne direkten Bezug zur in diesem Buch vorgestellten Sprache, sind von Fachleuten der Halbleiterindustrie in der sog. *Roadmap* formuliert worden [ROAD]. Diese Studien stellen vor allem den Bedarf an Modellbildung und Simulation von technologischen Prozessen in der Bauelementfabrikation und der elementaren Komponenten (z.B. Transistoren mit ultrakurzen Kanälen) in den Vordergrund.

Zukünftigen Bedarf wird es auch bei der Modellierung von Bauelementen für Hochfrequenzanwendungen innerhalb von höchstintegrierten Schaltkreisen geben, genauso wie auch für Verbindungsleitungen (mit verteilten Zeitkonstanten). Für diese zunehmend wichtiger werdenden, Aufgaben ist die Berücksichtigung von parasitären Effekten, wie dem Substratrauschen, und von den Umgebungsbedingungen (Temperatur, etc.) von elementarer Bedeutung. Nur so lassen sich gründliche und genaue Untersuchungen per Simulation durchführen. Auch werden elektromagnetische Berechnungen in den Modellen die einfache elektrostatische Erfassung elektrischer Größen ersetzen, um die elektromagnetische Verträglichkeit von elektronischen Systeme zu untersuchen. Modelle die auf den physikalischen Eigenschaften von Komponenten mit kleinsten Abmessungen beruhen, können durch die umfassende Einbeziehung von parasitären Effekten (elektrisch, thermisch, mechanisch) noch weiter verbessert werden. Dazu müssen die Modelle stetig verfeinert werden, um die atomaren Phänomene und Quanteneffekte zu erfassen, die bei der Bauelementfunktion bzw. als Parasiten eine Rolle spielen können. Schwankungen der Fertigungsparameter werden in Zukunft ebenfalls bestimmend sein, weil die Abmessungen bereits an der Grenze der Genauigkeit der eingesetzten Prozesse liegen. Nur wenn die effektiven statistischen Verteilungen der Designparameter mit einbezogen werden, können Entwürfe entstehen, die sowohl unter bestmöglichen wie unter schlechtesten Prozessbedingungen funktionieren.

Auf Systemebene wird der zukünftige Akzent auf der monolithischen Integration auf noch höherer Stufen liegen. In solchen Mikrosystemen (SoC: *System on Chip*) sind die Entwurfsabläufe verschiedener Disziplinen zu vereinigen. Modellierung und Simulation müssen hier in Zukunft alle drei Raumdimensionen erfassen können und nicht nur die bisher relevanten zwei Dimensionen der Silizium-Planartechnik.

Man kann davon ausgehen, dass auf Grundlage einer gemeinsamen Beschreibungssprache in Industrie und Universitäten die Forschung auf dem Gebiet der Synthese von analogen Schaltungen nachhaltig befördert wird.

Schlussfolgerungen

Wir hoffen, in diesem Buch alle Vorteile aufgezeigt zu haben, die der Zugang auf hohem Abstraktionsniveau beim Entwurf von komplexen Systemen mittels einer HDL bieten kann. VHDL-AMS hat alle nötigen Merkmale – vielseitige Verwendbarkeit, Anpassbarkeit, laufend aktualisierte Normung – um die gemeinsame Basis bei der Systembeschreibung zu werden.

Man darf aber nicht nur die Sprache allein betrachten, sondern muss sich auch um die Entwicklung und die Konvergenz der zugehörigen Werkzeuge kümmern. Denn nur mit leistungsfähigen Werkzeugen werden sich die Produktivitäts- und Zuverlässigkeitsgewinne einstellen, mit denen sich die Herausforderungen der Elektronik von morgen bewältigen lassen werden.

Junge Elektroingenieure durchlaufen heute Curricula, in denen immer stärkeres Gewicht auf die Verwendung von Konzepten der Informatik gelegt wird. Die Übernahme einer leistungsfähigen Beschreibungssprache wie VHDL-AMS wird ohne Zweifel als neue Qualität in die zukünftigen Design-Teams einfließen. Hochschulabsolventen (und die bereits im Beruf stehenden Praktiker), die die Modellbildung auf allen Niveaus und für alle wichtigen physikalischen Phänomene beherrschen, werden auch weiterhin sehr gute Berufsaussichten haben.

VHDL hat zwischen fünf und zehn Jahren benötigt, um sich in der elektronischen Industrie durchzusetzen. Mit den gemischt analog-digitalen Sprachen, wie VHDL-AMS, wird ein neuer Abschnitt begonnen. Das schon fest etablierte digitale VHDL wird auch der analogen Erweiterung helfen, sich schnell durchzusetzen. Zwar gibt es momentan nur wenige Entwickler, die sowohl die analoge wie auch die digitale Elektronik und die Modellierung auf dem Lastenheftniveau und auf technologienaher Ebene beherrschen. Aber sie können sich in vollem Umfang mit diesen neuen Werkzeugen ausdrücken!

Es ist wirklich ein völlig neues Fachgebiet, das derzeit in der Elektronikindustrie am Entstehen ist. Der technische Nachwuchs sollte diesen Zug zum richtigen Zeitpunkt besteigen und das heißt jetzt!

Anhang A: Glossar

Back End/Front End
Hierunter versteht man einen Satz von CAE-Werkzeugen (*Computer Aided Engineering*), die es ermöglichen, einen Entwurf, der als Lastenheft vorliegt, in eine von der Zieltechnologie zunächst unabhängige Schaltplandarstellung zu überführen (*front end*) und anschließend diese Beschreibung in eine Form zu bringen, die als Fertigungsunterlage für einen Hersteller dienen kann (*back end*). Der Bezug zwischen diesen beiden Entwurfsbereichen wird mit den Back-End-Tools hergestellt, indem die technologiespezifischen Signallaufzeiten durch die einzelnen Funktionsblöcke extrahiert und in die Frontendbeschreibung eingetragen werden (*Backannotation*). Das technologiebezogene dynamische Verhalten kann so bei den Simulationen im Front-End-Bereich zur Verifikation des Verhaltens des Systems einbezogen werden. Die Werkzeuge von Back- und Front-End sind beim Systementwurf heute immer schwerer zu trennen. Wenn Transistoren mit Submikrometer-Abmessungen zum Einsatz kommen, hängen die Laufzeiten immer mehr von den Signalverzögerungen auf den Verbindungsleitungen ab, deren genaue Größe erst nach dem Platzieren und Verdrahten im Back-End bekannt ist. Die Transistor- und Gatterlaufzeiten, die früher bestimmend waren und eine aussagekräftige Simulation des Zeitverhaltens bereits im Front-End-Bereich ermöglichten, spielen heute eine immer geringere Rolle.

CPLD (Complex Programmable Logic Device)
Programmierbarer Logikbaustein, der beim Anwender konfiguriert werden kann und dessen Zeitverhalten bereits während der Simulation genau vorhersagbar ist (siehe auch FPGA).

DRC (Design Rule Check)
Ein Entwurfsabschnitt, bei dem die Einhaltung von allen (geometrischen) Regeln überprüft wird, die vom Halbleiterhersteller für eine bestimmte Technologie vorgegeben wurden. Die Regeln (mehrere Hundert) sind in einem Technologie-File enthalten. Typische Beispiele sind Leiterbahnbreiten, Abstände zwischen aktiven Gebieten, usw. Im Anschluss an den DRC wird typischerweise ein Electrical Rule Check (ERC) durchgeführt, bei dem Kurzschlüsse oder offene Anschlüsse innerhalb der Schaltung festgestellt werden können.

Embedded Software
Software-Komponenten, die in Hardwaresysteme eingebettet sind (beispielsweise bei Mobiltelefonen).

Firmware
Software, die in der Hardware abgelegt ist, um Schaltungen zu konfigurieren oder zu steuern.

FPGA (Field Programmable Gate Array)
Matrix aus logischen Blöcken, die direkt beim Anwender konfiguriert werden kann. Die logischen Elemente dieser Schaltkreise können dabei anwendungsspezifisch verschaltet (personalisiert) werden, ohne dass dazu die Dienste eines Halbleiterherstellers in Anspruch genommen werden müssten. Einige Typen sind „in-situ“ programmierbar, d.h. sie können auf einer Leiterplatte in der Applikation umkonfiguriert werden. Aktuell stehen programmierbare Logikschaltkreise mit bis zu mehreren Millionen Gatterfunktionen zur Verfügung. Die Verschaltung der logischen Gatter kann per HDL (VHDL oder Verilog) vorgegeben und mit Hilfe der Logiksynthese umgesetzt werden, bevor ein Platzier- und Verdrahtungsschritt mit einer Software des FPGA-Herstellers die entsprechenden Zuweisungen auf Hardwareebene vornimmt.

FSM (Finite State Machine)
Endlicher Zustandsautomat.

Gate Arrays
Halbleiterhersteller stellen verschiedene vorfabrizierte Schaltkreistypen bereit, die elektronische Grundfunktionen enthalten und für die potentielle Anwender nur noch die obersten Verbindungsebenen definieren müssen, um diese Schaltkreise zu personalisieren. Dieses Vorgehen beschleunigt den Fertigungsablauf erheblich. Aufgrund der vergleichsweise einfachen Anwendung von FPGA/CPLD-Bausteinen und der weiten Verbreitung der Standardzellendesigns wird der Gate-Array-Entwurf heute nur noch in Spezialfällen verwendet. Ein Gate-Array, das nur aus einfachsten Grundelementen (Transistoren) besteht, wird als Sea-of-Gates bezeichnet.

HDL (Harware Description Language)
Eine Computersprache zur Beschreibung von elektronischen Schaltungen (Hardware). HDL ist der Gattungsname für alle ASCII-Beschreibungen, die diese Aufgabe erfüllen. Eine HDL beschreibt Schaltungen auf mehr oder weniger hohem Abstraktionsniveau. Grafische Beschreibungsformen (Schaltpläne, Flussdiagramme) gehören normalerweise nicht zu den Konstrukten, die im Rahmen einer HDL zur Verfügung stehen.

Logik Synthese
Bei diesem Entwurfsschritt wird automatisch aus einer Beschreibung auf hohem Niveau ein Schaltplan auf Gatterebene für ein digitales System erstellt. Als Eingabe für diesen Prozess dient eine HDL-Beschreibung oder eine andere Beschreibung auf hoher Abstraktionsebene (z.B. C oder System C, ein C++ Derivat) oder eine Mischung dieser Formate.

LVS (Layout Versus Schematic-Check)
Ein Verifikationswerkzeug, mit dem man einen Schaltplan oder eine HDL-Beschreibung aus einem Layout extrahieren kann. Ein Layout ist eine geometrische Beschreibung einer Schaltung, mit deren Hilfe die Masken für die Lithografie im Halbleiterherstellprozess erstellt werden. Durch Vergleich des ursprünglichen Schaltplans mit dem extrahierten kann festgestellt werden, ob im Layout alle Transistoren und alle Verbindungsleitungen korrekt implementiert wurden.

Mechatronik
Dies ist eine technische Disziplin, die sich mit kombinierten Anwendungen von Elektronik und Mechanik beschäftigt.

MOEMS oder MEOMS (Microelectronic Optical Mechanical Systems)
Technisches System, bei dem auf dem gleichen Halbleitersubstrat (meist Silizium) mechanische, optische und elektronische Komponenten mit Mikrometerabmessungen zusammen implementiert sind. Die kostengünstige Serienproduktion solcher Systeme auf der Grundlage der etablierten Mikroelektronik-Fabrikation ist eine der Herausforderungen der nächsten Jahre.

Netlist (Stromlaufplan)
Diese Beschreibungsform eines Designs dient zum Austausch der Design-Information zwischen verschiedenen Werkzeugen. Netlists liegen meistens in ASCII-Form vor und geben die Verbindungsstruktur der elementaren Schaltungsstrukturen (Design-Primitives) an. Die Beschreibungssprache, die der Simulator SPICE verwendet, beruht auf einer Netzlistendarstellung. Es gibt auch genormte Netzlistenformate, wie etwa EDIF 2.0.0. VHDL oder Verilog werden auch in zunehmendem Maße für diese Aufgabe herangezogen.

PAL (Programmable Array Logic)
Ein PAL ist eine kleinere programmierbare Logikschaltung, die aus zwei logischen Ebenen aufgebaut ist (einer programmierbaren ODER-Schicht und einer fest verdrahteten UND-Schicht).

Platzieren und Verdrahten (Placement&Routing oder Place&Route)
Placement: Operation im Bereich Back-End, die dazu dient, die Layouts der Makrozellen bzw. Gatter und Flip-Flops im Gesamtlayout des Chips zu platzieren. Dabei sind bestimmte übergreifende Richtlinien einzuhalten, damit die folgende Operation ausgeführt werden kann.

Routing: Automatische Verdrahtung der platzierten Zellen. In zunehmenden Maße werden diese beiden Aufgaben nicht mehr getrennt sondern in einem Schritt ausgeführt.

Time to Market
Das ist die theoretisch benötigte Zeitspanne zwischen der Entscheidung ein Designprojekt zu starten und dem frühest möglichen Zeitpunkt, an dem das fertige Produkt auf den Markt kommen kann. Je früher neue Produkte im Vergleich zur Konkurrenz ausgeliefert werden können, desto höher ist der erzielte Gewinn. Time to Market ist also ein Marketinginstrument, mit dem enge zeitliche Anforderungen an das Entwurfsteam gerechtfertigt werden können.

Vorcharakterisierte Zellen (Standardzellenentwurf)
Jeder Halbleiterhersteller liefert seinen Kunden eine Datenbasis, die Beschreibungen von Zellen enthält, die in seinen Technologien gefertigt werden können. Jede Zelle ist in dieser *Bibliothek* in Bezug auf Funktionsweise, Platz- und Leistungsbedarf usw. genau beschrieben. Der Entwurf eines ASICs besteht im Wesentlichen darin, eine gegebene Funktionen durch Zusammensetzen von Bibliothekszellen der gewählten Technologie darzustellen. Wenn die Zellen aus einer freigegebenen Bibliothek (*Sign-off library*, Referenzbibliothek) verwendet werden und der Entwurf auch mit einem freigegebenen Simulator verifiziert wird (Referenzsimulator), dann garantiert der Hersteller im Falle einer fehlerfreien Simulation die Produktion eines funktionierenden Schaltkreises (*Correct by Construction*).

Workflow
Mit diesem Begriff wird eine bestimmte Auswahl an Entwurfswerkzeugen bezeichnet, die in bestimmter Abfolge in einer Firma oder einem Institut angewendet werden. Dazu kommen die zugehörigen Designmethodiken, Datenformate usw. Mit Hilfe des Workflow wird eine Designaufgabe gelöst. Beim Entwurf integrierter Schaltungen besteht dieser Ablauf aus dem Front-End und Back-End. Jedes Designprojekt beginnt mit der Lastenhefterstellung und endet mit dem hergestellten Chip und dessen Testung.

Anhang B: Werkzeuge und Hilfsmittel

Als dieses Buch vorbereitet und geschrieben wurde, gab es erst relativ wenige Simulationswerkzeuge für VHDL-AMS, die auch im Augenblick noch sehr teuer sind, mit der Ausnahme des Kompilers/Simulators *hAMSter*, der derzeit für den PC für weniger als 500 US$ angeboten wird. Man kann die aktuellen Listen der Tools unter den Internetadressen www.vhdl-ams.com und www.vhdl-ams.org nachsehen.

Derzeit kann kein Werkzeug den gesamten Sprachumfang verarbeiten. Da die Werkzeuge eine Norm abbilden, beschreiben die Handbücher der Tools naturgemäß wenig die Sprache (weil diese ja genormt ist) und geben nur Auskunft (häufig unvollständig) über die Punkte, die nicht berücksichtigt sind. Das Arbeiten mit einer Norm, die einerseits schwierig anzuwenden ist (insbesondere als Anfänger) und die andererseits von den Werkzeugen nur unvollständig unterstützt wird, wobei die Werkzeuge zudem noch fehlerhaft sein können, erschwert den systematischen Zugang und die vollständige Anwendung der theoretischen Möglichkeiten. Man muss also nicht nur die Werkzeuge anwenden lernen und die Sprache beherrschen, sondern zusätzlich auch die Einschränkungen umgehen, die zudem noch von Werkzeug zu Werkzeug verschieden sind. Dadurch schleicht sich rasch eine unsystematische Arbeitsweise ein, die man nur mit Schwierigkeiten wieder ablegen kann, wenn sich die Werkzeuge weiterentwickelt haben.

Die Werkzeuge

Werkzeuge, die in einer industriellen Entwicklungsumgebung eingebunden sind:
ADV_MS von der Firma ANACAD, integriert in die Design-Umgebung von der Firma „MENTOR-GRAPHICS": http://www.mentor.com/ams/simulation.html

SMASH von der Firma DOLPHIN INTEGRATION: http://www.dolphin.fr

Werkzeuge, die unabhängig von einer CAD-Entwicklungsumgebung verwendet werden können:
TheHDL von der Firma „ANALOGY" (Automobilanwendungen, Elektromagnetische Modelle und elektrotechnische Systeme). http://www.analogy.com

FTL Systems: VHDL-AMS Compiler/Simulator – unterstützt parallele Berechnungen (AURIGA). http://www.ftlsystems.com

hAMSter (High performance AMS tool for Engineering and Research) für den PC. http://www.hamster-ams.com

Microcosm Technologies (MOEMS). http://www.memcad.com

Werkzeuge von Universitäten
SEAMS von der Universität von Cincinnati (unterstützt den Parallelismus). http://www.ececs.uc.edu/~dpl

Übersetzer für SPICE nach VHDL-AMS: http://www.ececs.uc.edu/~mayilad/translator.html

Werkzeuge zur Nutzung von VHDL-AMS
Hilfs-Werkzeuge, mit denen Designumgebungen erstellt werden können:

IVE-Infineon Technologies VHDL-AMS Environment. http://herkules.informatik.tu-chemitz.de/ive

LEDA VHDL-AMS Front-End tools. http://www.leda.fr

Hilfswerkzeuge von Universitäten
University of Southhampton: VHDL-AMS Analyzer (on-line). http://www.syssim.ecs.soton.ac.uk/vhdl-ams/web-parser/web-form.html

Johann-Wolfgang-von-Goethe-Universität in Frankfurt am Main: Java VHDL-AMS Parser http://www.vhdl-ams.de/Tools/body_tools.html

Die WEB-Site dieses Buches: www-ensps.u-strasbg.fr/vhdl-ams
Auf dieser Seite können Sie einige Dokumente und Zusatzinformationen finden, die die ersten Schritte mit VHDL-AMS erleichtern:

- Ein Link zum Download des Compiler/Simulators SMASH von DOLPHIN-Integration.
- Ein Link zu dem Compiler/Simulators hAMSter von SIMEC.
- Links zu wichtigen anderen Seiten.
- Alle Beispielmodelle der Buches als Quellcode.
- Weitere Beispiele.
- Hilfs-Dateien (Sprachgrammatik im BNF-Format, Listen der genormten Ressourcen).
- Einige vom Autor selbst entwickelte Modelle (persönliche IP).
- Einige Hintergrundbetrachtungen.

Die Werkzeuge von Mentor Graphics und von Dolphin
Der aktuelle Trend bei der Tool-Entwicklung liegt in der Integration des Formalismus von VHDL-AMS in eine allgemeinere Entwurfsumgebung. So können alle nützlichen Möglichkeiten des zugrunde liegenden CAD-Werkzeugs auch bei der Anwendung von VHDL-AMS genutzt werden. Beispielsweise kann das Werkzeug „ADVANCE-MS" der Firma „MENTOR-

GRAPHICS“, das auf dem analogen Simulator ELDO (vom Leistungsumfang ähnlich wie SPICE) und dem digitalen VHDL/Verilog-Simulator MODELSIM beruht, in VHDL-AMS-Modelle auch ELDO-Komponenten instanziieren und in ELDO-Netzlisten andererseits VHDL-AMS-Modelle integrieren. Im Werkzeug „Smash“ von DOLPHIN INTEGRATION können gleichzeitig Komponenten in folgenden Beschreibungsformen in einem Modell verwendet werden: VHDL-AMS, ABCD, VERILOG, SPICE.

Da wir an der Universität Straßburg die Werkzeuge von MENTOR-GRAPHICS und von DOLPHIN INTEGRATION zur Verfügung haben, sollen diese Tools im Folgenden im Detail vorgestellt werden.

ADVANCE-MS von ANACAD (version v1.1_1.1)

Dieses Werkzeug läuft auf Workstations von SUN und HP, vorausgesetzt, dass der Prozessor und das Betriebssystem aktuell sind, und ist in den Entwurfsablauf der kommerziellen CAE-Werkzeuge von Mentor Graphics eingebunden. Der Listenpreis für eine Lizenz beläuft sich auf 50.000 € ohne Steuern[1].

Dieses Werkzeug für VHDL-AMS wurde auf Grundlage der Analogsimulationsumgebung ELDO der Firma ANACAD entwickelt und wird auf digitaler Seite unterstützt durch den VHDL/Verilog-Kompiler und -Simulator MODELSIM. Zur Analyse des Quellcodes (*parsing*) wird das Werkzeug LEDA verwendet.

Bei diesem Werkzeug darf die Testbench für ein VHDL-AMS-Modell keinen PORT enthalten und es besteht auch kein Zugriff auf alle Analysearten: NOISE-Simulationen sind beispielsweise nicht möglich.

Wie bereits erwähnt kann ein unter Verwendung von ELDO geschriebenes Modell in ein VHDL-AMS-Modell eingesetzt werden und ein VHDL-AMS-Modell umgekehrt in eine ELDO-Beschreibung. Jedes Modell muss mit einer Steuerdatei verknüpft sein, die die Parameter zur Kontrolle des Simulationsablaufs enthält (darunter die Simulationsdauer, die nicht mehr verändert werden darf, nachdem die Simulation gestartet worden ist).

Das Werkzeug ist um eine grafische Oberfläche herum aufgebaut, die verschiedene Bildschirmfenster zur Verfügung stellt, wie das Strukturfenster (mit einer unterschiedlichen Farbe für jede mögliche Modell-Beschreibungsform: ELDO/AMS/VHDL) oder die Anschlussfenster (Terminals, Quantities, Signale), das Source-Fenster (in dem der Quellcode eingese-

---

[1] Anmerkung des Herausgebers: Es gibt ein Higher Education Programm (HEP) der Firma Mentor. Der Jahresbeitrag liegt derzeit bei 1000 €. Im Rahmen dieses Programms können Hochschulen für die Ausbildung Zugang zu Lizenzen für eine beliebige Zahl von Arbeitsplätzen inklusive Medien für die Programmquellcodes erhalten (www.mentor.com). Das Angebot umfasst nicht nur Advance MS, sondern auch alle anderen Tools (Modelsim, ICStation, Calibre, DFT-Advisor usw.). Interessant ist auch das Tool „System Vision“ von Mentor (für Windows XP), das den gleichen Funktionsumfang wie Advance-MS aufweist, für das es aber eine Educational Version auf der Mentor-Website zum Download gibt, für die eine 90-Tage-Lizenz ausgestellt wird, die problemlos verlängert werden kann (siehe CD).

hen werden kann) sowie das Prozess- und das Variablenfenster (die die Generics zeigen, die am Anfang der Simulation festgelegt werden können).

Die Entwurfsdaten sind in Form von Bibliotheken organisiert, wie dies auch von der Norm befürwortet wird. Alle Werkzeuge können mit Textbefehlen aufgerufen werden (*vasim*: Aufruf der grafischen Oberfläche und des Simulators; *vacom*: Compileraufruf; *valib, vasetlib*: Erstellen einer Bibliothek; *vadir, vadel, vamap*: Bearbeitung von Bibliotheken; *xelga*: grafische Aufbereitung der Simulationsdaten).

Die Einschränkungen in Bezug auf die Abdeckung der Norm sind noch erheblich in dieser Version. Einige Einschränkungen sind nicht dokumentiert, doch der Anwender wird nach und nach mit diesen konfrontiert.

Was nicht unterstützt wird:

- **Zusammengesetzte Typen:** record, multidimensional arrays, quantity und terminal arrays.
- **Benutzerdefinierte aufgelöste Typen**
- **Procedurale**
- **Quantity Ports**[1]
- **Initialization und Break:** Die „break list" wird nicht unterstützt, d.h. es können keine Anfangsbedingungen für den stationären Zustand bei einer DC-Analyse gesetzt werden. Gleiches gilt für Startbedingungen nach einer Unstetigkeit.
- **Aufruf einer Prozedur aus dem nebenläufigen Bereich**.
- **NOISE-Quellen**: Diese Quellen können zwar nicht in VHDL-AMS definiert werden. Es ist aber möglich diese Quellen als ELDO-File mit einzubinden.
- **Files**.
- Das Attribut **T'contribution.**
- **Configuration**[2]
- **Disconnection, registers, buses, guarded signals**
- **Shared variables** und **File Objekte**
- **Alias**
- **Benutzerdefinierte Attribute**
- **Unaffected**
- **Generate**
- **Null simultaneous statement**
- **Group**
- **Open:** Alle Ports müssen angeschlossen sein.
- **S'driving, S'driving_value**.

---

[1] Anmerkung des Herausgebers: Quantity Ports sind ab Version 3.0 erlaubt [ADV03]

[2] Anmerkung des Herausgebers: Diese Deklarationen sind mittlerweile erlaubt, allerdings unter der Einschränkung, dass es keine Configuration Deklarationen enthalten darf, die sich sowohl auf Modellteile bezieht, die mit ADVANCE-MS als auch mit Modelsim simuliert werden [ADV03].

- **Postponed** Prozesse.
- **Tolerances** werden ignoriert.
- **Zuweisungen in Form von Aggregaten**: (A, B, C) <= ('0', '1', '0') mit A, B, C : bit; nicht zulässig.
- **Linkage, Buffer, Access types**
- **Constraints**
- **SPECTRUM sources:** Amplituden und Phasen dürfen sich nicht verändern (statische Werte).

SMASH-AMS (Version 4.9.12)
Dieses Werkzeug wird für den PC und für SUN-Arbeitsplatzrechner angeboten. Eine Einzellizenz kostet ca. 5000 €. Die von uns getestete Version war, was den VHDL-AMS-Teil und den Grad der Normabdeckung betrifft, nur unvollständig dokumentiert. Der Simulator ist aber sehr schnell und sein Gebrauch ist einfach und flexibel.

Bei der Lektüre der Dokumentation könnte man glauben, dass die Norm abgedeckt ist. Aber beim Gebrauch des Werkzeugs stellt man fest, dass bestimmte Konstrukte, wie bestimmte Quantity-Typen (Record Quantities) oder bestimmte Attribute nicht verwendet werden können, wobei der Compiler in solchen Fällen keinen expliziten Hinweis ausgibt!

Nicht unterstützt werden:

- **Q'slew** (nicht dokumentiert)
- **Ports aus Vektoren und Records** (nicht dokumentiert)
- **Spectrum**
- **Noise**
- **Limit**
- **'LTF**
- **'ZTF**
- Bedingtes **Generate**
- **Instruktionen** in der **Entity**
- **Unterprogramme,** die in Unterprogrammen deklariert werden
- **Deklaration** von **Signalen** in **Packages**
- **Attribute**
- Benutzerdefinierte Auflösungsfunktionen
- **Disconnect**
- Zugriff auf Dateien
- **Shift** (Operatoren)
- **T'POS(X), T'VAL(X), T'SUCC(X), T'PRED(X), T'LEFTOF(X)**
- **T'RIGHTOF(X)**
- **S'DELAYED(T), S'TRANSACTION, S'DRIVING, S'DRIVING_VALUE.**

Die BREAK-Anweisung wird nur eingeschränkt unterstützt.

Jedes Modell ist bei diesem Simulator in Form von zwei Dateien einzugeben: die Beschreibungsdatei (*.nsx) und die Steuerdatei (*.pat). Dateien für den Quellcode müssen eine Vorgabe für den Kompiler enthalten (>>> VHDL), die festlegt, welche Sprache benutzt wurde. Alle Dateien, die kompiliert werden oder simuliert werden sollen, sind in der Steuerdatei des Compilers bzw. des Simulators anzugeben.

Ein VHDL-AMS-Entwurf kann bei Smash in einen reichhaltigen Satz von verschiedenen Sprachen eingebettet sein (VHDL, VERILOG, SPICE, ABCD), zwischen denen jeweils Schnittstellen existieren.

Anhang C: Abstraktionsebenen

Wenn über Abstraktionsebenen bei der Modellbildung gesprochen wird, benutzt man ein Vokabular, das nicht immer wohl definiert ist. In der folgenden Tabelle wird versucht, die Begriffe in Bezug auf das Verhalten und die strukturelle Beschreibung in Beziehung zu setzen. Wir benutzen folgende Abkürzungen:

- ODE: Ordinary Differential Equations (Gewöhnliche Differentialgleichungen)
- DAE: Difference Algebraic Equations (Algebraische Differenzengleichungen)

Tabelle C.1 Abstraktionsebenen bei der Modellierung von Systemen

Abstraktionsebene	Verhaltensmodell	Struktur-Modell
System	Spezifikation, Statistische Modelle	Prozessoren und Speicher
Algorithmen	Programmbefehle	Struktur der Vorgaben, Funktionen
RTL (Register-Transfer-Ebene)	Prozesse, deklarative Programmteile	ALU, Multiplexer, Register
Logik	System aus boolschen Gleichungen	Gatter
Schaltebene	System aus diskreten Gleichungen	Transistoren als Schalter
Schaltkreisebene	System aus ODEs bzw. DAEs	Transistor, R, L, C, Strom- und Spannungsquellen

Tabelle C.2 Beschreibungsebenen bei Modellen für kontinuierliches Verhalten

Abstraktionsebene	Verhaltensmodell	Struktur-Modell
System	DAE ohne Erhaltungssätze	Schaltplan aus physikalischen Blöcken
Funktionale Beschreibung	Signalfluss-Darstellung oder Transferfunktionen	Schaltplan aus Funktionsblöcken
Verhaltensbeschreibung	DAEs mit Erhaltungssätzen	Vielfachgatter
Schaltkreisebene	ODEs mit Erhaltungssätzen	Bauelemente (R, C, L, ...)

Anhang D: Schlüsselworte, Grammatik und Attribute von VHDL-AMS

D1 Schlüsselworte

Die meisten Schlüsselworte sind bereits in der Norm von 1987 (VHDL '87, IEEE 1076.1987) vereinbart worden, bis auf:

- (93) Schlüsselworte aus der Norm von 1993 (VHDL '93, IEEE 1076.1993),
- (99) Schlüsselworte, die in der Norm für VHDL-AMS festgelegt wurden (IEEE 1076.1999).

```
access
across (99)
after
alias
all
and
architecture
array
assert
attribute

begin
block
body
break (99)
buffer
bus

case
component
configuration
constant

disconnect
downto

else
elsif
end
entity
exit

file
for
function
```

generate
generic
group (93)
guarded

if
impure (93)
in
inertial (93)
inout
is

library
limit (99)
linkage
loop

map
mod

nand
nature (99)
new
next
noise
nor
not
null

of
on
open
or
others
out

package
port
postponed (93)
procedural (99)
procedure
process
pure (93)

quantity (99)

range
record
reference (99)
register
reject (93)
rem
report
return
rol (93)
ror (93)

select
severity
signal
shared (93)
sla (93)
sll (93)
spectrum (99)
sra (93)
srl (93)
subnature (99)
subtype

terminal (99)
then
through (99)
to
tolerance (99)
transport
type

unaffected (99)
units
until
use

variable

wait
when
while
with

xnor (93)
xor

D2 Die Grammatik

D2.1 Schreibweisen

Jede Regel hat einen Namen (steht links von ::=) und wird durch andere Regeln und mit folgenden Symbolen ausgedrückt:

::= Namenszuweisung für eine Regel

[xx] xx ist optional

{yy} yy wiederholt sich N-mal, wobei auch N = 0 zulässig ist

x|y Auswahl aus y ODER y

Alle Angaben der Form [$xx.x] beziehen sich auf die entsprechenden Paragraphen des Language Reference Manuals, in dem die jeweilige Regel genauer behandelt wird.

D2.2 Liste der Instruktionen

Jede Instruktion ist mit einem Semikolon „;" abzuschließen!

```
alias_declaration
architecture_body
assertion_statement
attribute_declaration
attribute_specification
block_configuration
block_header
block_statement
branch_quantity_declaration
break_statement
case_statement
component_configuration
component_declaration
component_instantiation_statement
concurrent_assertion _statement
concurrent_break_statement
concurrent_procedur e_call_statement
concurrent_signal_as signment_statement
conditional_signal_assignment
configuration_declaration
configuration_specification
constant_declaration
disconnection_specification
element_declaration
Entity_declaration
exit_statement
file_declaration
free_quantity_declaration
full_type_declaration
generate_statement
generic_clause
group_declaration
group_template_declaration
if_statement
incomplete_type_declaration
library_clause
```

loop_statement
nature_declaration
next_statement
null_statement
package_body
package_declaration
port_clause
procedure_call_statement
process_statement
report_statement
Return_statement
Secondary_unit_declaration
Selected_signal_assignment
Shared_variable_declaration
Signal_assignment_statement
Signal_declaration
Simple_simultaneous _statement
Simultaneous_case_statement
Simultaneous_if_statement
Simultaneous_null_statement
Simultaneous_procedural_statement
Source_quantity_declaration
Step_limit_specification
Subnature_declaration
Subprogram_body
Subprogram_declaration
Subtype_declaration
Terminal_declaration
Type_declaration
Use_clause
Variable_assignment_statement
Variable_declaration
Wait_statement

D2.3 Die Grammatik mit 284 Regeln

<table>
<tr><td>1. [$ 13.4]</td><td>abstract_literal ::= decimal _literal | based_literal</td></tr>
<tr><td>2. [$ 3.3]</td><td>access_type_definition ::= access subtype_indication</td></tr>
<tr><td>3. [$ 4.3.1.6]</td><td>across_aspect ::= identifier_list[tolerance_aspect][:= expression]</td></tr>
<tr><td>4. [$ 4.3.2.2]</td><td>actual_designator ::= expression|signal_name|variable_name|
file_name| terminal_name| quantity_name | open</td></tr>
<tr><td>5. [$ 7.3.3]</td><td>actual_parameter_part ::= parameter_association_list</td></tr>
<tr><td>6. [$ 4.3.2.2]</td><td>actual_part ::= actual_designator| function_name(actual_
designator) | type_mark(actual_designator)</td></tr>
<tr><td>7. [$ 7.2]</td><td>adding_operator ::= + | - | &</td></tr>
<tr><td>8. [$ 7.3.2]</td><td>aggregate ::= (element_association {, element_association})</td></tr>
<tr><td>9. [$ 4.3.3]</td><td>alias_declaration ::= alias alias_designator[: subtypealias_
indication] is name [signature];</td></tr>
<tr><td>10. [$ 4.3.3]</td><td>alias_designator ::= identifier| character_literal|
operator_symbol</td></tr>
</table>

11. [$ 4.3.3]	alias_indication ::= subtype_indication	subnature_indication
12. [$ 7.3.6]	allocator ::= new subtype_indication	new qualified_expression
13. [$1.2]	architecture_body ::= architecture identifier of entity_name is architecture_declarative_ part begin architecture_statement_part end [architecture][identifier];
14. [$ 1.2.1]	architecture_declarative_part ::= {block_declarative_item}
15. [$ 1.2.2]	architecture_statement ::= simultaneous_statement	concurrent_statement
16. [$ 1.2.2]	architecture_statement_part ::= {architecture_statement}
17. [$ 3.5.2.1]	array_nature_definition ::= unconstrained_nature_definition	constrained_nature_definition
18. [$ 3.2.1]	array_type_definition ::= unconstrained_array_definition	constrained_array_definition
19. [$ 8.2]	assertion ::= assert condition [report expression][severity expression]
20. [$ 8.2]	assertion_statement ::= [label :] assertion;
21. [$ 4.3.2.2]	association_element ::= [formal_part =>] actual_part
22. [$ 4.3.2.2]	association_list ::= association_element {, association_element}
23. [$ 4.4]	attribute_declaration ::= attribute identifier : type_mark;
24. [$ 6.6]	attribute_designator ::= attribute_simple_name
25. [$ 6.6]	attribute_name ::= prefix [signature] 'attribute_designator [(expression {, expression})]
26. [$ 5.1]	attribute_specification ::= attribute attribute_designator of entity_specification is expression;
27. [$ 13.4.2]	base ::= integer
28. [$ 13.7]	base_specifier ::= B	O	X
29. [$ 3.1.3]	base_unit_declaration ::= identifier;
30. [$ 13.4.2]	based_integer ::= extended_digit {[underline] extended_digit}
31. [$ 13.4.2]	based_literal ::= base # based_integer [. based_integer] # [exponent]
32. [$ 13.1]	basic_character ::= basic_graphic_character	format_effector
33. [$ 13.1]	basic_graphic_character ::= upper_case_letter	digit	special_character	space_character
34. [$ 13.3.1]	basic_identifier ::= letter {[underline] letter_or_digit}

35. [$ 5.2.1]	`binding_indication ::= [use entity_aspect] [generic_map_aspect] [port_map_aspect]`
36. [$ 13.7]	`bit_string_literal ::= base_specifier "[bit_value]"`
37. [$ 13.7]	`bit_value ::= extended_digit {[underline] extended_digit}`
38. [$ 1.3.1]	`block_configuration ::= for block_specification {use_clause} {configuration_item} end for;`
39. [$ 1.2.1]	`block_declarative_item ::= subprogram_declaration | subprogram_body | type_declaration | subtype_declaration | constant_declaration | signal_declaration | shared_variable_declaration | file_declaration | alias_declaration | component_declaration | attribute_declaration | attribute_specification | configuration_specification | disconnection_specification | step_limit_specification | use_clause | group_template_declaration | group_declaration | nature_declaration | subnature_declaration | quantity_declaration | terminal_declaration`
40. [$ 9.1]	`block_declarative_part ::= {block_declarative_item}`
41. [$ 9.1]	`block_header ::= [generic_clause [generic_map_aspect;]] [port_clause [port_map_aspect;]]`
42. [$ 1.3.1]	`block_specification ::= architecture_statement_label | block_statement_label | generate_statement_label [(index_specification)]`
43. [$ 9.1]	`block_statement ::= block_label : block [(guard_expression)][is] block_header block_declarative_part begin block_statement_part end block [block_label];`
44. [$ 9.1]	`block_statement_part ::= {concurrent_statement architecture_statement}`
45. [$ 4.3.1.6]	`branch_quantity_declaration ::= quantity [across_aspect] [through_aspect] terminal_aspect;`
46. [$ 8.14]	`break_element ::= [break_selector_clause] quantity_name => expression`
47. [$ 8.14]	`break_list ::= break_element {, break_element}`
48. [$ 8.14]	`break_selector_clause ::= for quantity_name use`
49. [$ 8.14]	`break_statement ::= [label :] break [break_list][when condition];`
50. [$ 8.8]	`case_statement ::= [case_label :] case expression is case_statement_alternative {case_statement_alternative} end case [case_label];`

51. [$ 8.8] case_statement_alternative ::= when choices => sequence_of_statements

52. [$ 13.5] character_literal ::= 'graphic_character'

53. [$ 7.3.2] choice ::= simple_expression | discrete_range | element_simple_name | others

54. [$ 7.3.2] choices ::= choice {| choice}

55. [$ 1.3.2] component_configuration ::= for component_specification [binding_indication;][block_configuration] end for;

56. [$ 4.5] component_declaration ::= component identifier [is][local_generic_clause][local_port_clause] end component [component_simple_name];

57. [$ 9.6] component_instantiation_statement ::= instantiation_label : instantiated_unit [generic_map_aspect] [port_map_aspect];

58. [$ 5.2] component_specification ::= instantiation_list : component_name

59. [$ 3.5.2] composite_nature_definition ::= array_nature_definition| record_nature_definition

60. [$ 3.2] composite_type_definition ::= array_type_definition | record_type_definition

61. [$ 9.4] concurrent_assertion_statement ::= [label :][postponed] assertion;

62. [$ 9.8] concurrent_break_statement ::= [label :] break [break_list][sensitivity_clause][when condition];

63. [$ 9.3] concurrent_procedure_call_statement ::= [label :][postponed] procedure_call;

64. [$ 9.5] concurrent_signal_assignment_statement ::= [label :][postponed] conditional_signal_assignment | [label :][postponed] selected_signal_assignment

65. [$ 9] concurrent_statement ::= block_statement | process_statement | concurrent_procedure_call_statement | concurrent_assertion_statement | concurrent_signal_assignment_statement | component_instantiation_statement | generate_statement | concurrent_break_statement

66. [$ 8.1] condition ::= boolean_expression

67. [$ 8.1] condition_clause ::= until condition

68. [$ 9.5.1] conditional_signal_assignment ::= target <= options conditional_waveforms;

69. [$ 9.5.1]	conditional_waveforms ::= {waveform when condition else} waveform [when condition]
70. [$ 1.3]	configuration_declaration ::= configuration identifier of entity_name is configuration_declarative_part block_configuration end [configuration][identifier];
71. [$ 1.3]	configuration_declarative_item ::= use_clause | attribute_specification | group_declaration
72. [$ 1.3]	configuration_declarative_part ::= {configuration_declarative_ item}
73. [$ 1.3.1]	configuration_item ::= block_configuration | component_configuration
74. [$ 5.2]	configuration_specification ::= for component_specification binding_indication;
75. [$ 4.3.1.1]	constant_declaration ::= constant identifier_list : subtype_indication [:= expression];
76. [$ 3.2.1]	constrained_array_definition ::= array index_constraint of element_subtype_indication
77. [$ 3.5.2.1]	constrained_nature_definition ::= array index_constraint of subnature_indication
78. [$ 4.2]	constraint ::= range_constraint | index_constraint
79. [$ 11.3]	context_clause ::= {context_item}
80. [$ 11.3]	context_item ::= library_clause | use_clause
81. [$ 13.4.1]	decimal_literal ::= integer [. integer][exponent]
82. [$ 4]	declaration ::= type_declaration | subtype_declaration | object_declaration | interface_declaration | alias_declaration | attribute_declaration | component_declaration | group_template_declaration | group_declaration | entity_declaration | configuration_declaration | subprogram_declaration | package_declaration | nature_declaration | subnature_declaration | quantity_declaration | terminal_declaration
83. [$ 8.4]	Delay_mechanism ::= transport | [reject time_expression] inertial
84. [$ 11.1]	design_file ::= design_unit {design_unit}
85. [$ 11.1]	design_unit ::= context_clause library_unit
86. [$ 2.1]	designator ::= identifier | operator_symbol
87. [$ 3.1]	Direction ::= to | downto

88. [$ 5.3] disconnection_specification ::= disconnect guarded_signal_specification after time_expression;

89. [$ 3.2.1] discrete_range ::= discrete_subtype_indication | range

90. [$ 7.3.2] element_association ::= [choices =>] expression

91. [$ 3.2.2] element_declaration ::= identifier_list : element_subtype_definition;

92. [$ 3.5.2.2] element_subnature_definition ::= subnature_indication

93. [$ 3.2.2] element_subtype_definition ::= subtype_indication

94. [$ 5.2.1.1] entity_aspect ::= entity entity_name [(architecture_identifier)] | configuration configuration_name | open

95. [$ 5.1] entity_class ::= entity | architecture | configuration | procedure | function | package | type | subtype | constant | signal | variable | component | label | literal | units | group | file | nature | subnature | quantity | terminal

96. [$ 4.6] entity_class_entry ::= entity_class [<·]

97. [$ 4.6] entity_class_entry_list ::= entity_class_entry {, entity_class_entry}

98. [$ 1.1] entity_declaration ::= entity identifier is entity_header entity_declarative_part [begin entity_statement_part] end [entity][entity_simple_name];

99. [$ 1.1.2] entity_declarative_item ::= subprogram_declaration | subprogram_body | type_declaration | subtype_declaration | constant_declaration | signal_declaration | shared_variable_declaration | file_declaration | alias_declaration | attribute_declaration | attribute_specification | disconnection_specification | step_limit_specification | use_clause | group_template_declaration | group_declaration | nature_declaration | subnature_declaration | quantity_declaration | terminal_declaration

100. [$ 1.1.2] entity_declarative_part ::= {entity_declarative_item}

101. [$ 5.1] entity_designator ::= entity_tag [signature]

102. [$ 1.1.1] entity_header ::= [formal_generic_clause][formal_port_clause]

103. [$ 5.1] entity_name_list ::= entity_designator {, entity_designator} | others | all

104. [$ 5.1] entity_specification ::= entity_name_list : entity_class

105. [$ 1.1.3] entity_statement ::= concurrent_assertion_statement | passive_concurrent_procedure_call_statement | passive_process_statement

106. [$ 1.1.3]	`entity_statement_part ::= {entity_statement}`
107. [$ 5.1]	`entity_tag ::= simple_name | character_literal | operator_symbol`
108. [$ 3.1.1]	`enumeration_literal ::= identifier | character_literal`
109. [$ 3.1.1]	`enumeration_type_definition ::= (enumeration_literal {, enumeration_literal})`
110. [$ 8.11]	`exit_statement ::= [label :] exit [loop_label][when condition];`
111. [$ 13.4.1]	`exponent ::= E [+] integer | E - integer`
112. [$ 7.1]	`expression ::= relation {and relation} | relation {or relation} | relation {xor relation} | relation [nand relation] | relation [nor relation] | relation {xnor relation}`
113. [$ 13.4.2]	`extended_digit ::= digit | letter`
114. [$ 13.3.2]	`extended_identifier ::= \ graphic_character {graphic_character} \`
115. [$ 7.1]	`factor ::= primary [**primary] | abs primary | not primary`
116. [$ 4.3.1.4]	`file_declaration ::= file identifier_list : subtype_indication [file_open_information];`
117. [$ 4.3.1.4]	`file_logical_name ::= string_expression`
118. [$ 4.3.1.4]	`file_open_information ::= [open file_open_kind_expression] is file_logical_name`
119. [$ 3.4]	`file_type_definition ::= file of type_mark`
120. [$ 3.1.4]	`floating_type_definition ::= range_constraint`
121. [$ 4.3.2.2]	`formal_designator ::= generic_name | port_name | parameter_name`
122. [$ 2.1.1]	`formal_parameter_list ::= parameter_interface_list`
123. [$ 4.3.2.2]	`formal_part ::= formal_designator | function_name (formal_designator) | type_mark (formal_designator)`
124. [$ 4.3.1.6]	`free_quantity_declaration ::= quantity identifier_list : subtype_indication [:= expression];`
125. [$ 4.1]	`full_type_declaration ::= type identifier is type_definition;`
126. [$ 7.3.3]	`function_call ::= function_name [(actual_parameter_part)]`
127. [$ 9.7]	`generate_statement ::= generate_label : generation_scheme generate [{block_declarative_item} begin] {concurrent_statement} {architecture_statement} end generate [generate_label];`
128. [$ 9.7]	`generation_scheme ::= for generate_parameter_specification | if condition`
129. [$ 1.1.1]	`generic_clause ::= generic (generic_list);`

130. [$ 1.1.1.1] generic_list ::= generic_interface_list

131. [$ 5.2.1.2] generic_map_aspect ::= generic map (generic_association_list)

132. [$ 13.1] graphic_character ::= basic_graphic_character | lower_case_letter | other_special_character

133. [$ 4.7] group_constituent ::= name | character_literal

134. [$ 4.7] group_constituent_list ::= group_constituent {, group_constituent}

135. [$ 4.7] group_declaration ::= group identifier : group_template_name (group_constituent_list);

136. [$ 4.6] group_template_declaration ::= group identifier is (entity_class_entry_list);

137. [$ 5.3] guarded_signal_specification ::= guarded_signal_list : type_mark

138. [$ 13.3] identifier ::= basic_identifier | extended_identifier

139. [$ 3.2.2] identifier_list ::= identifier {, identifier}

140. [$ 8.7] if_statement ::= [if_label :] if condition then sequence_of_ statements {elsif condition then sequence_of_statements} [else sequence_of_statements] end if [if_label];

141. [$ 3.3.1] incomplete_type_declaration ::= type identifier;

142. [$ 3.2.1] index_constraint ::= (discrete_range {, discrete_range})

143. [$ 1.3.1] index_specification ::= discrete_range | static_expression

144. [$ 3.2.1] index_subtype_definition ::= type_mark range <>

145. [$ 6.4] indexed_name ::= prefix (expression {, expression})

146. [$ 9.6] instantiated_unit ::= [component] component_name | entity entity_name [(architecture_identifier)] | configuration configuration_name

147. [$ 5.2] instantiation_list ::= instantiation_label {, instantiation_label} | others | all

148. [$ 13.4.1] integer ::= digit {[underline] digit}

149. [$ 3.1.2] integer_type_definition ::= range_constraint

150. [$ 4.3.2] interface_constant_declaration ::= [constant] identifier_list : [in] subtype_indication [:= static_expression]

151. [$ 4.3.2] interface_declaration ::= interface_constant_declaration | interface_signal_declaration | interface_variable_declaration | interface_file_declaration | interface_terminal_declaration | interface_quantity_declaration

152. [$ 4.3.2.1] interface_element ::= interface_declaration

153. [$ 4.3.2]	`interface_file_declaration ::= file identifier_list : subtype_indication`
154. [$ 4.3.2.1]	`interface_list ::= interface_element {; interface_element}`
155. [$ 4.3.2]	`interface_quantity_declaration ::= quantity identifier_list : [in | out] subtype_indication [:= static_expression]`
156. [$ 4.3.2]	`interface_signal_declaration ::= [signal] identifier_list : [mode] subtype_indication [bus][:= static_expression]`
157. [$ 4.3.2]	`interface_terminal_declaration ::= terminal identifier_list : subnature_indication`
158. [$ 4.3.2]	`interface_variable_declaration ::= [variable] identifier_list : [mode] subtype_indication [:= static_expression]`
159. [$ 8.9]	`iteration_scheme ::= while condition | for loop_parameter_specification`
160. [$ 9.7]	`label ::= identifier`
161. [$ 13.3.1]	`letter ::= upper_case_letter | lower_case_letter`
162. [$ 13.3.1]	`letter_or_digit ::= letter | digit`
163. [$ 11.2]	`library_clause ::= library logical_name_list;`
164. [$ 11.1]	`library_unit ::= primary_unit | secondary_unit`
165. [$ 7.3.1]	`literal ::= numeric_literal | enumeration_literal | string_literal | bit_string_literal | null`
166. [$ 11.2]	`logical_name ::= identifier`
167. [$ 11.2]	`logical_name_list ::= logical_name {, logical_name}`
168. [$ 7.2]	`logical_operator ::= and | or | nand | nor | xor | xnor`
169. [$ 8.9]	`loop_statement ::= [loop_label :][iteration_scheme] loop sequence_of_statements end loop [loop_label];`
170. [$ 7.2]	`miscellaneous_operator ::= **| abs | not`
171. [$ 4.3.2]	`mode ::= in | out | inout | buffer | linkage`
172. [$ 7.2]	`multiplying_operator ::=*|/| mod | rem`
173. [$ 6.1]	`name ::= simple_name | operator_symbol | selected_name | indexed_name | slice_name | attribute_name`
174. [$ 4.8]	`nature_declaration ::= nature identifier is nature_definition;`
175. [$ 4.8]	`nature_definition ::= scalar_nature_definition | composite_nature_definition`

176. [$ 3.5.2.2]	nature_element_declaration ::= identifier_list : element_ subnature_definition
177. [$ 4.8]	nature_mark ::= nature_name | subnature_name
178. [$ 8.10]	next_statement ::= [label :] next [loop_label][when condition];
179. [$ 8.13]	null_statement ::= [label :] null;
180. [$ 7.3.1]	numeric_literal ::= abstract_literal | physical_literal
181. [$ 4.3.1]	object_declaration::=constant_declaration | signal_declaration | variable_declaration | file_declaration | terminal_declaration | quantity_declaration
182. [$ 2.1]	operator_symbol ::= string_literal
183. [$ 9.5]	options ::= [guarded][delay_mechanism]
184. [$ 2.6]	package_body ::= package body package_simple_name is package_ body_declarative_part end [package body][package_simple_name];
185. [$ 2.6]	package_body_declarative_item subprogram_declaration | subprogram_ body | type_declaration | subtype_declaration | constant_ declaration | shared_variable_declaration | file_declaration | alias_declaration | use_clause | group_template_declaration | group_declaration
186. [$ 2.6]	package_body_declarative_part ::= {package_body_declarative_item}
187. [$ 2.5]	package_declaration ::= package identifier is pack- age_declarative_part end [package][identifier];
188. [$ 2.5]	package_declarative_item ::= subprogram_declaration | type_declaration | subtype_declaration | constant_declaration | signal_declaration | shared_variable_declaration | fi- le_declaration | alias_declaration | component_declaration | att- ribute_declaration | attribute_specification | disconnection_ specification | use_clause | group_template_declaration | group_declaration | nature_declaration | subnature_declaration | terminal_declaration
189. [$ 2.5]	package_declarative_part ::= {package_declarative_item}
190. [$ 8.9]	parameter_specification ::= identifier in discrete_range
191. [$ 3.1.3]	physical_literal ::= [abstract_literal] unit_name
192. [$ 3.1.3]	physical_type_definition ::= range_constraint units base_unit_declaration {secondary_unit_declaration} end units [physical_type_simple_name]
193. [$ 1.1.1]	port_clause ::= port (port_list);

194. [$ 1.1.1.2]	port_list ::= port_interface_list
195. [$ 5.2.1.2]	port_map_aspect ::= port map (port_association_list)
196. [$ 6.1]	prefix ::= name | function_call
197. [$ 7.1]	primary ::= name | literal | aggregate | function_call | qualified_expression | type_conversion | allocator | (expression)
198. [$ 11.1]	primary_unit ::= entity_declaration | configuration_declaration | package_declaration
199. [$ 15.4]	procedural_declarative_item ::= subprogram_declaration | subprogram_body | type_declaration | subtype_declaration | constant_declaration | variable_declaration | alias_declaration | attribute_declaration | attribute_specification | use_clause | group_template_declaration | group_declaration
200. [$ 15.4]	procedural_declarative_part ::= {procedural_declarative_item}
201. [$ 15.4]	procedural_statement_part ::= {sequential_statement}
202. [$ 8.6]	procedure_call ::= procedure_name [(actual_parameter_part)]
203. [$ 8.6]	procedure_call_statement ::= [label :] procedure_call;
204. [$ 9.2]	process_declarative_item ::= subprogram_declaration | subprogram_body | type_declaration | subtype_declaration | constant_declaration | variable_declaration | file_declaration | alias_declaration | attribute_declaration | attribute_specification | use_clause | group_template_declaration | group_declaration
205. [$ 9.2]	process_declarative_part ::= {process_declarative_item}
206. [$ 9.2]	process_statement ::= [process_label :][postponed] process [(sensitivity_list)][is] process_declarative_part begin process_statement_part end [postponed] process [process_label];
207. [$ 9.2]	process_statement_part ::= {sequential_statement}
208. [$ 7.3.4]	qualified_expression ::= type_mark '(expression) | type_mark' aggregate
209. [$ 4.3.1.6]	quantity_declaration ::= free_quantity_declaration | branch_quantity_declaration | source_quantity_declaration
210.	quantity_list ::= quantity_name {, quantity_name} | others | all
211.	quantity_specification ::= quantity_list : type_mark
212. [$ 3.1]	range ::= range_attribute_name | simple_expression direction simple_expression
213. [$ 3.1]	range_constraint ::= range range

214. [$ 3.5.2.2] record_nature_definition ::= record nature_element_declaration {nature_element_declaration} end record record_nature_simple_name

215. [$ 3.2.2] record_type_definition ::= record element_declaration {element_declaration} end record [record_type_simple_name]

216. [$ 7.1] relation ::= shift_expression [relational_operator shift_expression]

217. [$ 7.2] relational_operator ::=· |/= | < | <= | > | >·

218. [$ 8.3] report_statement ::= [label :] report expression [severity expression];

219. [$ 8.12] return_statement ::= [label :] return [expression];

220. [$ 3.5.1] scalar_nature_definition ::= type_mark across type_mark through identifier reference

221. [$ 3.1] scalar_type_definition ::= enumeration_type_definition | integer_type_definition | floating_type_definition | physical_type_definition

222. [$ 11.1] secondary_unit ::= architecture_body | package_body

223. [$ 3.1.3] secondary_unit_declaration ::= identifier · physical_literal;

224. [$ 6.3] selected_name ::= prefix. suffix

225. [$ 9.5.2] selected_signal_assignment ::= with expression select target <= options selected_waveforms;

226. [$ 9.5.2] selected_waveforms ::= {waveform when choices,} waveform when choices

227. [$ 8.1] sensitivity_clause ::= on sensitivity_list

228. [$ 8.1] sensitivity_list ::= signal_name {, signal_name}

229. [$ 8] sequence_of_statements ::= {sequential_statement}

230. [$ 8] sequential_statement ::= wait_statement | assertion_statement | report_statement | signal_assignment_statement | variable_ assignment_statement | procedure_call_statement | if_statement | case_statement | loop_statement | next_statement | exit_statement | return_statement | null_statement | break_statement

231. [$ 7.1] shift_expression ::= simple_expression [shift_operator simple_expression]

232. [$ 7.2] shift_operator ::= sll | srl | sla | sra | rol | ror

233. [$ 7.2] sign ::= + | -

234. [$ 8.4] signal_assignment_statement ::= [label :] target <= [delay_mechanism] waveform;

235. [$ 4.3.1.2]	`signal_declaration ::= signal identifier_list : subtype_indication [signal_kind][:= expression];`
236. [$ 4.3.1.2]	`signal_kind ::= register | bus`
237. [$ 5.3]	`signal_list ::= signal_name {, signal_name} | others | all`
238. [$ 2.3.2]	`signature ::= [[type_mark {, type_mark}][return type_mark]]`
239. [$ 7.1]	`simple_expression ::= [sign] term {adding_operator term}`
240. [$ 6.2]	`simple_name ::= identifier`
241. [$ 15.1]	`simple_simultaneous_statement ::= [label :] simple_expression == simple_expression [tolerance_aspect];`
242. [$ 15.3]	`simultaneous_alternative ::= when choices => simultaneous_ statement_part`
243. [$ 15.3]	`simultaneous_case_statement::=[case_label :]case expression use simultaneous_alternative{simultaneous_alternative}end case [case_label];`
244. [$ 15.2]	`simultaneous_if_statement ::= [if_label :] if condition use simul-taneous_statement_part {elsif condition use simultaneous_state-ment_part} [else simultaneous_statement_part] end use [if_label];`
245. [$ 15.4]	`simultaneous_null_statement ::= [label :] null;`
246. [$ 15.4]	`simultaneous_procedural_statement ::= [procedural_label :] procedural [is] procedural_declarative_part begin procedural_ statement_part end procedural [procedural_label];`
247. [$ 15]	`simultaneous_statement ::= simple_simultaneous_statement | simultaneous_if_statement | simultaneous_case_statement | simultaneous_procedural_statement | simultaneous_null_statement`
248. [$ 15]	`simultaneous_statement_part ::= {simultaneous_statement}`
249. [$ 6.5]	`slice_name ::= prefix (discrete_range)`
250. [$ 4.3.1.6]	`source_aspect ::= spectrum magnitude_simple_expression, phase_simple_expression | noise power_simple_expression`
251. [$ 4.3.1.6]	`source_quantity_declaration ::= quantity identifier_list : subtype_indication source_aspect;`
252.	`step_limit_specification ::= limit quantity_specification with real_expression;`
253. [$ 13.6]	`string_literal ::= "{graphic_character}"`
254. [$ 4.8]	`subnature_declaration ::= subnature identifier is subnature_ indication;`

255. [$ 4.8]	subnature_indication ::= nature_mark [index_constraint] tolerance string_expression across string_expression through]
256. [$ 2.2]	subprogram_body ::= subprogram_specification is subprogram_ declarative_part begin subprogram_statement_part end [subprogram_kind][designator];
257. [$ 2.1]	subprogram_declaration ::= subprogram_specification;
258. [$ 2.2]	subprogram_declarative_item ::= subprogram_declaration | subprogram_body | type_declaration | subtype_declaration | constant_declaration | variable_declaration | file_declaration | alias_declaration | attribute_declaration | attribute_specifica- tion | use_clause | group_template_declaration | group_declaration
259. [$ 2.2]	subprogram_declarative_part ::= {subprogram_declarative_item}
260. [$ 2.2]	subprogram_kind ::= procedure | function
261. [$ 2.1]	subprogram_specification ::= procedure designator [(formal_parameter_list)] | [pure | impure] function designator [(formal_parameter_list)] return type_mark
262. [$ 2.2]	subprogram_statement_part ::= {sequential_statement}
263. [$ 4.2]	subtype_declaration ::= subtype identifier is subtype_indication;
264. [$ 4.2]	subtype_indication ::= [resolution_function_name] type_mark [constraint][tolerance_aspect]
265. [$ 6.3]	suffix ::= simple_name | character_literal | operator_symbol | all
266. [$ 8.4]	target ::= name | aggregate
267. [$ 7.1]	term ::= factor {multiplying_operator factor}
268. [$ 4.3.1.6]	terminal_aspect ::= plus_terminal_name [to minus_terminal_name]
269. [$ 4.3.1.5]	terminal_declaration ::= terminal identifier_list : subnature_indication
270. [$ 4.3.1.6]	through_aspect ::= identifier_list [tolerance_aspect][:= expression] through
271. [$ 8.1]	timeout_clause ::= for time_expression time_or_real_expression
272. [$ 4.2]	tolerance_aspect ::= tolerance string_expression
273. [$ 7.3.5]	type_conversion ::= type_mark (expression)
274. [$ 4.1]	type_declaration ::= full_type_declaration | incomplete_type_declaration
275. [$ 4.1]	type_definition ::= scalar_type_definition | composite_type_ definition | access_type_definition | file_type_definition

276. [$ 4.2]	`type_mark ::= type_name | subtype_name`
277. [$ 3.2.1]	`unconstrained_array_definition ::= array (index_subtype_definition {, index_subtype_definition}) of element_subtype_indication`
278. [$ 3.5.2.1]	`unconstrained_nature_definition ::= array (index_subtype_definition {, index_subtype_definition}) of subnature_indication`
279. [$ 10.4]	`use_clause ::= use selected_name {, selected_name};`
280. [$ 8.5]	`variable_assignment_statement ::= [label :] target := expression;`
281. [$ 4.3.1.3]	`variable_declaration ::= [shared] variable identifier_list : subtype_indication [:= expression];`
282. [$ 8.1]	`wait_statement ::= [label :] wait [sensitivity_clause] [condition_clause][timeout_clause];`
283. [$ 8.4]	`waveform ::= waveform_element {, waveform_element} | unaffected`
284. [$ 8.4.1]	`waveform_element ::= value_expression [after time_expression] | null [after time_expression]`

D2.4 Die 55 Attribute

Die Bezeichnung (xxx T → yyy) bedeutet, dass die Anwendung des Attributs auf ein Objekt des Typs *xxx* ein Objekt *yyy* ergibt.

Type T → Type :

`T'base`

Type T → Value :

`T'left, T'right, T'high, T'low, T'ascending`

Type T → Function :

`T'image(X), T'value(X), T'val(X), T'pos(X), T'succ(X), T'pred(X), T'leftof(X), T'rightof(X)`

Array A → Function :

`A'left[(N)], A'right[(N)], A'high[(N)], A'low[(N)]`

Array A → Range :

`A'range[(N)], A'reverse_range[(N)]`

Array A → Value :

`A'length[(N)], A'ascending[(N)]`

Signal S → Signal :

`S'delayed[(T)], S'stable[(T)], S'quiet[(T)], S'transaction`

Signal S → Quantity :

`S'ramp([TR[, TF]]), S'slew([max_rising_slope, [ max_falling_slope]])`

Signal S → Function :

`S'event, S'active, S'last_event, S'last_active, S'last_value, S'driving, S'driving_value`

Entity E → String :

`E'simple_name, E'instance_name, E'path_name`

Nature N → Type :

`N'across, N'through`

Nature N → Terminal :

`N'reference`

Quantity Q → Value :

`Q'tolerance`

Quantity Q → Quantity :

`Q'dot, Q'integ, Q'delayed(T), Q'zoh(T[, initial, delay]), Q'ltf(num, den), Q'ztf(num, den, T[, initial, delay]), Q'slew([max_rising_slope, [max_falling_slope]])`

Quantity Q → Signal :

`Q'above(E)`

Terminal T → Quantity :

`T'contribution, T'reference`

Terminal T → Value :

`T'tolerance`

Anhang E: Packages

Wichtige Typen, Untertypen und Funktionen, die immer wieder benötigt werden, sind in folgenden Packages, die in verschiedenen Bibliotheken (STD, IEEE, DISCIPLINES) abgelegt sind, verfügbar:

```
Library STD : STANDARD
Library STD : TEXTIO
Library IEEE : STD_LOGIC_1164
Library IEEE : STD_LOGIC_ARITH
Library IEEE : NUMERIC_BIT (für Synthese)
Library IEEE : NUMERIC_STD (für Synthese)
Library IEEE : MATH_REAL
Library DISCIPLINES : PHYSICAL_CONSTANTS
Library DISCIPLINES : ELECTROMAGNETIC_SYSTEM
Library DISCIPLINES : THERMAL_SYSTEM
Library DISCIPLINES : KINEMATIC_SYSTEM
Library DISCIPLINES : ROTATIONAL_SYSTEM
Library DISCIPLINES : FLUIDIC_SYSTEM
```

Im Folgenden werden die Inhalte der Packages aufgelistet, die für die Modellierung am wichtigsten sind. Bei Funktionen sind nur die Function-Declarations angegeben. Man kann die Funktionsbeschreibungen (*Bodies*) in der vollständigen Package-Beschreibung nachlesen, die auf der WEB-Site des Buches als HTML-Dokument zu finden ist. Dieses Dokument enthält auch alle Standard-Bibliotheken.

Library STD

Das Package STANDARD (STD.STANDARD):

```
TYPE BOOLEAN IS (FALSE, TRUE);
TYPE BIT IS ('0', '1');
TYPE CHARACTER...
TYPE SEVERITY_LEVEL IS (NOTE, WARNING, ERROR, FAILURE);
TYPE INTEGER IS RANGE - 2147483648 TO 2147483647;
TYPE REAL IS RANGE - 1.0E38 TO 1.0E38;
TYPE TIME IS RANGE -2 ** 62 -2 ** 62 TO 2 ** 62 - 1 + 2 ** 62 UNITS FS;
```

```
PS = 1000 FS; NS = 1000 PS; US = 1000 NS; MS = 1000 US; SEC = 1000 MS;
MIN = 60 SEC; HR = 60 MIN;
END UNITS;
TYPE DOMAIN_TYPE IS (QUIESCENT_DOMAIN, TIME_DOMAIN,
FREQUENCY_DOMAIN);
SIGNAL DOMAIN : DOMAIN_TYPE := QUIESCENT_DOMAIN;
SUBTYPE DELAY_LENGTH IS TIME RANGE 0 FS TO TIME'HIGH;
IMPURE FUNCTION NOW RETURN DELAY_LENGTH;
IMPURE FUNCTION NOW RETURN REAL;
FUNCTION FREQUENCY RETURN REAL;
SUBTYPE NATURAL IS INTEGER RANGE 0 TO INTEGER'HIGH;
SUBTYPE POSITIVE IS INTEGER RANGE 1 TO INTEGER'HIGH;
TYPE REAL_VECTOR IS ARRAY (NATURAL RANGE <>) OF REAL;
TYPE STRING IS ARRAY (POSITIVE RANGE <>) OF CHARACTER;
TYPE BIT_VECTOR IS ARRAY (NATURAL RANGE <>) OF BIT;
TYPE FILE_OPEN_KIND IS (READ_MODE, WRITE_MODE, APPEND_MODE);
TYPE FILE_OPEN_STATUS IS (OPEN_OK, STATUS_ERROR, NAME_ERROR, MODE_ERROR);
ATTRIBUTE FOREIGN : STRING;
```

Library IEEE

Das Package IEEE (IEEE.MATH_REAL):

```
constant MATH_E : real := 2.71828_18284_59045_23536;
constant MATH_1_E : real := 0.36787_94411_71442_32160;
constant MATH_PI : real := 3.14159_26535_89793_23846;
constant MATH_1_PI : real := 0.31830_98861_83790_67154;
constant MATH_LOG_OF_2 : real := 0.69314_71805_59945_30942;
constant MATH_LOG_OF_10 : real := 2.30258_50929_94045_68402;
constant MATH_LOG2_OF_E : real := 1.44269_50408_88963_4074;
constant MATH_LOG10_OF_E : real := 0.43429_44819_03251_82765;
constant MATH_SQRT2 : real := 1.41421_35623_73095_04880;
constant MATH_SQRT1_2 : real := 0.70710_67811_86547_52440;
constant MATH_SQRT_PI : real := 1.77245_38509_05516_02730;
constant MATH_DEG_TO_RAD : real := 0.01745_32925_19943_29577;
constant MATH_RAD_TO_DEG : real := 57.29577_95130_82320_87685;
attribute FOREIGN : string;
function SIGN (X : real) return real;
function CEIL (X : real) return real;
function FLOOR (X : real) return real;
function ROUND (X : real) return real;
function FMAX (X, Y : real) return real;
function FMIN (X, Y : real) return real;
```

```
procedure UNIFORM (variable Seed1, Seed2 : inout integer; variable X : out real);
function SRAND (seed : in integer) return integer;
attribute FOREIGN of SRAND : function is "C_NATIVE";
function RAND return integer;
attribute FOREIGN of RAND : function is "C_NATIVE";
function GET_RAND_MAX return integer;
attribute FOREIGN of GET_RAND_MAX : function is "C_NATIVE";
function SQRT (X : real) return real;
function CBRT (X : real) return real;
function "**" (X : integer; Y : real) return real;
function "**" (X : real; Y : real) return real;
function EXP (X : real) return real;
function LOG (X : real) return real;
function LOG (BASE : positive; X : real) return real;
function SIN (X : real) return real;
function COS (X : real) return real;
function TAN (X : real) return real;
function ASIN (X : real) return real;
function ACOS (X : real) return real;
function ATAN (X : real) return real;
function ATAN2 (X : real; Y : real) return real;
function SINH (X : real) return real;
function COSH (X : real) return real;
function TANH (X : real) return real;
function ASINH (X : real) return real;
function ACOSH (X : real) return real;
function ATANH (X : real) return real;
```

Library DISCIPLINES

Das Package PHYSICAL_CONSTANTS (Disciplines.physical_constants):

```
constant physical_Q : real := 1.602_177_33e-19;
constant physical_C : real := 2.997_924_58e8;
constant physical_K : real := 1.380_658e-23;
constant physical_H : real := 6.626_075_5e-34;
constant physical_epsilon0 : real := 8.854_187_817e-12;
constant physical_mu0 : real := 4.0e-7 * ieee.math_real.math_pi;
constant physical_celsius0 : real := 273.15;
attribute symbol : string;
```

Das Package ELECTROMAGNETIC_SYSTEM (Disciplines.electromagnetic_system):

```
subtype current is real tolerance "default_current";
attribute symbol of current : subtype is "A";
subtype charge is real tolerance "default_charge";
attribute symbol of charge : subtype is "C";
subtype emf is real tolerance "default_emf";
attribute symbol of emf : subtype is "V";
subtype flux is real tolerance "default_flux";
attribute symbol of flux : subtype is "Wb";
subtype mmf is real tolerance "default_mmf";
attribute symbol of mmf : subtype is "A*turn";
nature electrical is emf across current through electrical_ground reference;
nature magnetic is mmf across flux through magnetic_ground reference;
```

Das Package THERMAL_SYSTEM (Disciplines.thermal_system)

```
subtype temperature is real tolerance "default_temperature";
attribute symbol of temperature : subtype is "K";
subtype thermal_power is real tolerance "default_thermal_power";
attribute symbol of thermal_power : subtype is "W";
nature thermal is temperature across thermal_power through thermal_ground reference;
```

Das Package KINEMATIC_SYSTEM (Disciplines.kinematic_system)

```
subtype displacement is real tolerance "default_displacement";
attribute symbol of displacement : subtype is "m";
subtype velocity is real tolerance "default_velocity";
attribute symbol of velocity : subtype is "m/s";
subtype acceleration is real tolerance "default_acceleration";
attribute symbol of acceleration : subtype is "m/s**2";
subtype impulse is real tolerance "default_impulse";
attribute symbol of impulse : subtype is "m/s ** 3";
subtype force is real tolerance "default_force";
attribute symbol of force : subtype is "N";
nature kinematic is displacement across force through kinematic_ground reference;
nature kinematic_v is velocity across force through kinematic_v_ground  reference;
```

Das Package ROTATIONAL_SYSTEM (Disciplines.rotational_system)

```
subtype angle is real tolerance "default_angle";
attribute symbol of angle : subtype is "rad";
subtype angular_velocity is real tolerance "default_angular_velocity";
attribute symbol of angular_velocity : subtype is "rad/s";
subtype angular_acceleration is real tolerance "default_angular_acceleration";
attribute symbol of angular_acceleration : subtype is "rad/s**2";
subtype angular_force is real tolerance "default_angular_force";
attribute symbol of angular_force : subtype is "N/m";
nature rotational is angle across angular_force through rotational_ground reference;
nature rotational_omega is angular_velocity across angular_force through
rotational_omega_ground reference;
```

Das Package FLUIDIC_SYSTEM (Disciplines.fluidic_system)

```
subtype pressure is real tolerance "default_pressure";
attribute symbol of pressure : subtype is "Pa";
subtype flow is real tolerance "default_flow";
attribute symbol of flow: subtype is "m ** 3/s";
nature fluidic is pressure across flow through fluidic_ground reference
```

Package Body des N-Körperproblems (vgl. Abschnitt 4.6.2)

```
FUNCTION sigma(a : real_vector) RETURN real IS
        VARIABLE b : real := 0.0;
BEGIN
        FOR i IN a'RANGE LOOP
            b := b + a(i);
        END LOOP;
        RETURN b;
END;
FUNCTION "*" (a : real_vector, b : V_Vector_3D) RETURN Vector_3D IS
        VARIABLE loc_v : Vector_3D;
BEGIN
        FOR i IN a'RANGE LOOP
            loc_v(i).X := a(i) * b(i).X;
            loc_v(i).Y := a(i) * b(i).Y;
            loc_v(i).Z := a(i) * b(i).Z;
        END LOOP;
        RETURN lov_c;
END;
```

```
FUNCTION "+" (a : V_Vector_3D, b : V_Vector_3D) RETURN V_Vector_3D IS
        VARIABLE loc_v : V_Vector_3D(b'RANGE);
BEGIN
        FOR i IN a'RANGE LOOP
             loc_v(i).X := a(i).X + b(i).X;
             loc_v(i).Y := a(i).Y + b(i).Y;
             loc_v(i).Z := a(i).Z + b(i).Z;
        END LOOP;
        RETURN lov_c;
END;
FUNCTION "*" (a : real, b : real_vector) RETURN real_Vector IS
        VARIABLE loc_v : real_vector(b'RANGE);
BEGIN
        FOR i IN b'RANGE LOOP
             loc_v(i) := a * b(i);
        END LOOP;
        RETURN loc_v;
END;
FUNCTION "/" (a : real_vector, b : real) RETURN real_Vector IS
        VARIABLE loc_v : real_vector(a'RANGE);
BEGIN
        FOR i IN b'RANGE LOOP
             loc_v(i) := a(i)/b;
        END LOOP;
        RETURN loc_v;
END;
FUNCTION "*" (a : real_vector, b : real_vector) RETURN real_Vector IS
        VARIABLE loc_v : real_vector(b'RANGE);
BEGIN
        FOR i IN b'RANGE LOOP
             loc_v(i) := a(i) * b(i);
        END LOOP;
        RETURN loc_v;
END;

-- Vektoroperationen in 3 Dimensionen
FUNCTION "+" (a : Vector_3D, b : Vector_3D) RETURN Vector_3D IS
        VARIABLE loc_v : Vector_3D(b'RANGE);
BEGIN
        loc_v.X := a.X + b.X;
        loc_v.Y := a.Y + b.Y;
        loc_v.Z := a.Z + b.Z;
        RETURN loc_v;
END;
```

```
FUNCTION "-" (a : Vector_3D, b : Vector_3D) RETURN Vector_3D IS
        VARIABLE loc_v : Vector_3D(b'RANGE);
BEGIN
        loc_v.X := a.X - b.X;
        loc_v.Y := a.Y - b.Y;
        loc_v.Z := a.Z - b.Z;
        RETURN loc_v;
END;
FUNCTION "/" (a : Vector_3D, b : real) RETURN Vector_3D IS
        VARIABLE loc_v : Vector_3D(a'RANGE);
BEGIN
        loc_v.X := a.X/b;
        loc_v.Y := a.Y/b;
        loc_v.Z := a.Z/b;
        RETURN loc_v;
END;
FUNCTION "*" (a : real, b : Vector_3D) RETURN Vector_3D is
        VARIABLE loc_v : Vector_3D(b'RANGE);
BEGIN
        loc_v.X := a * b.X;
        loc_v.Y := a * b.Y;
        loc_v.Z := a * b.Z;
        RETURN loc_v;
END;
FUNCTION force(M_T : real, Mass : real_vector, Loc : V_Vector_3D)
        RETURN V_vector_3D IS
        CONSTANT G : real := 6.67E-11; -- Gravitationskonstante
        VARIABLE F_mod : real_vector(1 TO N); -- Kraftmodul
        -- angewandte Kraft
        VARIABLE F_loc, pos_amas, Dir_amas : V_Vector_3D;
        VARIABLE Dist, Mass_amas : real_vector(1 to N);
        -- Position des Schwerpunkts
        VARIABLE pos_grav_T : vector_3D := (0.0, 0.0, 0.0);
BEGIN
        FOR i IN Mass'RANGE LOOP
            pos_grav_T := pos_grav_T + Mass(i) * loc(i);
            Mass_amas(i) = M_T - Mass(i);
        END LOOP
```

```
        --   Berechnungen für jeden Körper:
        --   Schwerpunkt des beeinflussten Massessystems
        --   Abstand
        --   Kraftrichtung
        FOR i IN Mass'RANGE LOOP
            Pos_amas(i) := (Pos_grav_T - M(i) * Loc(i))/Mass_amas(I);
            Dist(i) := sqr((loc(i).X - pos_amas(i).x) ** 2
             + (loc(i).y - pos_amas(i).y) ** 2
             + (loc(i).z - pos_amas(i).z) ** 2)
            Dir_amas(i) := (Pos_amas(i) - Loc(i))/Dist(i);
        END LOOP;
        -- Kraftmodul
        F_mod := G * (Mass_amas * Mass)/Dist ** 2;
        -- Projektion der Masse auf die relevante Richtung
        F_loc := F_mod * Dir;
        RETURN F_loc;
END;
END PACKAGE BODY;
```

Bibliografie

[ADV] Dokumentation des Programms ADVANCE-MS von Mentor Graphics/Anacad (Version 1.1_1.1).

[ADV03] Dokumentation des Programms ADVANCE-MS von Mentor Graphics (Version 3.0_2).

[ANA] J. M. BERGÉ, OZ LEVIA, J. ROUILLARD, *Modeling in analog design.* Kluwer, ISBN 0-7923-9569-7.

[CAE] Stephan A. OHR, *CAE : A survey of standards, trends and tools.* Wiley, ISBN 0-471-6336-6.

[CIL] MICHEAL D. CILETTI, *A Starters Guide to Verilog 2001.* Prentice Hall, ISBN 0-471-6336-6.

[DAC99] Ernst CHRISTEN et al., *Tutorial VHDL-AMS,* 36^e^, Design Automation Conference, New Orleans, June 21–25, 1999.

[DMI] Giovanni DE MICHELI, *Synthesis and Optimization of Digital Circuits.* McGraw Hill, ISBN 0-07-015333-2.

[GTV] Peter J ASHENDEN et al., *The Systems Designers Guide to VHDL-AMS* Morgan Kaufmann, ISBN 1-55860-749-8.

[JAN] D. JANSEN, *Handbuch der Electronic Design Automation.* Hanser, ISBN 3-446-21288-4

[KSW] R. KORIES, H. SCHMITT-WALTER, *Taschenhandbuch der Elektrotechnik.* Harri Deutsch, ISBN 3-8171-1691-8

[LRM] 1076.1-1999 IEEE *Standard VHDL Analog and Mixed-Signal Extensions*, 320 pages, ISBN 0-7381-1640-8 (verfügbar über http://www.vhdl.org/analog/).

[MAST] H. Alan MANTOOTH, Mike FIEGENBAUM, *Modeling with an Analog Hardware Description Language*. Kluwer, ISBN 0-7923-9516-6.

[MHDL] David L. RHODES, *Analog Modeling using MHDL.* In „Modeling in analog design", Edited by J. M. BERGÉ, OZ LEVIA, J. ROUILLARD, Kluwer, ISBN 0-7923-9569-7.

[MMM] M. MELLAR-SMITH et al.: *The Transistor: An Invention becomes a Big Business*, Proceedings of the IEEE, Vol. 86, No. 1, January 1998, pp. 86 ff.

[RES] Jürgen REICHARDT, Bernd SCHWARZ, *VHDL-Synthese*. Oldenbourg, ISBN 3-486-27384-1.

[ROAD] *International Technology Roadmap for Semiconductors*, Semiconductor Industry Association Édition (http://publi.itrs.net/files/1999_SIA_Roadmap/Home.htm), 1999.

[SMASH] Dokumentation des Programms SMASH 4.9.12 von DOLPHIN INTEGRATION.

[SPICE] Paul W. TUINEGA, *A guide to Circuit Simulation Analysis using Pspice*. Prentice Hall, ISBN 0-13-834607-0.

[VHDL-A] C.J Richard Shi, A.Vachoux, *Design Objectives and Rationales.* In „Modeling in analog design", Edited by J. M. BERGÉ, Oz LEVIA, J. ROUILLARD, Kluwer, ISBN 0-7923-9569-7.

[VHDL1] R. AIRIAU, J.-M. BERGE, V. OLIVE, J. ROUILLARD, *VHDL: Du langage à la modélisation*, CNET/ENST. Presses Polytechniques et Universitaires Romandes, ISBN 2-88074-191-2.

[VHDL2] J.-M. BERGE, V. OLIVE, J. ROUILLARD, *VHDL: Du langage à la modélisation*, CNET/ENST. Presses Polytechniques et Universitaires Romandes, ISBN 2-88074-361-3.

[VHDL3] Peter ASHENDEN, *The student's guide to VHDL*. Hartcourt Publisher, ISBN 1-55860-520-7.

[VHDL4] Kevin SHAKILL, *VHDL for programmable logic*. Addison Wesley, ISBN 0-201-89573-0.

[WAUT] Michel WAUTELET et al., *Les Nanotechnologies*. Dunod, ISBN 2-10-007954-9, (deutsche Übersetzung bei Oldenbourg in Vorbereitung).

[WEB] Jacques WEBER, Maurice MEAUDRE, *Le Langage VHDL*, 2e édition. Dunod, ISBN 2-10-004755-8.

Index